高等院校数字艺术精品课程系列教材

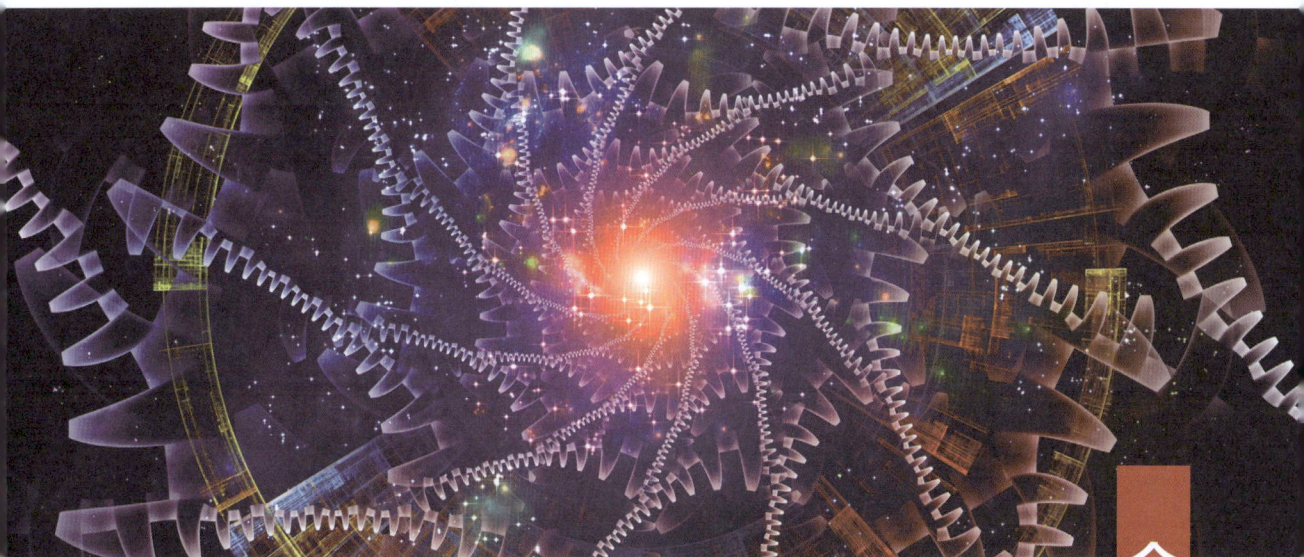

Photoshop CC

新媒体图形图像设计与制作 第2版

全彩慕课版

周建国 主编／尹向兵 副主编

人民邮电出版社

北京

图书在版编目（CIP）数据

Photoshop CC新媒体图形图像设计与制作 ：全彩慕
课版 / 周建国主编. -- 2版. -- 北京 ：人民邮电出版
社，2024.8
高等院校数字艺术精品课程系列教材
ISBN 978-7-115-64070-3

Ⅰ．①P… Ⅱ．①周… Ⅲ．①图像处理软件－高等学
校－教材 Ⅳ．①TP391.413

中国国家版本馆CIP数据核字(2024)第063621号

内 容 提 要

本书全面、系统地介绍Photoshop CC的基本操作方法、图形图像处理技巧及Photoshop在新媒体领域的应用，具体包括初识Photoshop、Photoshop CC基础知识、常用工具的使用、抠图、修图、调色、合成、特效和商业案例等内容。

本书以课堂案例为主线，每个案例都有详细的操作步骤，学生通过实际操作可以快速熟悉软件功能。软件功能解析部分可以帮助学生深入学习软件操作技巧；课堂练习和课后习题可以提高学生的实际应用能力；商业案例可以帮助学生拓宽设计思路，顺利达到实战水平。

本书可作为高等职业院校数字媒体类专业Photoshop课程的教材，也可作为对Photoshop设计感兴趣的读者的参考书。

◆ 主　　编　周建国
　　副 主 编　尹向兵
　　责任编辑　王亚娜
　　责任印制　王　郁　焦志炜

◆ 人民邮电出版社出版发行　　北京市丰台区成寿寺路 11 号
　　邮编　100164　　电子邮件　315@ptpress.com.cn
　　网址　https://www.ptpress.com.cn
　　天津市豪迈印务有限公司印刷

◆ 开本：787×1092　1/16
　　印张：15　　　　　　　　2024 年 8 月第 2 版
　　字数：377 千字　　　　　2025 年 2 月天津第 3 次印刷

定价：79.80 元

读者服务热线：(010)81055256　印装质量热线：(010)81055316
反盗版热线：(010)81055315
广告经营许可证：京东市监广登字 20170147 号

前言

本书全面贯彻党的二十大精神，以社会主义核心价值观为引领，传承中华优秀传统文化，坚定文化自信。为使本书内容更好地体现时代性、把握规律性、富于创造性，编者对本书进行了精心的设计 。

如何使用本书

第一步，学习精选基础知识，快速上手 Photoshop。

应用领域

基本操作

第二步，练习课堂案例＋软件功能解析，深入了解软件功能，熟悉设计思路。

3.1 选择工具组

对图像进行编辑，首先要进行选择图像的操作。能够快速精确地选择图像是提高处理图像效率的关键。

3.1.1 课堂案例——制作时尚彩妆网店 Banner

了解学习目标和知识要点

【**案例学习目标**】学习使用不同的选择工具来选择不同形状的图像，并应用移动工具将其合成为Banner。

【**案例知识要点**】使用"矩形选框"工具、"椭圆选框"工具、"多边形套索"工具和"魔棒"工具抠出化妆品，使用"变换"命令调整图像大小，使用"移动"工具合成图像，最终效果如图3-1所示。

【**效果所在位置**】Ch03/效果/制作时尚彩妆网店Banner.psd。

精选典型商业案例

微课

制作时尚彩妆网店 Banner

图 3-1

文字步骤详解

（1）按Ctrl＋O组合键，打开云盘中的"Ch03 > 素材 > 制作时尚彩妆网店Banner > 02"文件，如图3-2所示。选择"矩形选框"工具 ⬚，在02文件的图像窗口中沿着化妆品边缘拖曳鼠标绘制选区，如图3-3所示。

图 3-2

图 3-3

第三步，完成课堂练习 + 课后习题，提高应用能力。

更多商业案例

3.5　课堂练习——制作公益环保宣传海报

【练习知识要点】使用"移动"工具添加素材图片，使用图层样式为图片添加特殊效果，使用"横排文字"工具、"直排文字"工具和"字符"面板制作活动信息，最终效果如图3-198所示。

【效果所在位置】云盘/Ch03/效果/制作公益环保宣传海报.psd。

微课

制作公益环保宣传海报

扫码看操作视频

图3-198

3.6　课后习题——制作食品餐饮钻展图

【习题知识要点】使用"移动"工具添加素材图片，使用"横排文字"工具和"字符"面板制作文字信息，使用"椭圆"工具和"圆角矩形"工具绘制按钮，最终效果如图3-199所示。

【效果所在位置】云盘/Ch03/效果/制作食品餐饮钻展图.psd。

微课

制作食品餐饮钻展图

图3-199

巩固本章所学知识

Photoshop

第四步，演练综合实战，熟悉真实商业项目，达到实战水平。

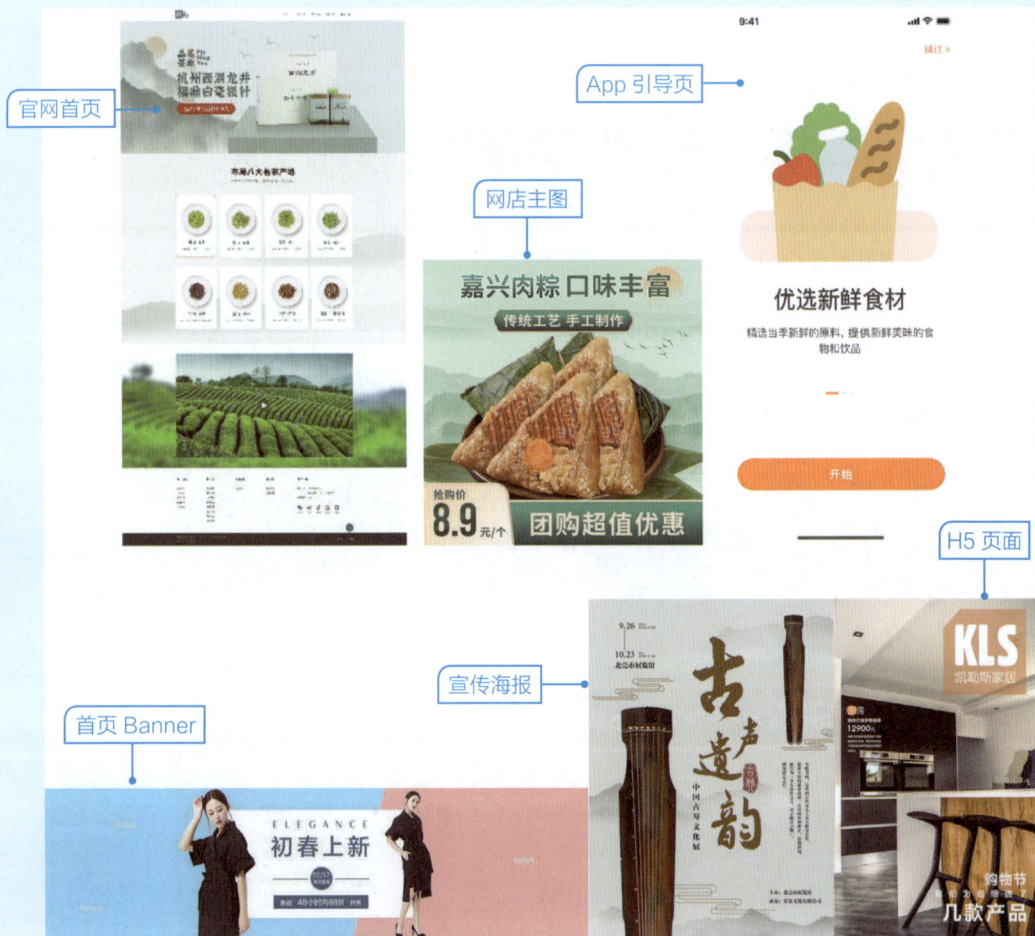

官网首页

App 引导页

网店主图

嘉兴肉粽 口味丰富

传统工艺 手工制作

抢购价 **8.9** 元/个

团购超值优惠

优选新鲜食材

精选当季新鲜的原料，提供新鲜美味的食物和饮品

开始

H5 页面

宣传海报

首页 Banner

ELEGANCE
初春上新

古声遗韵
中国古琴文化展

KLS
凯勒斯家居

购物节
几款产品

配套资源

- 书中所有案例的素材文件。
- PPT 课件。
- 教学大纲。
- 配套教案。
- 扩展案例。

读者可登录人邮教育社区（www.ryjiaoyu.com），搜索本书书名，在相关页面中免费下载配套资源。

登录人邮学院网站（www.rymooc.com）或扫描本书封面上的二维码，使用手机号码完成注册，并在首页右上角单击"学习卡"选项，输入本书封底刮刮卡中的激活码，即可在线观看本书慕课视频。

教学指导

本书的参考学时为 64 学时，其中实训环节为 32 学时，各章的参考学时参见下面的学时分配表。

章	内 容	学时分配 / 学时	
		讲 授	实 训
第 1 章	初识 Photoshop	2	
第 2 章	Photoshop CC 基础知识	2	
第 3 章	常用工具的使用	4	4
第 4 章	抠图	4	4
第 5 章	修图	4	4
第 6 章	调色	4	4
第 7 章	合成	4	4
第 8 章	特效	4	4
第 9 章	商业案例	4	8
学时总计		32	32

由于编者水平有限，书中难免存在不足之处，敬请广大读者批评指正。

编 者

2024 年 4 月

扩展知识扫码阅读

设计基础

 ✔认识形体
 ✔透视原理

 ✔认识设计
 ✔认识构成

 ✔形式美法则
 ✔点线面

 ✔基本型与骨骼
 ✔认识色彩

 ✔认识图案
 ✔图形创意

 ✔版式设计
 ✔字体设计

>>>

设计应用

 ✔创意绘画
 ✔图标设计

 ✔装饰设计
 ✔VI设计

 ✔UI设计
 ✔UI动效设计

 ✔标志设计
 ✔包装设计

 ✔广告设计
 ✔文创设计

 ✔网页设计
 ✔H5页面设计

 ✔电商设计
 ✔MG动画设计

 ✔网店美工设计
 ✔新媒体美工设计

目 录

—01—

第1章 初识 Photoshop

1.1 Photoshop 概述 2

1.2 Photoshop 的历史 2

1.2.1 Photoshop 的诞生 2

1.2.2 Photoshop 的发展 2

1.3 新媒体领域应用 3

1.3.1 电商设计 3

1.3.2 微信公众号设计 4

1.3.3 App 设计 5

1.3.4 H5 设计 5

—02—

第2章 Photoshop CC 基础知识

2.1 工作界面 7

2.1.1 菜单栏 7

2.1.2 工具箱 9

2.1.3 属性栏 10

2.1.4 状态栏 11

2.1.5 面板 11

2.2 新建和打开 12

2.2.1 新建文件 12

2.2.2 打开文件 13

2.3 保存和关闭 13

2.3.1 保存文件 13

2.3.2 关闭文件 14

2.4 恢复操作的应用 14

2.4.1 恢复到上一步的操作 14

2.4.2 中断操作 14

2.4.3 恢复到操作过程的任意
步骤 15

2.5 位图和矢量图 15

2.5.1 位图 15

2.5.2 矢量图 16

2.6 分辨率 16

2.6.1 图像分辨率 16

2.6.2 屏幕分辨率 17

2.6.3 输出分辨率 17

2.7 常用的图像颜色模式 17

2.7.1 CMYK 模式 17

2.7.2 RGB 模式 17

2.7.3 Lab 模式 17

2.7.4 HSB 模式 18

2.7.5 灰度模式 18

2.8 常用的图像文件格式 18

2.8.1 PSD 格式和 PDD 格式 18

2.8.2 TIF 格式 18

2.8.3　GIF 19
2.8.4　JPEG 格式 19
2.8.5　EPS 格式 19
2.8.6　PNG 格式 19
2.8.7　选择合适的图像文件存储
　　　　格式 19

━03━

第 3 章　常用工具的使用

3.1　选择工具组 21
　　3.1.1　课堂案例——制作时尚彩妆
　　　　　　网店 Banner 21
　　3.1.2　移动工具 23
　　3.1.3　矩形选框工具 23
　　3.1.4　椭圆选框工具 24
　　3.1.5　套索工具 24
　　3.1.6　多边形套索工具 25
　　3.1.7　磁性套索工具 25
3.2　绘画工具组 25
　　3.2.1　课堂案例——制作珠宝网站
　　　　　　详情页主图 25
　　3.2.2　画笔工具 28
　　3.2.3　渐变工具 30
3.3　文字工具组 31
　　3.3.1　课堂案例——制作立冬节气
　　　　　　宣传海报 31
　　3.3.2　横排文字工具 38
　　3.3.3　直排文字工具 38

3.4　绘图工具组 39
　　3.4.1　课堂案例——制作商品促销类
　　　　　　公众号封面首图 39
　　3.4.2　路径选择工具 41
　　3.4.3　直接选择工具 42
　　3.4.4　矩形工具 42
　　3.4.5　圆角矩形工具 42
　　3.4.6　椭圆工具 43
　　3.4.7　多边形工具 43
　　3.4.8　直线工具 44
　　3.4.9　自定形状工具 44
3.5　课堂练习——制作公益环保宣传
　　　海报 45
3.6　课后习题——制作食品餐饮
　　　钻展图 45

━04━

第 4 章　抠图

4.1　工具抠图 47
　　4.1.1　课堂案例——制作元宵节节日
　　　　　　宣传海报 47
　　4.1.2　快速选择工具 50
　　4.1.3　魔棒工具 50
　　4.1.4　课堂案例——制作箱包饰品
　　　　　　网站首页 Banner 50
　　4.1.5　钢笔工具 52
4.2　命令抠图 53

目录

4.2.1 课堂案例——制作文化传媒类
公众号封面次图 53
4.2.2 色彩范围命令 54
4.2.3 天空替换命令 55
4.2.4 课堂案例——制作电商 App
主页 Banner 56
4.2.5 调整边缘命令 59
4.2.6 课堂案例——制作婚纱摄影类
公众号运营海报 60
4.2.7 颜色通道 63
4.2.8 专色通道 64
4.2.9 Alpha 通道 65

4.3 课堂练习——制作家具 App 详情页
主图 65

4.4 课后习题——制作美妆护肤类
公众号封面首图 65

第 5 章 修图

5.1 裁剪工具 67
5.1.1 课堂案例——制作房屋地产类
公众号信息图 67
5.1.2 裁剪工具应用 69
5.1.3 裁剪命令 69

5.2 修饰工具 70
5.2.1 课堂案例——制作健康生活类
公众号封面次图 70
5.2.2 修复画笔工具 71
5.2.3 污点修复画笔工具 71
5.2.4 修补工具 72
5.2.5 红眼工具 73
5.2.6 仿制图章工具 73
5.2.7 橡皮擦工具 74

5.3 润饰工具 74
5.3.1 课堂案例——制作瓷器收藏类
公众号配图 74
5.3.2 模糊工具 76
5.3.3 锐化工具 76
5.3.4 涂抹工具 77
5.3.5 减淡工具 77
5.3.6 加深工具 78
5.3.7 海绵工具 78

5.4 课堂练习——制作电商 App
首页 Banner 79

5.5 课后习题——制作美妆教学类
公众号封面首图 79

第 6 章 调色

6.1 调整图像色彩与色调 81
6.1.1 课堂案例——制作化妆品网店
详情页主图 81

6.1.2 曲线 82

6.1.3 可选颜色 83

6.1.4 色彩平衡 84

6.1.5 课堂案例——制作媒体娱乐类
公众号封面次图 85

6.1.6 黑白 89

6.1.7 渐变映射 89

6.1.8 课堂案例——制作旅游出行类
公众号封面首图
.... 90

6.1.9 通道混合器 92

6.1.10 色相 / 饱和度 92

6.1.11 课堂案例——制作汽车工业
行业活动邀请 H5 页面 93

6.1.12 照片滤镜 94

6.1.13 色阶 95

6.1.14 亮度 / 对比度 96

6.1.15 课堂案例——制作餐饮行业
公众号封面次图 97

6.1.16 阴影与高光 98

6.1.17 课堂案例——制作食品餐饮
行业产品介绍 H5 页面...... 99

6.1.18 HDR 色调 101

6.2 特殊颜色处理 102

6.2.1 课堂案例——制作舞蹈培训类
公众号运营海报 102

6.2.2 去色 103

6.2.3 阈值 103

6.3 动作面板调色 104

6.3.1 课堂案例——制作媒体娱乐类
公众号封面首图 104

6.3.2 "动作" 面板 105

6.4 课堂练习——制作摄影摄像类
公众号封面首图 106

6.5 课后习题——制作音乐会宣传
海报 106

—07—

第 7 章　合成

7.1 图层混合模式 108

7.1.1 课堂案例——制作家电网站
首页 Banner 108

7.1.2 图层混合模式 109

7.2 蒙版 111

7.2.1 课堂案例——制作饰品类
公众号封面首图 111

7.2.2 添加图层蒙版 113

7.2.3 隐藏图层蒙版 113

7.2.4 图层蒙版的链接 114

7.2.5 应用及删除图层蒙版 114

7.2.6 课堂案例——制作服装 App
主页 Banner 114

7.2.7 剪贴蒙版 116

7.2.8 课堂案例——制作房屋地产类
公众号封面次图 117

7.2.9 矢量蒙版 118

7.2.10 课堂案例——制作婚纱摄影类

目录

公众号封面首图............ 119

　7.2.11　快速蒙版 121

7.3　课堂练习——制作化妆品网站
　　　详情页主图.........................122

7.4　课后习题——制作家电网站首页
　　　Banner.......................123

─ 08 ─

第8章　特效

8.1　图层样式........................125

　8.1.1　课堂案例——制作中式茶叶
　　　　　网站主页 Banner 125

　8.1.2　图层样式 131

8.2　3D 工具........................132

　8.2.1　课堂案例——制作文化传媒
　　　　　宣传海报.................132

　8.2.2　创建 3D 对象 135

8.3　滤镜菜单及应用........................136

　8.3.1　课堂案例——制作彩妆网店
　　　　　详情页主图.................137

　8.3.2　极坐标.................142

　8.3.3　风.................142

　8.3.4　径向模糊.................142

　8.3.5　高斯模糊.................142

　8.3.6　课堂案例——制作美妆护肤类

公众号封面首图.................142

　8.3.7　液化.................145

　8.3.8　课堂案例——制作文化传媒类
　　　　　公众号封面首图............. 146

　8.3.9　光圈模糊 148

　8.3.10　彩色半调 148

　8.3.11　半调图案 149

　8.3.12　镜头光晕 149

　8.3.13　课堂案例——制作极限运动类
　　　　　　公众号封面次图.............150

　8.3.14　波浪 153

　8.3.15　课堂案例——制作家用电器类
　　　　　　公众号封面首图.............154

　8.3.16　USM 锐化 155

　8.3.17　添加杂色 156

　8.3.18　课堂案例——制作汽车销售
　　　　　　网站首页 Banner 156

　8.3.19　高反差保留 163

8.4　课堂练习——制作家电网站主页
　　　Banner.......................163

8.5　课后习题——制作音乐 App
　　　引导页.........................163

─ 09 ─

第9章　商业案例

9.1　制作中式茶叶官网首页............165

9.1.1 项目背景 165
9.1.2 项目要求 165
9.1.3 项目设计 165
9.1.4 项目要点 165
9.1.5 项目制作 166

9.2 制作食品餐饮网店主图 187
9.2.1 项目背景 187
9.2.2 项目要求 187
9.2.3 项目设计 187
9.2.4 项目要点 187
9.2.5 项目制作 187

9.3 制作餐饮 App 引导页............198
9.3.1 项目背景 198
9.3.2 项目要求 198
9.3.3 项目设计 198
9.3.4 项目要点 199
9.3.5 项目制作 199

9.4 制作服装饰品 App 首页
Banner 204
9.4.1 项目背景 204
9.4.2 项目要求 204
9.4.3 项目设计 204
9.4.4 项目要点 205
9.4.5 项目制作 205

9.5 制作旅游出行类公众号推广
海报 207
9.5.1 项目背景 207
9.5.2 项目要求 207

9.5.3 项目设计 208
9.5.4 项目要点 208
9.5.5 项目制作 208

9.6 制作传统文化宣传海报 214
9.6.1 项目背景 214
9.6.2 项目要求 215
9.6.3 项目设计 215
9.6.4 项目要点 215
9.6.5 项目制作 215

9.7 制作零食产品营销 H5 页面 217
9.7.1 项目背景 217
9.7.2 项目要求 218
9.7.3 项目设计 218
9.7.4 项目要点 218
9.7.5 项目制作 218

9.8 课堂练习——制作家居杂志介绍
H5 页面 225
9.8.1 项目背景 225
9.8.2 项目要求 225
9.8.3 项目设计 225
9.8.4 项目要点 226

9.9 课后习题——制作购物型 App
闪屏页 226
9.9.1 项目背景 226
9.9.2 项目要求 226
9.9.3 项目设计 226
9.9.4 项目要点 226

01

第1章

初识 Photoshop

▶ **本章介绍**

    在学习Photoshop图形图像处理之前，首先要认识Photoshop。本章主要讲解Photoshop的历史及其在新媒体领域中的应用。通过本章的学习，学生可以了解Photoshop的发展历程和其部分应用，提高学习兴趣。

学习目标

- 了解Photoshop的发展历程。
- 熟悉Photoshop在新媒体领域中的应用。

微课

第1章简介

素养目标

- 培养学生的自学能力。
- 提高学生对新媒体的关注度。

1.1　Photoshop 概述

　　Adobe Photoshop，缩写为"PS"，是一款专业的图形图像处理和编辑软件，深受平面设计人员和图形图像处理爱好者的喜爱。PS拥有强大的绘图和编辑工具，可以对图像、图形、文字、视频等进行编辑，完成抠图、修图、为图像等调色、合成图像、制作特效、制作3D效果、视频编辑等工作。

1.2　Photoshop 的历史

　　本节介绍Photoshop的诞生和发展。

1.2.1　Photoshop 的诞生

　　在Photoshop的启动界面中有一个名单，如图1-1所示，其中排在第一位的是对Photoshop而言最重要的人——托马斯·诺尔（Thomas Knoll）。

　　1987年，美国密歇根大学的博士研究生托马斯·诺尔在完成毕业论文的时候，发现苹果计算机的黑白位图显示器上无法显示带灰阶的黑白图像，于是他动手编写了一个叫Display的程序（该程序启动界面如图1-2所示），使用该程序可以在黑白位图显示器上显示带灰阶的黑白图像。

图 1-1　　　　　　　　　　　　　　　　图 1-2

　　后来他又和哥哥约翰·诺尔（John Knoll）一起在Display中增加了色彩调整、羽化等功能，并将Display更名为Photoshop。后来，Adobe公司买下了Photoshop。

1.2.2　Photoshop 的发展

　　Adobe公司于1990年推出了Photoshop 1.0，之后该公司不断优化Photoshop。随着版本的升级，Photoshop的功能越来越强大，其图标设计也在不断地变化。早期各版本的图标如图1-3所示。

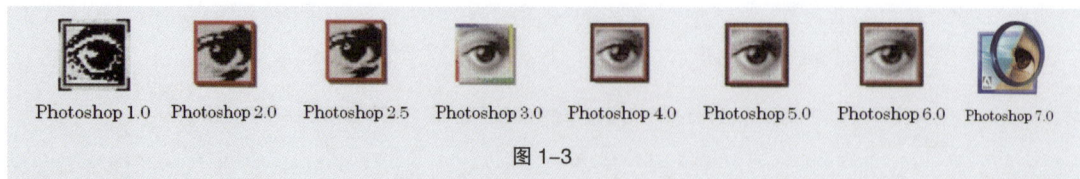

Photoshop 1.0　Photoshop 2.0　Photoshop 2.5　Photoshop 3.0　Photoshop 4.0　Photoshop 5.0　Photoshop 6.0　Photoshop 7.0

图 1-3

2003年，Adobe公司整合了旗下的设计软件，推出了Adobe Creative Suit（Adobe创意套装，也称Adobe CS），如图1-4所示。同年，Photoshop改名为Photoshop CS，之后Adobe陆续推出了Photoshop CS2、Photoshop CS3、Photoshop CS4、Photoshop CS5，在2012年推出了Photoshop CS6。这时期各版本的图标如图1-5所示。

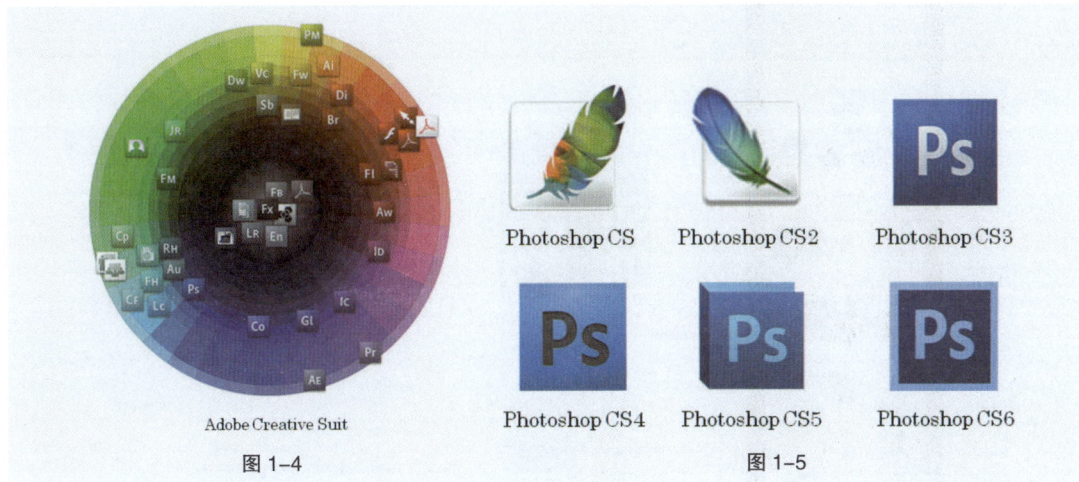

图1-4

图1-5

2013年，Adobe公司推出了Adobe Creative Cloud（Adobe创意云，也称Adobe CC），Photoshop CS也改名为Photoshop CC。2024年，Adobe公司推出了Photoshop CC 2024，如图1-6所示。

图1-6

1.3 新媒体领域应用

Photoshop在新媒体领域中的应用主要体现在电商设计、微信公众号设计、App设计及H5设计等方面。

1.3.1 电商设计

电商设计即针对电子商务网站进行相关的美化设计。运用Photoshop进行电商设计，可以更好地进行页面优化，促进客户转化。设计师通常使用Photoshop设计电子商务网站的首页、详情页、专题页等，如图1-7所示。

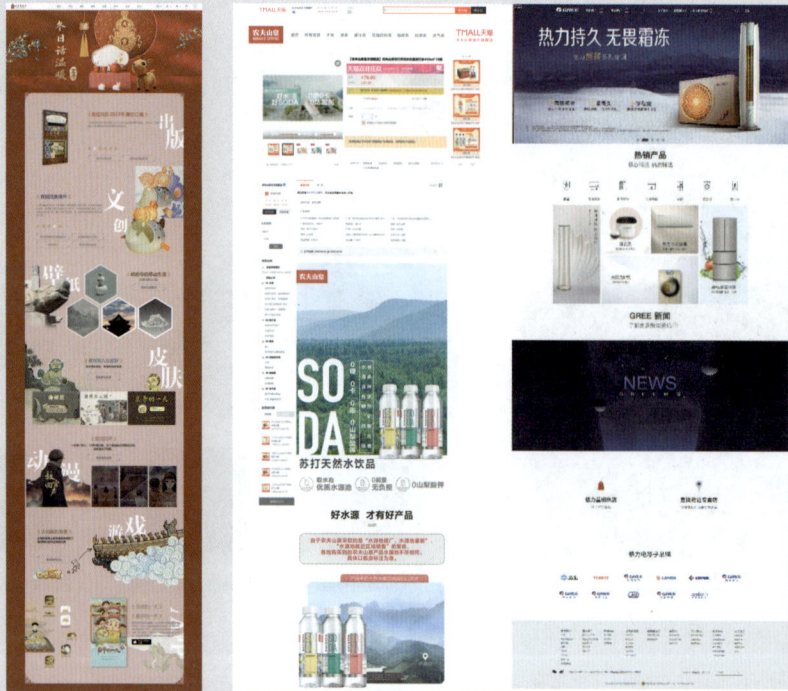

图 1-7

1.3.2　微信公众号设计

微信公众号设计即针对微信公众号中的图片及页面进行相关的美化设计。运用Photoshop进行微信公众号设计，可以更好地进行品牌宣传，增强传播力度。设计师通常使用Photoshop设计微信公众号的头图、文章配图及页面长图等，如图1-8所示。

图 1-8

1.3.3　App 设计

　　App设计即针对应用程序（Application）中的页面及图片进行相关的美化设计。运用Photoshop进行App设计，可以更好地体现产品功能，提升用户体验。设计师通常使用Photoshop设计App的闪屏页、引导页及活动页等，如图1-9所示。

图 1-9

1.3.4　H5 设计

　　H5设计即针对移动端上基于HTML5技术的交互动态网页进行相关的美化设计。运用Photoshop进行II5设计，可以更好地提高页面美感，加强品牌宣传效果。设计师通常使用Photoshop设计整个H5网站的所有页面等，如图1-10所示。

图 1-10

第2章

Photoshop CC
基础知识

▶ 本章介绍

　　本章对Photoshop CC的基本操作和图像处理基础知识进行讲解。通过本章的学习，学生可以对Photoshop CC的功能有一个大体的了解，并能应用基础知识完成简单的图像制作任务。

学习目标

微课

第2章简介

- 熟悉Photoshop CC。
- 熟练掌握新建文件和打开文件的方法。
- 熟练掌握保存文件和关闭文件的技巧。
- 掌握恢复操作的方法。
- 了解位图、矢量图和分辨率。
- 了解常用的图像颜色模式。
- 了解常用的图像文件格式。

素养目标

- 提高学生的计算机操作水平。
- 培养学生对图形图像处理的兴趣。

2.1 工作界面

　　熟悉Photoshop CC的工作界面是学习Photoshop CC的基础。熟悉工作界面的内容，有助于初学者日后得心应手地使用软件。Photoshop CC的工作界面主要由菜单栏、属性栏、工具箱、面板和状态栏组成，如图2-1所示。

图 2-1

　　菜单栏：其中共包含11个菜单项目。利用菜单项目中的命令可以完成编辑图像、调整图像色彩、添加滤镜效果等操作。

　　属性栏：是工具箱中各个工具的功能扩展。通过在属性栏中设置不同的选项，可以快速完成多样化的操作。

　　工具箱：其中包含多种工具。利用不同的工具可以完成对图像的绘制、观察、测量等操作。

　　面板：Photoshop CC的工作界面的重要组成部分。通过不同的面板，可以完成在图像中填充颜色、设置图层、添加样式等操作。

　　状态栏：可以显示当前文件的显示比例、文档大小、当前工具、暂存盘大小等信息。

2.1.1 菜单栏

1. 菜单分类

　　Photoshop CC的菜单栏包括"文件"菜单、"编辑"菜单、"图像"菜单、"图层"菜单、"文字"菜单、"选择"菜单、"滤镜"菜单、"3D"菜单、"视图"菜单、"窗口"菜单和"帮助"菜单，如图2-2所示。

文件(F)　编辑(E)　图像(I)　图层(L)　文字(Y)　选择(S)　滤镜(T)　3D(D)　视图(V)　窗口(W)　帮助(H)

图 2-2

"文件"菜单包含各种关于文件的操作命令。"编辑"菜单包含各种编辑文件的操作命令。"图像"菜单包含各种改变图像的大小、颜色等的操作命令。"图层"菜单包含各种调整图像中图层的操作命令。"文字"菜单包含各种对文字进行编辑和调整等的操作命令。"选择"菜单包含各种关于选区的操作命令。"滤镜"菜单包含各种添加滤镜效果的操作命令。"3D"菜单包含创建3D模型、编辑3D属性、调整纹理及编辑光线等的操作命令。"视图"菜单包含各种对视图进行设置的操作命令。"窗口"菜单包含各种显示或隐藏面板的操作命令。"帮助"菜单包含各种帮助信息。

2. 菜单中的命令的不同状态

有些菜单中命令包含更多相关的子菜单，包含子菜单的命令右侧会显示黑色的三角形▶，将鼠标指针移至带有三角形的命令行上，就会显示出其子菜单，如图2-3所示。当命令不符合运行的条件时，就会显示为灰色，表示处于不可执行状态。例如，在"CMYK颜色"模式下，"滤镜"菜单中的部分命令将显示为灰色，无法使用。当命令后面显示"..."时，如图2-4所示，表示单击此命令，可以弹出相应的对话框，并可以在对话框中进行相应的设置。

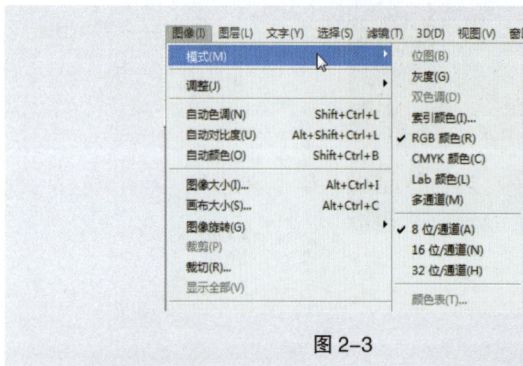

图 2-3

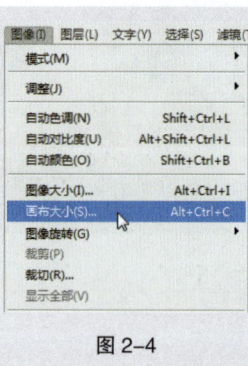

图 2-4

3. 键盘快捷键和菜单

选择"窗口 > 工作区 > 键盘快捷键和菜单"命令，弹出"键盘快捷键和菜单"对话框，如图2-5所示。在该对话框中可以根据操作需要隐藏或显示指定的菜单命令，如图2-6所示；也可以为不同的菜单命令设置不同的颜色，如图2-7所示；还可以自定义和修改键盘快捷键，如图2-8所示。

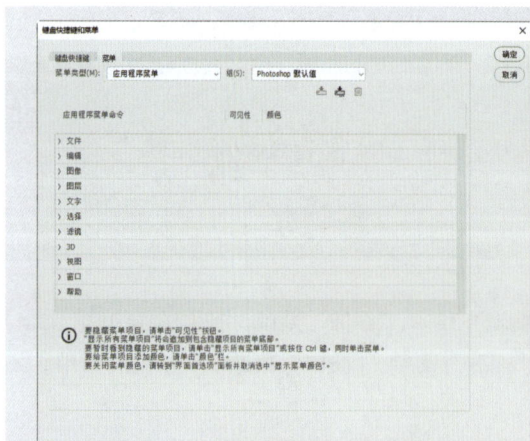

图 2-5

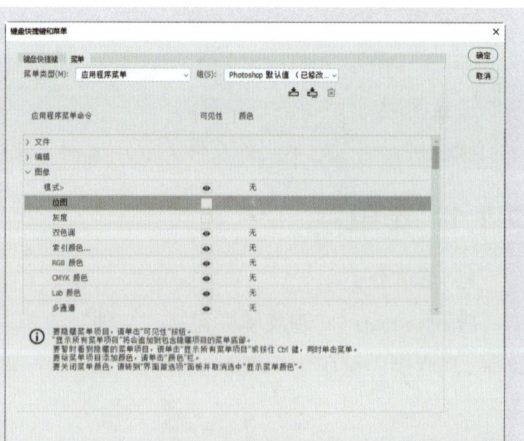

图 2-6

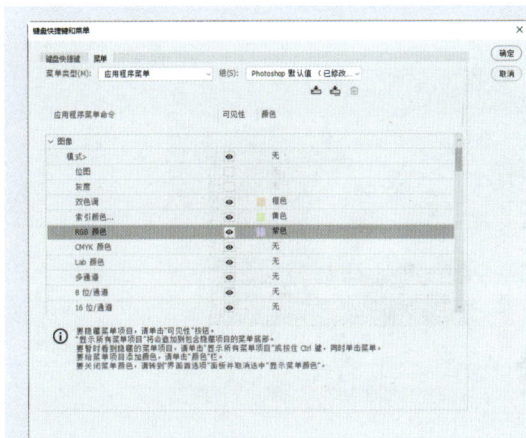

图 2-7

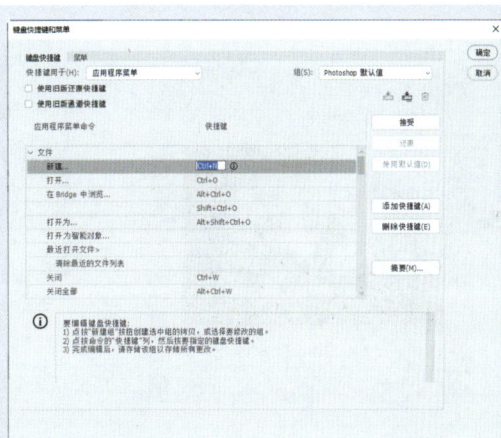

图 2-8

2.1.2　工具箱

Photoshop CC的工具箱如图2-9所示。要了解每个工具的具体名称，可以将鼠标指针放置在具体工具的上方，此时会出现一个演示图框，图框中会显示该工具的具体名称和基本操作说明，如图2-10所示。图框中显示的工具名称后面括号中的字母，是选择此工具的快捷键，只要在键盘上按该字母对应的键，就可以快速切换到相应的工具上。

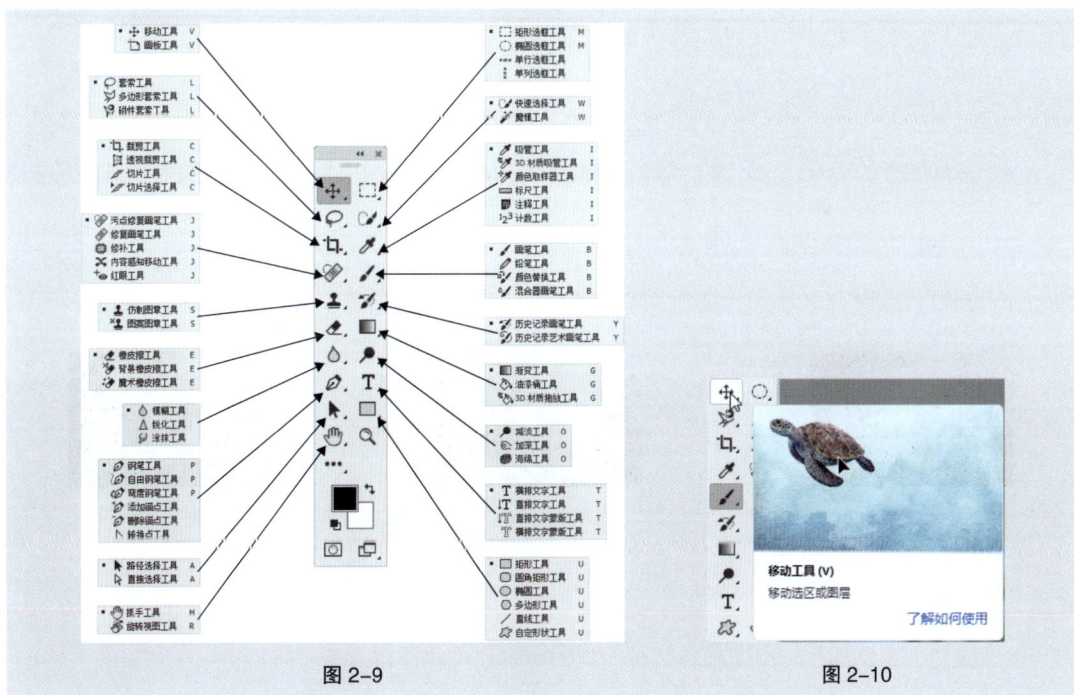

图 2-9　　　　　　　　　　　　　　　　　　图 2-10

工具箱相关操作如下。

（1）切换工具箱的显示状态。Photoshop CC工具箱的显示状态可以根据需要在单栏与双栏之间自由切换。当工具箱显示为双栏时，如图2-11所示，单击工具箱上方的双箭头图标 ⁣，工具箱的显示状态即可转换为单栏，以节省工作空间，如图2-12所示。

图 2-11

图 2-12

（2）显示隐藏工具选项。在工具箱中，部分工具图标的右下方有一个黑色的小三角 ◢ ，这表示在该工具下还有隐藏的工具。将鼠标指针移至工具箱中有小三角的工具图标上，并按住鼠标左键不放，弹出隐藏工具选项，如图2-13所示，将鼠标指针移动到需要的工具选项上，即可选择该工具。

（3）恢复工具的默认设置。要想恢复工具的默认设置，可以选择该工具，在相应的属性栏中，在该工具图标上单击鼠标右键，在弹出的菜单中选择"复位工具"命令，如图2-14所示。

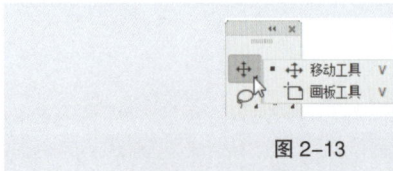

图 2-13

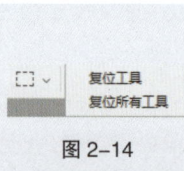

图 2-14

（4）鼠标指针的显示状态。在选择工具箱中的工具后，图像中的鼠标指针就变为工具的对应图标。例如，选择"裁剪"工具 ◻ ，图像窗口中的鼠标指针就随之显示为裁剪工具的对应图标，如图2-15所示；选择"画笔"工具 ✎ ，鼠标指针显示为画笔工具的对应图标，如图2-16所示；按Caps Lock键，鼠标指针转换为十字形图标，如图2-17所示。

图 2-15

图 2-16

图 2-17

2.1.3 属性栏

在选择某个工具后，会出现相应的属性栏，可以通过属性栏对工具进行进一步的设置。例如，当选择"魔棒"工具 ✦ 时，工作界面的上方会出现相应的魔棒工具属性栏，可以应用属性栏中的各个命令和选项对工具进行进一步的设置，如图2-18所示。

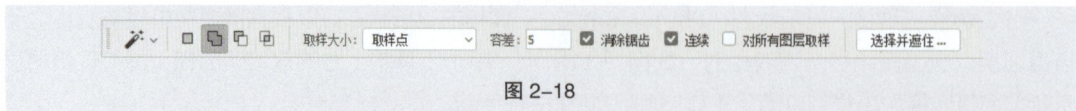

图 2-18

2.1.4　状态栏

打开一幅图像时，图像下方的状态栏中会显示该图像的相关信息，如图2-19所示。状态栏的左侧显示当前图像缩放显示的百分比，在文本框中输入数值可改变图像缩放显示的比例。状态栏的右侧显示当前图像的文件信息，单击﹀图标，在弹出的菜单中可以选择显示当前图像文件的相关信息，如图2-20所示。

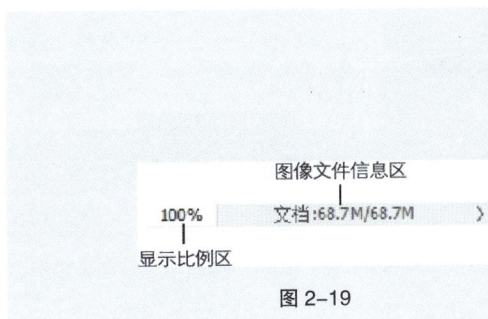

图 2-19

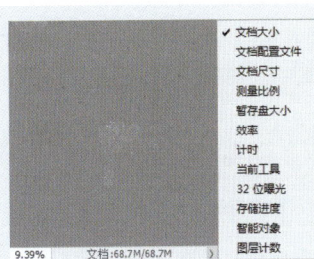

图 2-20

2.1.5　面板

面板是处理图像时一个不可或缺的部分。Photoshop CC为用户提供了多个面板组。

面板相关操作如下。

（1）收缩与展开面板。面板可以根据需要进行收缩与展开。面板的展开状态如图2-21所示。单击面板上方的双箭头图标，可以将面板收缩，如图2-22所示。如果要展开某个面板，可以直接单击其选项卡，相应的面板会自动弹出，如图2-23所示。

（2）拆分面板。若需单独拆分出某个面板，可以选中该面板的选项卡（见图2-24）并用鼠标将其向工作区拖曳，选中的面板将被单独地拆分出来，如图2-25所示。

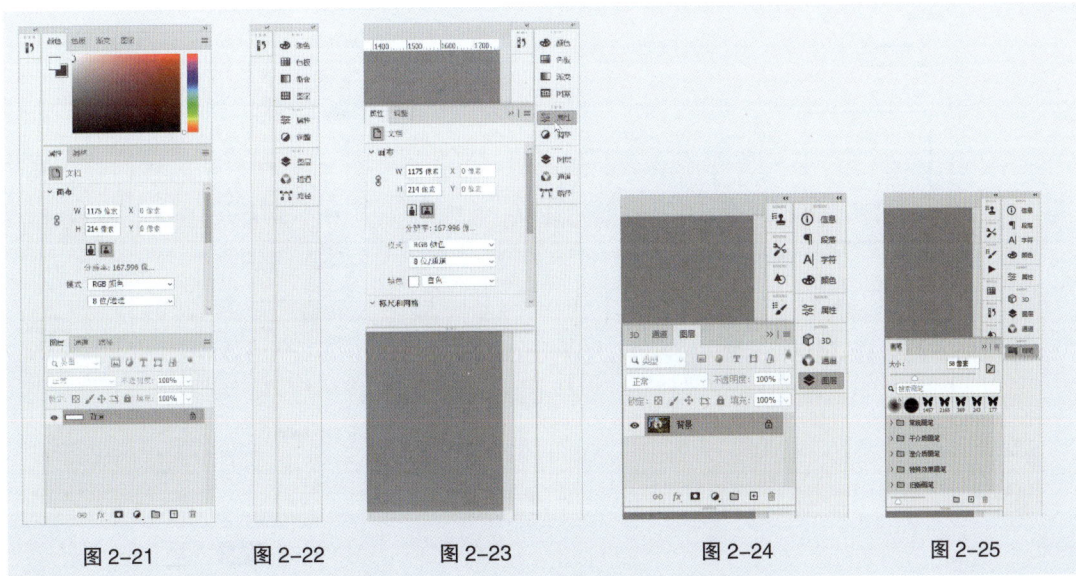

图 2-21　　　　图 2-22　　　　图 2-23　　　　图 2-24　　　　图 2-25

（3）组合面板。可以根据需要将两个或多个面板组合到一个面板组中，这样做可以节省操作的空间。要组合面板，可以选中外部面板的选项卡，用鼠标将其拖曳到要组合的面板组中，面板组上方出现蓝色的边框，如图2-26所示。释放鼠标左键，面板将加入面板组中，如图2-27所示。

（4）面板弹出式菜单。单击面板右上方的 ≡ 图标，会弹出包含面板的相关命令的菜单，应用这些命令可以提高面板的功能性，如图2-28所示。

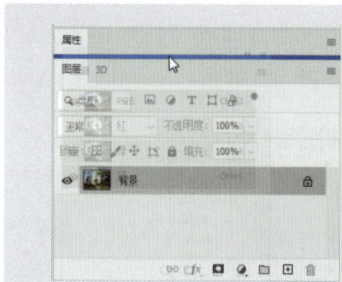
图 2-26

图 2-27

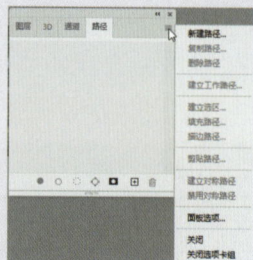
图 2-28

（5）隐藏与显示工具箱和面板。按Tab键，可以隐藏工具箱和面板；再次按Tab键，可以显示隐藏的部分。按Shift+Tab组合键，可以隐藏面板；再次按Shift+Tab组合键，可以显示隐藏的部分。

2.2 新建和打开

2.2.1 新建文件

选择"文件 > 新建"命令，或按Ctrl+N组合键，弹出"新建文档"对话框，如图2-29所示。在该对话框中可以设置新建的文档名称、宽度和高度、分辨率、颜色模式等，设置完成后单击"创建"按钮，即可完成新建操作。新建的文件如图2-30所示。

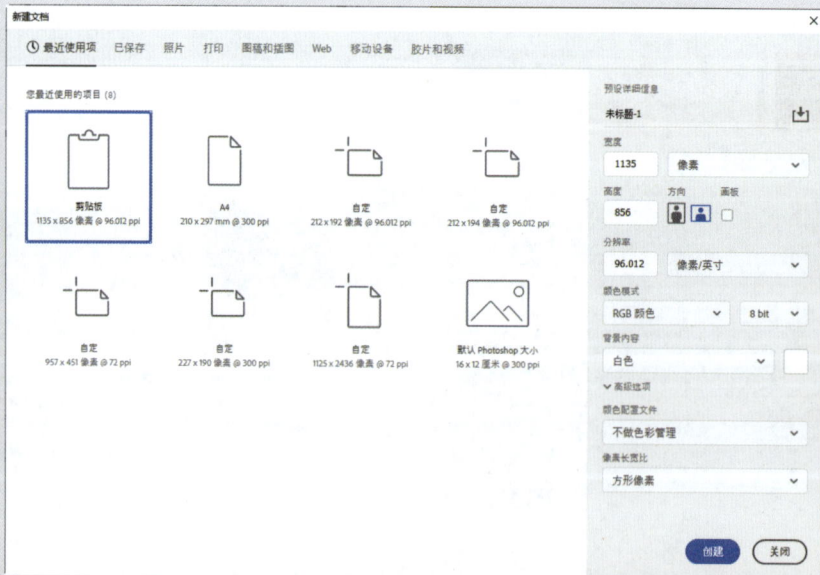
图 2-29

图 2-30

2.2.2　打开文件

如果要对照片或图片进行修改和处理，就要先在Photoshop CC中打开它们。

选择"文件 > 打开"命令，或按Ctrl+O组合键，弹出"打开"对话框，如图2-31所示。在该对话框中查找路径和文件，确认文件类型和名称，通过Photoshop CC提供的预览图标选择文件，然后单击"打开"按钮，或直接双击文件，即可打开所指定的图像文件，如图2-32所示。

图 2-31

图 2-32

2.3　保存和关闭

2.3.1　保存文件

编辑和制作完图像后，就需要将图像保存，以便下次能够打开图像继续对其进行操作。

选择"文件 > 存储"命令，或按Ctrl+S组合键，可以存储文件。当设计好的作品进行第一次存储时，选择"文件 > 存储"命令，将弹出"另存为"对话框，如图2-33所示，在该对话框中输入文件名、选择文件保存类型后，单击"保存"按钮，即可将文件保存。

当对已存储过的图像文件进行各种编辑操作后，选择"存储"命令，将不弹出"另存为"对话框，计算机会直接保存最终确认的结果，并用它覆盖原始文件。

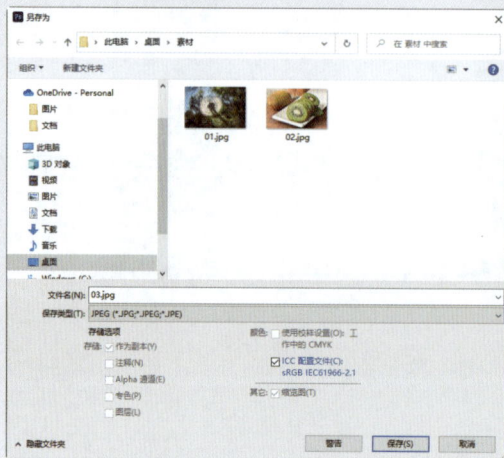

图 2-33

2.3.2　关闭文件

文件存储完毕后，可以选择将其关闭。选择"文件 > 关闭"命令，或按Ctrl+W组合键，即可关闭文件。关闭文件时，若当前文件被修改过或是新建的文件，则会弹出提示框，如图2-34所示，单击"是"按钮即可存储并关闭该文件。

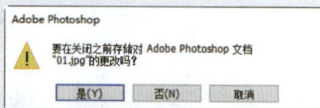

图 2-34

2.4　恢复操作的应用

2.4.1　恢复到上一步的操作

在编辑图像的过程中可以随时恢复到上一步操作，也可以将图像还原到恢复前的状态。选择"编辑 > 还原"命令，或按Ctrl+Z组合键，可以恢复到上一步操作。如果想将图像还原到恢复前的状态，再按Ctrl+Z组合键即可。

2.4.2　中断操作

当Photoshop CC正在进行图像处理时，想中断正在进行的操作，只需按Esc键即可。

2.4.3 恢复到操作过程的任意步骤

"历史记录"面板可以将进行过多次处理操作的图像恢复到任一步操作时的状态，即该面板包含所谓的"多次恢复功能"。选择"窗口 > 历史记录"命令，弹出"历史记录"面板，如图2-35所示。

该面板下方的按钮从左至右依次为"从当前状态创建新文档"按钮 ▣、"创建新快照"按钮 ◙、"删除当前状态"按钮 🗑。

单击该面板右上方的 ☰ 图标，弹出包含"历史记录"面板的相关命令的菜单，如图2-36所示。"前进一步"命令用于将滑块向下移动一位，"后退一步"命令用于将滑块向上移动一位，"新建快照"命令用于根据当前滑块所指的操作记录建立新的快照，"删除"命令用于删除面板中滑块所指的操作记录，"清除历史记录"命令用于清除面板中除最后一条记录外的所有记录，"新建文档"命令用于根据当前状态或者快照建立新的文件，"历史记录选项"命令用于设置"历史记录"面板，"关闭"和"关闭选项卡组"命令分别用于关闭"历史记录"面板和该面板所在的选项卡组。

图 2-35

图 2-36

2.5 位图和矢量图

2.5.1 位图

位图图像也叫点阵图像，它是由许多单独的小方块组成的。这些小方块又被称为像素点。每个像素点都有其特定的位置和颜色。位图图像的显示效果与像素点是紧密联系在一起的，不同排列和着色的像素点组合在一起构成了一幅图像。像素点越多，图像的分辨率越高；相应地，图像的文件大小也会随之增大。

一幅位图图像的原始效果如图2-37所示。使用放大工具放大后，可以清晰地看到像素点的形状与颜色，效果如图2-38所示。

图 2-37

图 2-38

位图与分辨率有关，如果在屏幕上以较大的倍数放大并显示图像，或以低于创建时的分辨率显示图像，图像就会出现锯齿状的边缘，并且会丢失细节。

2.5.2 矢量图

矢量图也叫向量图，它是一种使用图形的几何特性来描述的图像。矢量图中的各种图形元素被称为对象。每一个对象都是一个独立的个体，都具有大小、颜色、形状、轮廓等属性。

矢量图与分辨率无关，可以将它设置为任意大小，其清晰度不会改变，也不会出现锯齿状的边缘。在任何分辨率下显示或打印，都不会丢失细节。一幅矢量图的原始效果如图2-39所示。使用放大工具放大后，其清晰度不变，效果如图2-40所示。

图2-39　　　　　　　　　　　　　　　图2-40

矢量图所占的空间较小，但其缺点是不易制作色调丰富的图像，而且绘制出来的图像无法像位图那样精确地描绘各种绚丽的景象。

2.6 分辨率

2.6.1 图像分辨率

在Photoshop CC中，图像中每单位长度显示的像素数目，称为图像的分辨率，其单位为像素/英寸（1英寸≈2.54厘米）或像素/厘米。

在尺寸相同的两幅图像中，高分辨率的图像包含的像素比低分辨率的图像包含的像素多。例如，一幅尺寸为1英寸×1英寸的图像，其分辨率为72像素/英寸，则这幅图像包含5184（72×72＝5184）个像素；尺寸相同，分辨率为300像素/英寸的图像则包含90000个像素。相同尺寸下，分辨率为72像素/英寸的图像效果如图2-41所示，分辨率为10像素/英寸的图像效果如图2-42所示。由此可见，在相同尺寸下，高分辨率的图像能更清晰地呈现图像内容。

图2-41　　　　　　　　　　　　　　　图2-42

2.6.2 屏幕分辨率

屏幕分辨率是指显示器上每单位长度显示的像素数目。屏幕分辨率的大小取决于显示器的大小及其像素设置。PC（Personal Computer，个人计算机）显示器的分辨率一般约为96像素/英寸，Mac显示器的分辨率一般约为72像素/英寸。在Photoshop CC中，图像像素被直接转换成显示器屏幕像素，当图像分辨率高于屏幕分辨率时，屏幕中显示的图像的尺寸比实际尺寸大。

2.6.3 输出分辨率

输出分辨率是指照排机或激光打印机等输出设备产生的每英寸的油墨点数（dpi）。为获得好的输出效果，输出时使用的图像分辨率应与打印机输出分辨率成正比。

2.7 常用的图像颜色模式

2.7.1 CMYK 模式

CMYK代表了印刷中常用的4种油墨颜色：C代表青色，M代表洋红色，Y代表黄色，K代表黑色。CMYK颜色面板如图2-43所示。

CMYK模式在印刷时应用了色彩学中的减法混合原理，即减色颜色模式。它是在印刷图片、插图和其他Photoshop作品时最常用的一种颜色模式（因为在印刷中通常都要进行四色分色，出四色胶片，然后进行印刷）。

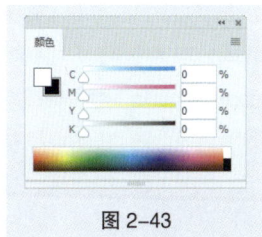

图 2-43

2.7.2 RGB 模式

与CMYK模式不同的是，RGB模式是一种加色颜色模式。它通过红、绿、蓝3种颜色互相叠加来形成更多的颜色。RGB是色光的彩色模式，一幅24bit的RGB图像有3个颜色信息的通道：红色（R）、绿色（G）和蓝色（B）。RGB颜色面板如图2-44所示。

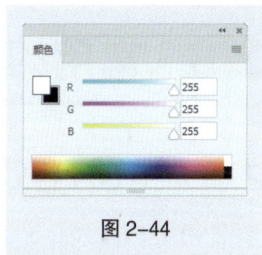

图 2-44

每个通道都有8 bit的颜色信息——一个0～255的亮度值色域。也就是说，每一种颜色都有256个亮度水平。3种颜色相叠加，可以生成$256 \times 256 \times 256 \approx 1670$万种可能的颜色。这约1670万种颜色足以呈现出绚丽多彩的世界。

在Photoshop CC中编辑图像时，RGB模式应是最佳的选择。因为它可以提供全屏幕的多达24bit的色彩范围，一些计算机领域的颜色专家称之为"True Color"（真色彩）显示。

2.7.3 Lab 模式

Lab是Photoshop中的一种国际颜色标准模式，它由3个通道组成：一个通道是透明度，用L表示；其他两个是颜色通道，即色相和饱和度，分别用a和b表示。a通道包括的颜色从深绿到灰，再到亮粉红色；b通道包括的颜色从亮蓝色到灰，再到焦黄色。这种颜色混合后将产生明亮的颜色。Lab颜色面板如图2-45所示。

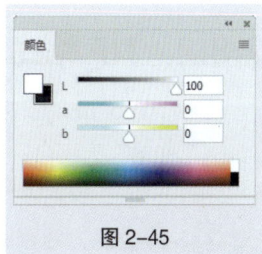

图 2-45

Lab模式在理论上包括人眼可见的所有颜色，它弥补了CMYK模式和RGB模式的不足。在这种模式下，图像的处理速度比在CMYK模式下的快数倍，与RGB模式下的相仿。而且在把图像从Lab模式转换成CMYK模式的过程中，所有的颜色不会丢失或被替换。事实上，当Photoshop CC将图像从RGB模式转换成CMYK模式时，Lab模式一直扮演着中介的角色。也就是说，图像先从RGB模式转换成Lab模式，再转换成CMYK模式。

2.7.4　HSB 模式

HSB模式只会在颜色吸取窗口中出现。H代表色相，S代表饱和度，B代表亮度。色相的意思是纯色，即组成可见光谱的单色。红色为0度，绿色为120度，蓝色为240度。饱和度代表颜色的纯度。亮度代表颜色的明亮程度，最大亮度是颜色最鲜明的状态，黑色的亮为0。HSB颜色面板如图2-46所示。

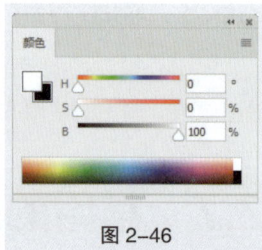

图 2-46

2.7.5　灰度模式

灰度图又叫8bit深度图。每个像素用8个二进制位表示，能产生2^8（即256）级灰色调。当一个彩色模式文件被转换为灰度模式文件时，它的所有颜色信息都将丢失。尽管Photoshop允许将一个灰度模式文件转换为彩色模式文件，但它不可能将原来的颜色完全还原。所以，当要将文件转换成灰度模式文件时，应先做好备份。

与黑白照片一样，一个灰度模式的图像只有明暗值，没有色相和饱和度这两种颜色信息。灰度模式的K值用于衡量黑色油墨用量，它为0%代表白，为100%代表黑。灰度模式颜色面板如图2-47所示。

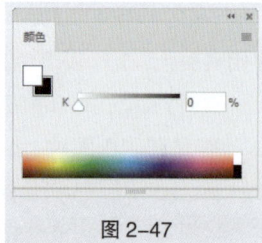

图 2-47

2.8　常用的图像文件格式

2.8.1　PSD 格式和 PDD 格式

PSD（Photoshop Document）格式和PDD（Photo Deluxe Document）格式是Photoshop自身的专用文件格式，能够支持从线图到CMYK的所有图像类型，但由于在一些图形处理软件中没有得到很好的支持，所以其通用性不强。以PSD格式和PDD格式存储能够保存图像数据的细节，如图层等Photoshop对图像进行的特殊处理的信息。在没有最终决定图像存储的格式前，最好先以这两种格式存储。另外，Photoshop打开和存储这两种格式的文件的速度比打开其他格式的文件更快。但是以这两种格式存储也有缺点：图像文件容量大，占用磁盘空间较多。

2.8.2　TIF 格式

TIF（Tag Image File，标签图像文件）格式具有很强的可移植性，可以用于PC、Macintosh、UNIX工作站三大平台，是这三大平台上使用最广泛的绘图格式。

用TIF格式存储文件时应考虑文件的大小，因为TIF格式的结构要比其他格式的复杂。但TIF格式支持24个通道，能存储多于4个通道的文件。TIF格式还允许使用Photoshop CC中的复杂工具和滤镜特效处理。TIF格式的文件非常适合印刷和输出。

2.8.3　GIF

GIF是Graphics Interchange Format的缩写。GIF的图像文件容量比较小，它形成一种压缩的8bit图像文件。正因为这样，一般使用这种格式的文件可缩短图像的加载时间。如果在网络中传送图像文件，GIF格式的图像文件的处理速度要比其他格式的图像文件的快得多。

2.8.4　JPEG 格式

JPEG（Joint Photographic Experts Group，联合图片专家组）格式既是Photoshop CC支持的一种文件格式，也是一种压缩方案。它是Macintosh上常用的一种图片存储类型。JPEG格式是压缩格式中的"佼佼者"，与TIF格式采用的LZW无损压缩相比，它的压缩比例更大。但它使用的有损压缩会丢失部分数据。用户可以在存储前选择存储为最高质量的图像，这样就能降低数据的损失程度。

2.8.5　EPS 格式

EPS是Encapsulated PostScript的缩写。EPS格式是Illustrator和Photoshop之间可交换的文件格式。使用Illustrator制作出来的流动曲线、简单图形和专业图像一般都存储为EPS格式。Photoshop CC可以处理这种格式的文件。在Photoshop CC中，也可以把其他图像文件存储为EPS格式，以便在排版类的PageMaker和绘图类的Illustrator等其他软件中使用。

2.8.6　PNG 格式

PNG（Portable Network Graphics，便携式网络图形）格式是用于无损压缩和在Web上显示图像的文件格式，是GIF格式的无专利替代品，它支持24bit图像文件且能产生无锯齿状边缘的背景，还支持无Alpha通道的RGB、索引颜色、灰度和位图模式的图像。但某些Web浏览器不支持PNG格式图像。

2.8.7　选择合适的图像文件存储格式

可以根据工作任务的需要选择合适的图像文件存储格式。下面根据图像的不同用途介绍应该选择的图像文件存储格式。

用于印刷：TIF、EPS。

用于网络图像：GIF、JPEG、PNG。

用于Photoshop CC：PSD、PDD、TIF。

第 3 章

03

常用工具的使用

▶ **本章介绍**

要想对图像进行编辑和处理，就必须掌握Photoshop CC常用工具的使用方法。本章详细讲解选择图像、绘画和绘图的方法以及文字工具的使用技巧。通过本章的学习，学生可以学会如何选择和绘制规则或不规则的图形，并添加适当的文字，完成简单的设计任务。

学习目标

- 掌握选择工具组的使用方法。
- 熟悉绘画工具组的使用方法。
- 熟悉文字工具组的使用方法。
- 掌握绘图工具组的使用方法。

微课

第 3 章简介

技能目标

- 掌握时尚彩妆网店Banner的制作方法。
- 掌握珠宝网站详情页主图的制作方法。
- 掌握立冬节气宣传海报的制作方法。
- 掌握商品促销类公众号封面首图的制作方法。

素养目标

- 培养学生夯实基础的学习习惯。
- 加深学生对中华优秀传统文化的热爱。

3.1 选择工具组

对图像进行编辑，首先要进行选择图像的操作。能够快速精确地选择图像是提高处理图像效率的关键。

3.1.1 课堂案例——制作时尚彩妆网店 Banner

【案例学习目标】学习使用不同的选择工具来选择不同形状的图像，并应用移动工具将其合成为Banner。

【案例知识要点】使用"矩形选框"工具、"椭圆选框"工具、"多边形套索"工具和"魔棒"工具抠出化妆品，使用"变换"命令调整图像大小，使用"移动"工具合成图像，最终效果如图3-1所示。

【效果所在位置】Ch03/效果/制作时尚彩妆网店Banner.psd。

图 3-1

（1）按Ctrl+O组合键，打开云盘中的"Ch03 > 素材 > 制作时尚彩妆网店Banner > 02"文件，如图3-2所示。选择"矩形选框"工具 ⬚，在02文件的图像窗口中沿着化妆品边缘拖曳鼠标绘制选区，如图3-3所示。

图 3-2

图 3-3

（2）按Ctrl+O组合键，打开云盘中的"Ch03 > 素材 > 制作时尚彩妆网店Banner > 01"文件。选择"移动"工具 ✥，将02文件的图像窗口选区中的图像拖曳到01文件的图像窗口中适当的位置，效果如图3-4所示，在"图层"面板中将生成的新图层命名为"化妆品1"。

（3）按Ctrl+T组合键，在图像周围会出现变换框，将鼠标指针放在变换框的控制手柄外边，鼠标指针变为旋转图标 ↰，拖曳鼠标将图像旋转到适当的角度，按Enter键确定操作，效果如图3-5所示。

（4）选择"椭圆选框"工具 ◯，在02文件的图像窗口中沿着化妆品边缘拖曳鼠标绘制选区，如图3-6所示。选择"移动"工具 ✥，将02文件的图像窗口选区中的图像拖曳到01文件的图像窗口中适当的位置，效果如图3-7所示，在"图层"面板中将生成的新图层命名为"化妆品2"。

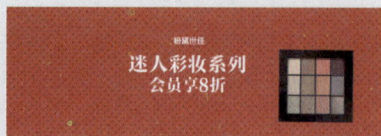
图 3-4

图 3-5

图 3-6

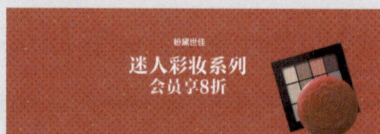
图 3-7

（5）选择"多边形套索"工具 ，在02文件的图像窗口中沿着化妆品边缘拖曳鼠标绘制选区，如图3-8所示。选择"移动"工具 ，将02文件的图像窗口选区中的图像拖曳到01文件的图像窗口中适当的位置，效果如图3-9所示，在"图层"面板中将生成的新图层命名为"化妆品3"。

图 3-8

图 3-9

（6）按Ctrl＋O组合键，打开云盘中的"Ch03 > 素材 > 制作时尚彩妆网店Banner > 03"文件。选择"魔棒"工具 ，在03文件的图像窗口的背景区域单击，图像周围会生成选区，效果如图3-10所示。按Shift+Ctrl+I组合键，将选区反选，效果如图3-11所示。

（7）选择"移动"工具 ，将03文件的图像窗口选区中的图像拖曳到01文件的图像窗口中适当的位置，如图3-12所示，在"图层"面板中将生成的新图层命名为"化妆品4"。

图 3-10

图 3-11

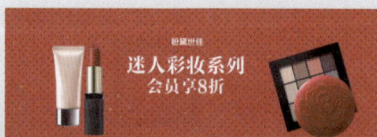
图 3-12

（8）按Ctrl＋O组合键，打开云盘中的"Ch03 > 素材 > 制作时尚彩妆网店Banner > 04、05"文件，选择"移动"工具 ，将其中的图像分别拖曳到01文件的图像窗口中适当的位置，如图3-13所示，在"图层"面板中分别将生成的新图层命名为"云1"和"云2"，"图层"面板如图3-14所示。

图 3-13

（9）在"图层"面板中选中"云1"图层，并将其拖曳到"化妆品1"图层的下方，"图层"面板如图3-15所示，图像窗口中的效果如图3-16所示。至此，时尚彩妆网店Banner制作完成。

图 3-14   图 3-15   图 3-16

3.1.2　移动工具

移动工具可以将图层中的整幅图像或选定区域中的图像移动到指定位置。

单击或按V键，选择"移动"工具 ⊕，其属性栏状态如图3-17所示。

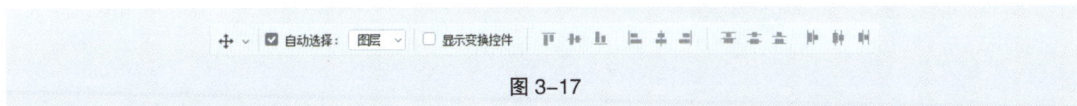

图 3-17

3.1.3　矩形选框工具

选择"矩形选框"工具 ▣（或反复按Shift+M组合键），其属性栏状态如图3-18所示。

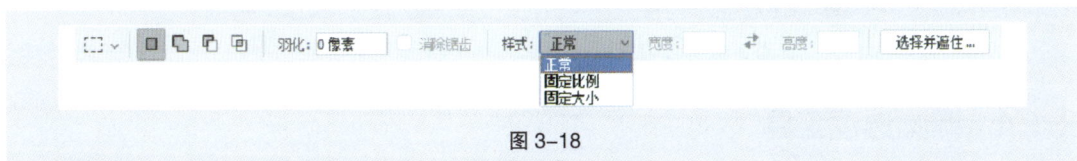

图 3-18

"新选区"按钮 ▣：用于去除旧选区，绘制新选区。"添加到选区"按钮 ▣：用于在原有选区的上面增加新的选区。"从选区减去"按钮 ▣：用于在原有选区上减去新选区的部分。"与选区交叉"按钮 ▣：用于选择新旧选区重叠的部分。羽化：用于设定选区边界的羽化程度。消除锯齿：用于消除选区边缘的锯齿。样式：用于选择类型。

选择"矩形选框"工具 ▣，在图像中适当的位置单击并按住鼠标左键不放，向右下方拖曳鼠标绘制选区，松开鼠标左键，矩形选区绘制完成，如图3-19所示。在绘制过程中按住Shift键，在图像中可以绘制出正方形选区，如图3-20所示。

图 3-19   图 3-20

在属性栏中的"样式"选项下拉列表中选择"固定比例",将"宽度"选项设为1,"高度"选项设为3,如图3-21所示。在图像中绘制固定比例的选区,效果如图3-22所示。单击"高度和宽度互换"按钮 ⇄ ,可以快速地将宽度和高度的数值互换,互换后绘制的选区效果如图3-23所示。

图 3-21

图 3-22　　　　　　　　　　　　　　　　图 3-23

在属性栏中的"样式"选项下拉列表中选择"固定大小",在"宽度"和"高度"选项中输入数值,如图3-24所示。在图像中绘制固定大小的选区,效果如图3-25所示。单击"高度和宽度互换"按钮 ⇄ ,可以快速地将宽度和高度的数值互换,互换后绘制的选区效果如图3-26所示。

图 3-24

图 3-25　　　　　　　　　　　　　　　　图 3-26

3.1.4　椭圆选框工具

选择"椭圆选框"工具 ○,在图像中适当的位置单击并按住鼠标左键不放,拖曳鼠标绘制出需要的选区,松开鼠标左键,椭圆选区绘制完成,如图3-27所示。在绘制过程中按住Shift键,在图像中可以绘制出圆形选区,如图3-28所示。

图 3-27　　　　　　　　　　　　　　　　图 3-28

"椭圆选框"工具的属性栏功能和"矩形选框"工具的属性栏功能相同,这里不再赘述。

3.1.5　套索工具

选择"套索"工具 ❀ ,或反复按Shift+L组合键,在图像中适当的位置单击并按住鼠标左键不放，拖曳鼠标在图像上进行绘制，如图3-29所示，松开鼠标左键，选择区域自动封闭并生成选区，效果如图3-30所示。

图3-29　　　　　　　　　　　　　　　图3-30

3.1.6　多边形套索工具

选择"多边形套索"工具 ，在图像中单击设置所选区域的起点，接着单击设置所选区域的其他点，如图3-31所示。将鼠标指针移回起点，鼠标指针显示为 图标，如图3-32所示。此时单击即可封闭并生成选区，效果如图3-33所示。

图3-31　　　　　　　　　　图3-32　　　　　　　　　　图3-33

3.1.7　磁性套索工具

选择"磁性套索"工具 ，其属性栏状态如图3-34所示。

图3-34

宽度：用于设定套索检测范围，磁性套索工具将在这个范围内选取与背景反差最大的边缘。对比度：用于设定选取边缘的灵敏度，数值设置得越大，则要求边缘与背景的反差越大。频率：用于设定标记选区点的速率，数值越大，标记速率越快，标记点越多。 ：用于设定专用绘图板的笔刷压力。

3.2　绘画工具组

3.2.1　课堂案例——制作珠宝网站详情页主图

【案例学习目标】学习使用不同的绘画工具绘制不同的图像，并应用图层蒙版调整图像显示区域。

【案例知识要点】使用"渲染"命令为图像添加镜头光晕效果，使用"添加图层蒙版"按钮和

"渐变"工具制作图像渐隐效果，使用"画笔"工具和"画笔"面板绘制高光效果，使用"横排文字"工具添加宣传性文字，最终效果如图3-35所示。

【效果所在位置】云盘/Ch03/效果/制作珠宝网站详情页主图.psd。

图 3-35

（1）按Ctrl+N组合键，弹出"新建文档"对话框，设置宽度为800像素，高度为800像素，分辨率为72像素/英寸，颜色模式为RGB，背景内容为白色，单击"创建"按钮，新建一个文档。

（2）按Ctrl+O组合键，打开云盘中的"Ch03 > 素材 > 制作珠宝网站详情页主图 > 01"文件。选择"移动"工具 ⊕，将01文件中的图像拖曳到新建的图像窗口中适当的位置，效果如图3-36所示，在"图层"面板中生成新的图层并将其命名为"底图"。

（3）选择"滤镜 > 渲染 > 镜头光晕"命令，弹出"镜头光晕"对话框。将光晕拖曳到适当的位置，其他选项的设置如图3-37所示。单击"确定"按钮，效果如图3-38所示。

图 3-36   图 3-37   图 3-38

（4）按Ctrl+O组合键，打开云盘中的"Ch03 > 素材 > 制作珠宝网站详情页主图 > 02"文件。选择"移动"工具 ⊕，将02文件中的图像拖曳到新建的图像窗口中适当的位置，效果如图3-39所示，在"图层"面板中生成新的图层并将其命名为"云"。

（5）单击"图层"面板下方的"添加图层蒙版"按钮 ▣，为"云"图层添加图层蒙版，如图3-40所示。选择"渐变"工具 ▣，单击属性栏中的"点按可编辑渐变"按钮 ▰▾，弹出"渐变编辑器"对话框，将渐变色设为从黑色到白色，单击"确定"按钮。按下鼠标左键，在图像窗口中从上到下拖曳鼠标，为图像设置渐变色效果，松开鼠标左键，效果如图3-41所示。

图 3-39   图 3-40   图 3-41

（6）按Ctrl+O组合键，打开云盘中的"Ch03 > 素材 > 制作珠宝网站详情页主图 > 03、04"文件。选择"移动"工具 ，分别将03和04文件中的图像拖曳到新建的图像窗口中适当的位置，效果如图3-42所示。在"图层"面板中生成新的图层并将其命名为"三角装饰"和"钻戒"，如图3-43所示。

（7）选择"滤镜 > 渲染 > 镜头光晕"命令，弹出"镜头光晕"对话框。将光晕拖曳到适当的位置，其他选项的设置如图3-44所示。单击"确定"按钮，效果如图3-45所示。

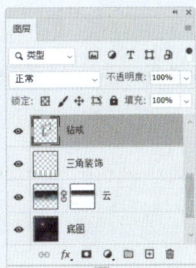
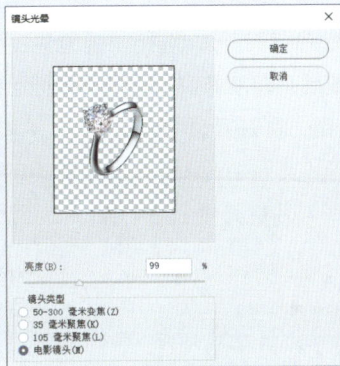

图 3-42   图 3-43   图 3-44   图 3-45

（8）将"钻戒"图层拖曳到"图层"面板下方的"创建新图层"按钮 上进行复制，生成新的图层"钻戒 拷贝"。按Ctrl+T组合键，在图像周围出现变换框，单击鼠标右键，在弹出的快捷菜单中选择"垂直翻转"命令，垂直翻转图像，向下拖曳图像到适当的位置，按Enter键确定操作，效果如图3-46所示。

（9）单击"图层"面板下方的"添加图层蒙版"按钮 ，为"钻戒 拷贝"图层添加图层蒙版，如图3-47所示。选择"渐变"工具 ，按下鼠标左键，在图像窗口中从下向上拖曳鼠标，为图像设置渐变色效果，松开鼠标左键，效果如图3-48所示。

图 3-46   图 3-47   图 3-48

（10）在"图层"面板中，将"钻戒 拷贝"图层（见图3-49）拖曳到"钻戒"图层的下方，图像效果如图3-50所示。

（11）新建图层并将其命名为"高光1"。将其前景色设为白色。选择"画笔"工具 ，在属性栏中单击"画笔"选项，弹出画笔面板。单击旧版画笔中的混合画笔文件夹，选择需要的画笔形状，将"大小"选项设为80像素，如图3-51所示。在图像窗口中单击两次绘制高光图形，效果如图3-52所示。

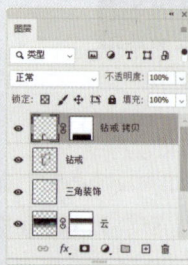  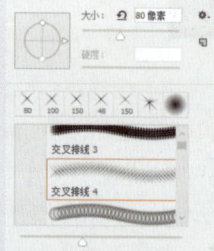 

图3-49   图3-50   图3-51   图3-52

（12）新建图层并将其命名为"高光2"。选择"画笔"工具 ，在属性栏中单击"切换画笔面板"按钮 ，弹出"画笔设置"面板。选择"画笔笔尖形状"选项，切换到相应的面板中进行设置，如图3-53所示。设置完成后，在图像窗口中拖曳鼠标绘制高光图形，效果如图3-54所示。

（13）按Ctrl+O组合键，打开云盘中的"Ch03 > 素材 > 制作珠宝网站详情页主图 > 05"文件。选择"移动"工具 ，将05文件中的图像拖曳到新建的图像窗口中适当的位置，如图3-55所示。在"图层"面板中生成新的图层并将其命名为"装饰"。至此，珠宝网站详情页主图制作完成。

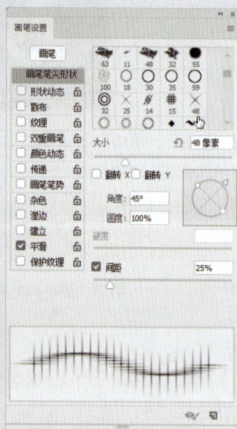  

图3-53   图3-54   图3-55

3.2.2 画笔工具

"画笔"工具可以模拟真实画笔在图像或选区中进行绘制。

选择"画笔"工具 （或反复按Shift+B组合键），其属性栏状态如图3-56所示。

图3-56

"画笔预设"选取器 ：用于选择预设的画笔。模式：用于选择绘画颜色与图像现有像素的混合模式。不透明度：用于设定画笔颜色的不透明度。不透明度压力控制 ：用于对不透明度使用压力控制。流量：用于设定喷笔压力，压力越大，喷色越浓。启用喷枪模式 ：用于启用喷枪功能。平滑：用于设置画笔边缘的平滑度。平滑选项 ：用于设置其他平滑度选项。绘图板压力控制 ：使用压感笔时，其产生的压力可以覆盖"画笔"面板中的"不透明度"和"大小"的设置。

选择"画笔"工具 后，可以在属性栏中设置画笔，如图3-57所示。在图像中按住鼠标左键不放，拖曳鼠标可以绘制出图3-58所示的效果。

图 3-57

图 3-58

单击"画笔预设"选项，弹出图3-59所示的画笔选择面板，在其中可以选择画笔形状。拖曳"大小"选项下方的滑块或直接在右侧文本框中输入数值，可以设置画笔的大小。如果选择的画笔是基于样本的，将显示"恢复到原始大小"按钮 ，单击此按钮，可以使画笔的大小恢复到初始大小。

单击画笔选择面板右上方的按钮 ，弹出菜单，如图3-60所示。

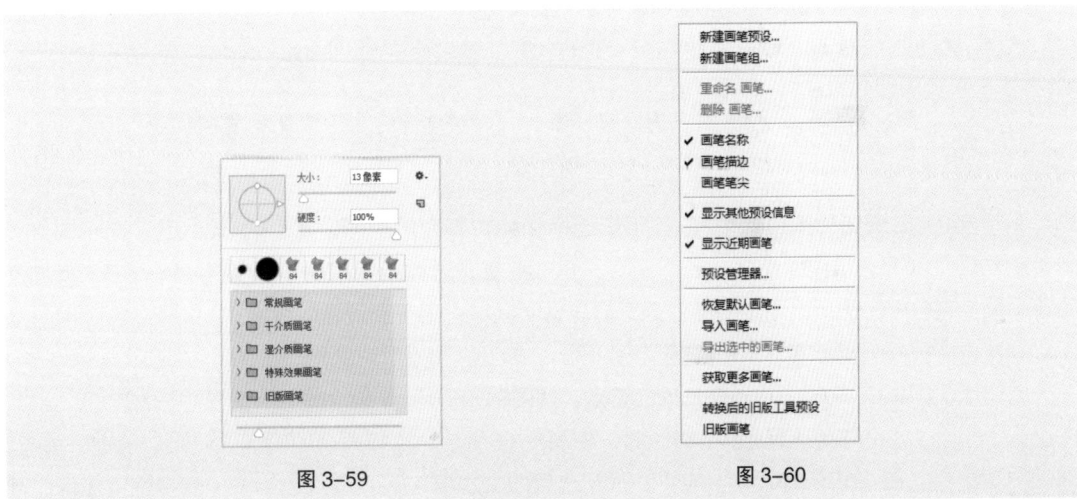

图 3-59

图 3-60

新建画笔预设：用于创建新画笔。新建画笔组：用于创建新的画笔组。重命名 画笔：用于重新命名画笔。删除 画笔：用于删除当前选中的画笔。画笔名称：在画笔选择面板中显示画笔名称。画笔描边：在画笔选择面板中显示画笔描边。画笔笔尖：在画笔选择面板中显示画笔笔尖。显示其他预设信息：在画笔选择面板中显示其他预设信息。显示近期画笔：在画笔选择面板中显示近期使用的画笔。预设管理器：用于在弹出的预设管理器对话框中编辑画笔。恢复默认画笔：用于恢复默认状态的画笔。导入画笔：用于将存储的画笔载入面板。导出选中的画笔：用于将正在选取的画笔存储并导出。获取更多画笔：用于在官网上获取更多的画笔形状。转换后的旧版工具预设：用于将转换后的旧版工具预设画笔集恢复为画笔预设列表。旧版画笔：用于将旧版的画笔集恢复为画笔预设列表。

在画笔选择面板中单击"从此画笔创建新的预设"按钮 ，弹出图3-61所示的"新建画笔"对话框，在弹出的对话框中可以创建新的预设。单击属性栏中的"切换画笔设置面板"按钮☑，弹出图3-62所示的"画笔设置"面板，在其中可以设置画笔。

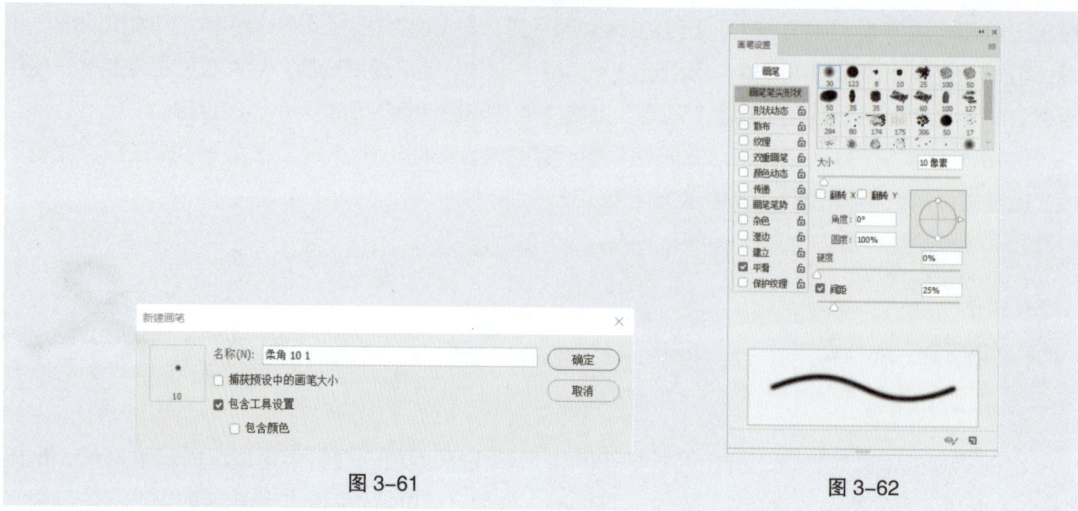

图 3-61

图 3-62

3.2.3 渐变工具

"渐变"工具用于在图像或图层中形成一种色彩渐变的图像效果。

选择"渐变"工具■（或反复按Shift+G组合键），其属性栏状态如图3-63所示。

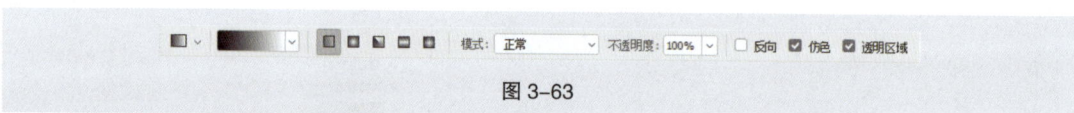

图 3-63

"点按可编辑渐变"按钮 ：用于选择和编辑渐变的色彩。 ：用于选择渐变类型，从左到右依次表示线性渐变、径向渐变、角度渐变、对称渐变和菱形渐变。反向：用于反向产生色彩渐变的效果。仿色：用于使渐变更平滑。透明区域：用于设置透明区域。

单击"点按可编辑渐变"按钮 ，弹出"渐变编辑器"对话框，如图3-64所示。

单击颜色编辑框下方，可以增加颜色色标，如图3-65所示。在"颜色"选项中选择颜色，或双击色标，弹出"拾色器(色标颜色)"对话框，如图3-66所示，选择适合的颜色，单击"确定"按钮，即可改变颜色。在"渐变编辑器"的"位置"选项的文本框中输入数值或用鼠标直接拖曳色标，都可以调整颜色的位置。

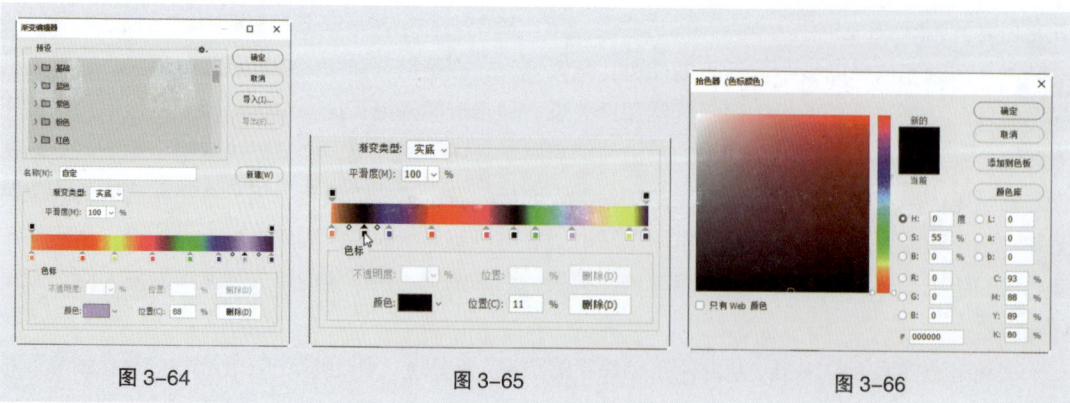

图 3-64

图 3-65

图 3-66

任意选择一个色标，如图3-67所示，单击对话框下方的 删除(D) 按钮，或按Delete键，可以将其删除，删除后的效果如图3-68所示。

选择颜色编辑框左上方的黑色色标，如图3-69所示，调整"不透明度"选项的数值，如图3-70所示，可以使开始颜色到结束颜色呈现半透明效果。

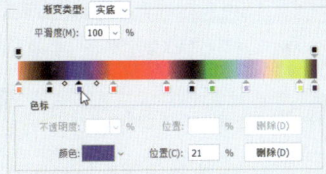

图 3-67

图 3-68

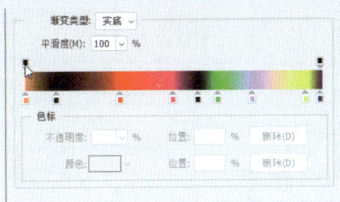

图 3-69

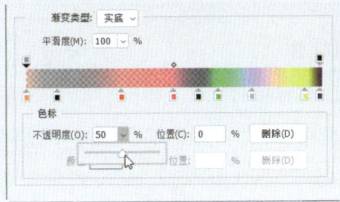

图 3-70

单击颜色编辑框的上方，出现新的色标，如图3-71所示。调整"不透明度"选项的数值，如图3-72所示，可以使新色标的颜色向其两侧的颜色呈现过渡式的半透明效果。

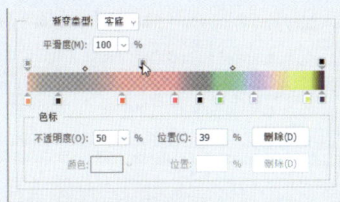

图 3-71

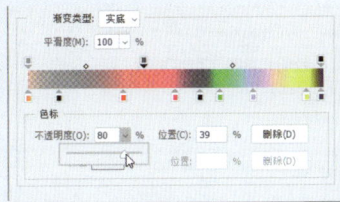

图 3-72

3.3 文字工具组

应用文字工具可以输入文字并使用字符和段落面板对文字和段落进行调整。

3.3.1 课堂案例——制作立冬节气宣传海报

【案例学习目标】学习使用文字工具和字符面板添加文字。

【案例知识要点】使用"置入嵌入对象"命令置入图片，使用"横排文字"工具添加文字，使用"添加图层样式"命令为图像添加效果，使用"矩形"工具和"圆角矩形"工具绘制基本形状，使用"创建剪贴蒙版"命令调整图片显示区域，最终效果如图3-73所示。

【效果所在位置】Ch03/效果/制作立冬节气宣传海报.psd。

图 3-73

1. 底图制作

（1）按Ctrl+N组合键，弹出"新建文档"对话框，设置宽度为1125像素，高度为2436像素，分辨率为72像素/英寸，背景内容为白色，如图3-74所示。单击"创建"按钮，新建一个文件。

（2）选择"文件 > 置入嵌入对象"命令，弹出"置入嵌入的对象"对话框，选择云盘中的"Ch03 > 素材 > 制作立冬节气宣传海报 > 01"文件，单击"置入"按钮，置入01文件中的图像，将图像拖曳到适当的位置，按Enter键确定操作，在"图层"面板中生成新的图层并将其命名为"纹理"，将图层的"不透明度"选项设为80%，如图3-75所示，效果如图3-76所示。

图 3-74

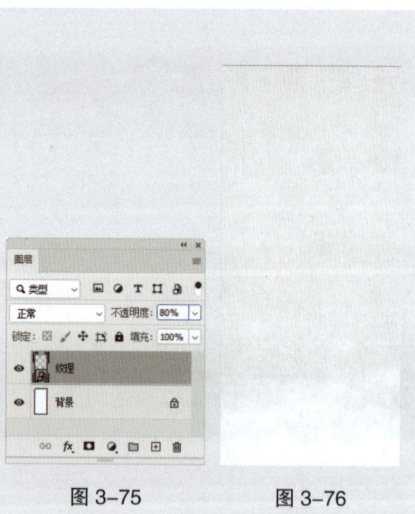

图 3-75

图 3-76

（3）选择"文件 > 置入嵌入对象"命令，弹出"置入嵌入的对象"对话框，选择云盘中的"Ch03 > 素材 > 制作立冬节气宣传海报 > 02"文件。单击"置入"按钮，置入02文件中的图像，将图像拖曳到适当的位置并调整其大小，按Enter键确定操作，效果如图3-77所示。在"图层"面板中生成新的图层并将其命名为"雪地"，如图3-78所示。

（4）选择"文件 > 置入嵌入对象"命令，弹出"置入嵌入的对象"对话框，选择云盘中的"Ch03 > 素材 > 制作立冬节气宣传海报 > 03"文件。单击"置入"按钮，置入03文件中的图像，将图像拖曳到适当的位置，按Enter键确定操作，效果如图3-79所示。在"图层"面板中生成新的图层并将其命名为"山峰"，将图层的混合模式设为"颜色加深"，如图3-80所示，效果如图3-81所示。

图3-77 　　　　 图3-78 　　　　 图3-79 　　　　 图3-80 　　　　 图3-81

（5）按Ctrl+J组合键，复制"山峰"图层，在"图层"面板中生成新的图层"山峰 拷贝"，如图3-82所示，效果如图3-83所示。在"图层"面板中将"不透明度"选项设为40%，如图3-84所示，效果如图3-85所示。

图3-82 　　　　 图3-83 　　　　 图3-84 　　　　 图3-85

（6）选择"椭圆"工具 ○，在属性栏的"选择工具模式"选项中选择"形状"，将"填充"颜色设为淡红色（232、153、130），"描边"颜色设为黑色，"描边粗细"选项设为1像素，在图像窗口中绘制一个圆，按Enter键确定操作，效果如图3-86所示。在"图层"面板中生成新的形状图层并将其命名为"太阳"，如图3-87所示。

图3-86 　　　　　　　　　　　 图3-87

（7）单击"图层"面板下方的"添加图层样式"按钮 fx，在弹出的菜单中选择"外发光"命令，弹出"图层样式"对话框，在"外发光"设置界面中，将投影颜色设为淡黄色（246、222、172），其他选项的设置如图3-88所示，单击"确定"按钮以保存设置。在"属性"面板中，单击"蒙版"按钮 ■，如图3-89所示，切换到相应的面板中进行设置，按Enter键确定操作，效果如图3-90所示。

（8）在"图层"面板中，按住Shift键的同时，单击"纹理"图层，将需要的图层同时选取，按Ctrl+G组合键，群组图层并将其命名为"底图"，效果如图3-91所示。

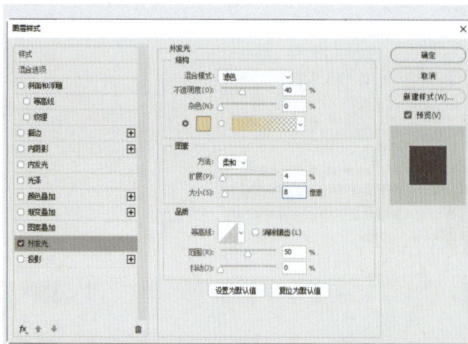

| 图 3-88 | 图 3-89 | 图 3-90 | 图 3-91 |

2. 添加标题

（1）选择"横排文字"工具 T，在适当的位置添加文本框，在其中输入需要的文字，选取文字，选择"窗口 > 字符"命令，弹出"字符"面板，在面板中将"颜色"设为深灰色（97、99、107），其他选项的设置如图3-92所示。按Enter键确定操作，效果如图3-93所示。

（2）单击"图层"面板下方的"添加图层样式"按钮 fx，在弹出的菜单中选择"投影"命令，弹出"图层样式"对话框，在"投影"设置界面中，将投影颜色设为鹤灰色（62、55、40），其他选项的设置如图3-94所示。单击"确定"按钮，效果如图3-95所示。

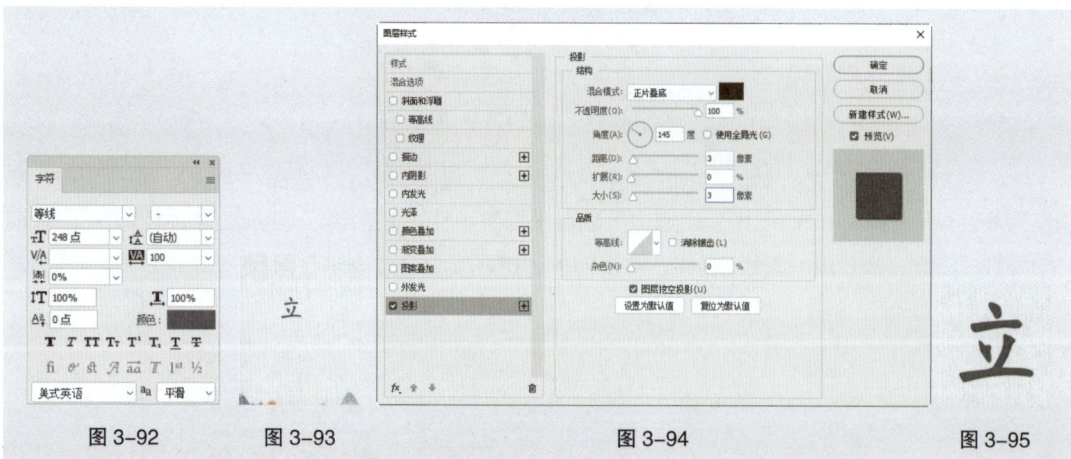
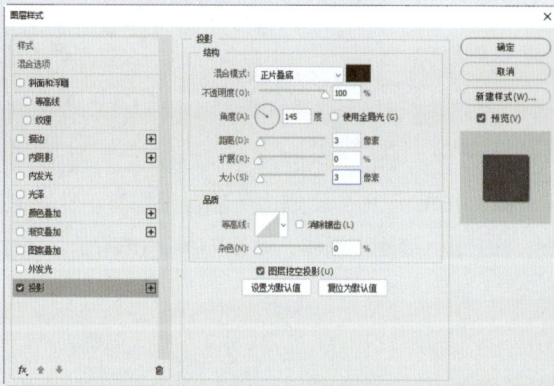

| 图 3-92 | 图 3-93 | 图 3-94 | 图 3-95 |

（3）单击"图层"面板下方的"添加图层样式"按钮 fx，在弹出的菜单中选择"投影"命令，弹出"图层样式"对话框，在"投影"设置界面中，将投影颜色设为浅灰色（224、224、224），其他选项的设置如图3-96所示。单击"确定"按钮，效果如图3-97所示。使用相同的方法输入其他文字，并添加投影效果，效果如图3-98所示。

（4）单击"创建新图层"按钮 回，新建图层，在"图层"面板中生成新的图层"图层1"。将前景色设为白色。选择"画笔"工具，在属性栏中单击"画笔"选项右侧的按钮，在弹出的画笔面板中选择需要的画笔形状，将"大小"选项设为5像素，如图3-99所示。在图像窗口中拖曳鼠标在适当的位置进行绘制，效果如图3-100所示。

（5）按住Shift键的同时，将需要的图层同时选取，单击鼠标右键，在弹出的快捷菜单中选择"链接图层"命令，将选中的图层链接，效果如图3-101所示。

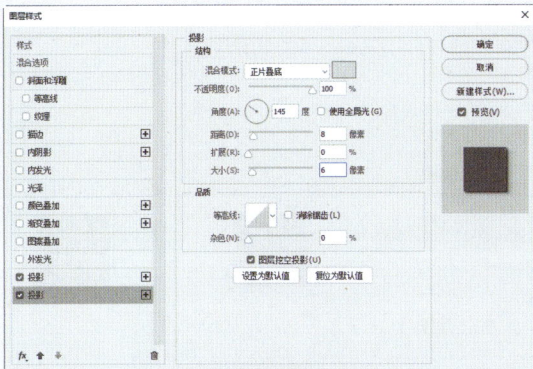

图 3-96

图 3-97

图 3-98

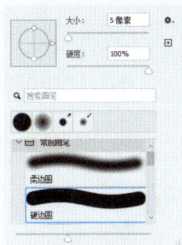

图 3-99

图 3-100

图 3-101

（6）选择"横排文字"工具 **T.**，在适当的位置添加文本框，在其中输入需要的文字并选取文字，在"字符"面板中设置颜色为深灰色（98、97、96），其他选项的设置如图3-102所示，效果如图3-103所示。使用相同的方法输入其他文字，效果如图3-104所示。

（7）选择"文件 > 置入嵌入对象"命令，弹出"置入嵌入的对象"对话框，选择云盘中的"Ch03 > 素材 > 制作立冬节气宣传海报 > 04"文件。单击"置入"按钮，置入04文件中的图像，将其拖曳到适当的位置，按Enter键确定操作，效果如图3-105所示，在"图层"面板中生成新的图层并将其命名为"印章"，如图3-106所示。

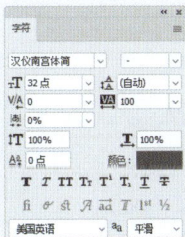

图 3-102

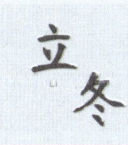

图 3-103

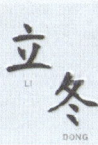

图 3-104

图 3-105

图 3-106

（8）选择"直排文字"工具 **↓T.**，在适当的位置添加文本框，在其中输入需要的文字并选取文字，在"字符"面板中，将"颜色"设为白色，其他选项的设置如图3-107所示。按Enter键确定操作，效果如图3-108所示，在"图层"面板中创建新的文字图层。在"印章"图层上单击鼠标右键，在弹出的快捷菜单中选择"栅格化图层"命令栅格化图层，效果如图3-109所示。

（9）选中"印章"图层，按住Ctrl键的同时单击"诸事纳新"图层的缩略图，生成选区，如

图3-110所示。按Delete键，删除选区中的图像。按Ctrl+D组合键，取消选区，效果如图3-111所示，在"图层"面板中单击"诸事纳新"图层左侧的眼睛图标 👁 ，将图层隐藏。

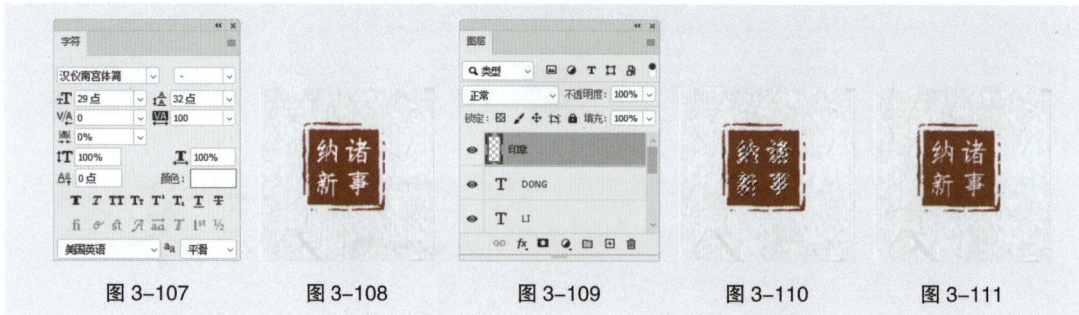

图 3-107   图 3-108   图 3-109   图 3-110   图 3-111

（10）选择"直排文字"工具，在适当的位置添加文本框，在其中输入需要的文字并选取文字，在"字符"面板中设置颜色为深灰色（97、99、107），其他选项的设置如图3-112所示，效果如图3-113所示。

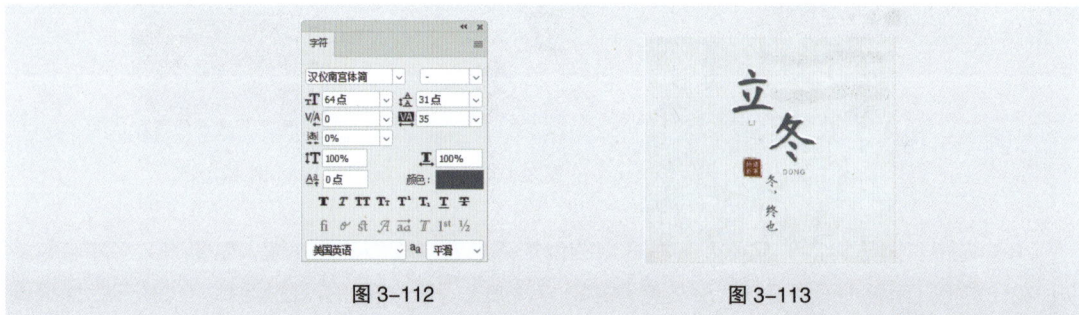

图 3-112   图 3-113

（11）单击"图层"面板下方的"添加图层样式"按钮 fx，在弹出的菜单中选择"投影"命令，弹出"图层样式"对话框，在"投影"设置界面中，将投影颜色设为浅灰色（218、215、209），其他选项的设置如图3-114所示，效果如图3-115所示。使用相同的方法输入其他文字，并对其进行上述设置，效果如图3-116所示。

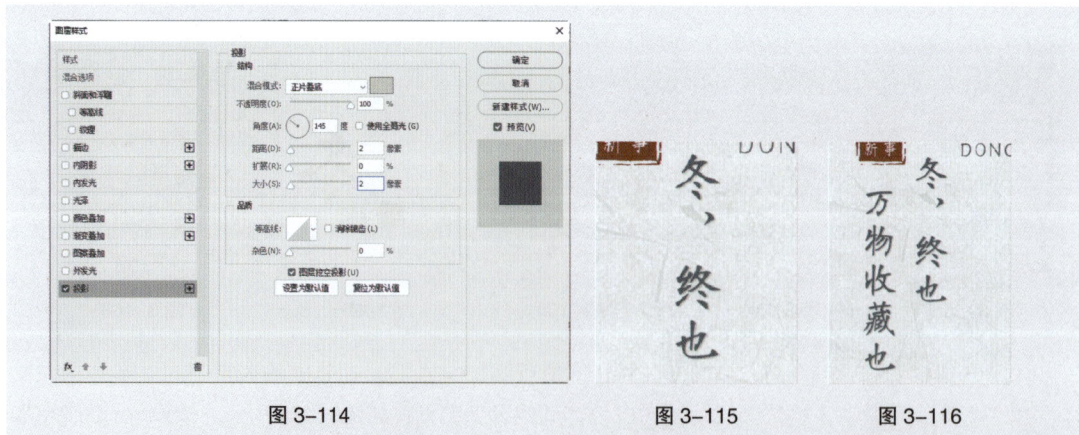

图 3-114   图 3-115   图 3-116

（12）选择"文件 > 置入嵌入对象"命令，弹出"置入嵌入的对象"对话框，选择云盘中的"Ch03 > 素材 > 制作立冬节气宣传海报 > 05"文件。单击"置入"按钮，置入05文件中的图像，将其拖曳到适当的位置，按Enter键确定操作，效果如图3-117所示。在"图层"面板中生成新的图层并将其命名为"小雪花",如图3-118所示。

图 3-117 图 3-118

（13）单击"图层"面板下方的"添加图层样式"按钮 <i>fx</i>，在弹出的菜单中选择"投影"命令，弹出"图层样式"对话框。在"投影"设置界面中，将投影颜色设为浅灰色（212、209、202），其他选项的设置如图3-119所示，效果如图3-120所示。

（14）在"图层"面板中选中"印章"图层，按住Shift键的同时，将需要的图层同时选取，按Ctrl＋G组合键进行编组，并将其命名为"标题"，如图3-121所示。

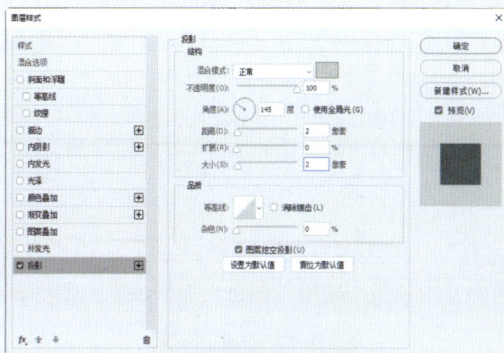 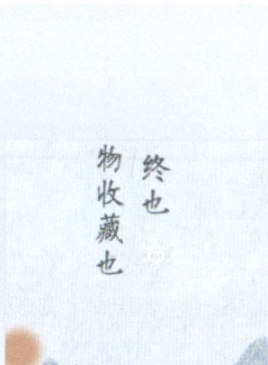 

图 3-119 图 3-120 图 3-121

3．添加装饰

（1）选择"文件 > 置入嵌入对象"命令，弹出"置入嵌入的对象"对话框。选择云盘中的"Ch03 > 素材 > 制作立冬节气宣传海报 > 06、07、08、09"文件，单击"置入"按钮，将各文件中的图像置入图像窗口，分别拖曳到适当的位置并调整大小，效果如图3-122所示。在"图层"面板中分别生成新的图层并将其命名为"大雁""大雁2""远山1""远山2"，如图3-123所示。

（2）选中"大雁"图层，将"不透明度"选项设为70%，如图3-124所示。选中"大雁2"图层，将"不透明度"选项设为50%，如图3-125所示。效果如图3-126所示。

   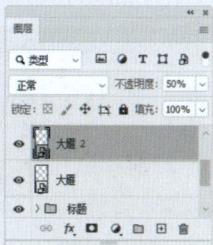 

图 3-122 图 3-123 图 3-124 图 3-125 图 3-126

（3）在"图层"面板中选中"大雁"图层，按住Shift键的同时，单击"远山 2"图层，将需要的图层同时选取，按Ctrl＋G组合键进行编组，并将其命名为"装饰"，如图3-127所示。

（4）选择"文件 ＞ 置入嵌入对象"命令，弹出"置入嵌入的对象"对话框。选择云盘中的"Ch03 ＞ 素材 ＞ 制作立冬节气宣传海报 ＞ 10、11、12"文件，单击"置入"按钮，将各文件中的图像置入图像窗口，并分别拖曳到适当的位置，按Enter键确定操作，效果如图3-128所示，在"图层"面板中生成新的图层并将其命名为"状态栏""跳过""Home"。

（5）选中"Home"图层，在"图层"面板中将"不透明度"选项设为50%，如图3-129所示，效果如图3-130所示。至此，立冬节气宣传海报制作完成。

| 图 3-127 | 图 3-128 | 图 3-129 | 图 3-130 |

3.3.2　横排文字工具

选择"横排文字"工具 T，在图像中添加文本框，在其中输入需要的文字，如图3-131所示。单击属性栏中的切换文本取向按钮，将文字的排列方向从水平方向转换为垂直方向，如图3-132所示。

| 图 3-131 | 图 3-132 |

3.3.3　直排文字工具

选择"直排文字"工具 T，在图像中添加文本框，在其中输入需要的文字，如图3-133所示。单击属性栏中的切换文本取向按钮，将文字的排列方向从垂直方向转换为水平方向，如图3-134所示。

| 图 3-133 | 图 3-134 |

3.4 绘图工具组

3.4.1 课堂案例——制作商品促销类公众号封面首图

【案例学习目标】学习使用不同的绘图工具绘制各种图形，并使用移动和复制命令调整图形。

【案例知识要点】使用"圆角矩形"工具绘制箱体，使用"矩形"工具和"椭圆"工具绘制拉杆和滑轮，使用"多边形"工具和"自定形状"工具绘制装饰图形，使用"路径"选择工具选取和复制图形，使用"直接选择"工具调整锚点，最终效果如图3-135所示。

图 3-135

【效果所在位置】云盘/Ch03/效果/制作商品促销类公众号封面首图.psd。

（1）按Ctrl+N组合键，弹出"新建文档"对话框，设置宽度为900像素，高度为383像素，分辨率为72像素/英寸，颜色模式为RGB，背景内容为白色，单击"创建"按钮，新建一个文档。

（2）按Ctrl+O组合键，打开云盘中的"Ch03 > 素材 > 制作商品促销类公众号封面首图 > 01、02"文件。选择"移动"工具 ⊕，将01和02文件中的图像分别拖曳到新建的图像窗口中适当的位置，效果如图3-136所示。在"图层"面板中分别生成新的图层并将其命名为"底图"和"文字"。

（3）选择"圆角矩形"工具 □，在属性栏的"选择工具模式"选项中选择"形状"，将"填充"颜色设为橙黄色（246、212、63），"半径"选项设为20像素，在图像窗口中拖曳鼠标绘制圆角矩形，效果如图3-137所示。在"图层"面板中生成新的形状图层"圆角矩形1"。

图 3-136

图 3-137

（4）选择"圆角矩形"工具 □，在属性栏中将"半径"选项设为6像素，在图像窗口中拖曳鼠标绘制圆角矩形。在属性栏中将"填充"颜色设为灰色（122、120、133），效果如图3-138所示。在"图层"面板中生成新的形状图层"圆角矩形2"。

（5）选择"路径选择"工具 ▶，选取新绘制的圆角矩形。按住Alt+Shift组合键的同时，水平向右拖曳圆角矩形到适当的位置，复制圆角矩形，效果如图3-139所示。按Alt+Ctrl+G组合键，创建剪贴蒙版，效果如图3-140所示。

（6）选择"圆角矩形"工具 □，在属性栏中将"半径"选项设置为10像素，在图像窗口中拖曳鼠标绘制圆角矩形。在属性栏中将"填充"颜色设为暗黄色（229、191、44），效果如图3-141所示。在"图层"面板中生成新的形状图层"圆角矩形3"。

（7）选择"路径选择"工具 ▶，选取新绘制的圆角矩形。按住Alt+Shift组合键的同时，水平向右拖曳圆角矩形到适当的位置，复制圆角矩形，效果如图3-142所示。用相同的方法再复制两个圆角矩形，效果如图3-143所示。

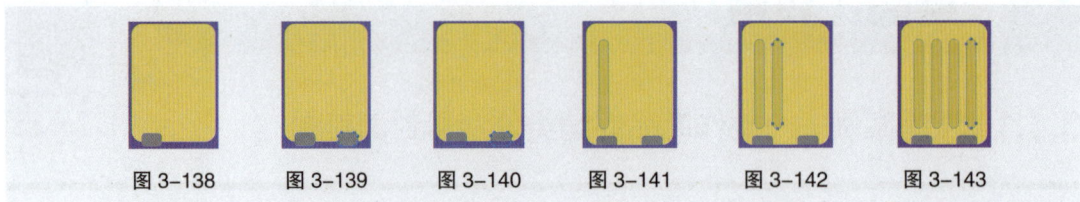

图3-138　　　图3-139　　　图3-140　　　图3-141　　　图3-142　　　图3-143

（8）选择"矩形"工具▢，在图像窗口中拖曳鼠标绘制矩形。在属性栏中将"填充"颜色设为灰色（122、120、133），效果如图3-144所示。在"图层"面板中生成新的形状图层"矩形1"。

（9）选择"直接选择"工具▷，选取绘制矩形左上角的锚点，如图3-145所示，在按住Shift键的同时，水平向右拖曳锚点到适当的位置，效果如图3-146所示。用相同的方法调整右上角的锚点，效果如图3-147所示。

（10）选择"矩形"工具▢，在图像窗口中拖曳鼠标绘制矩形。在属性栏中将"填充"颜色设为浅灰色（217、218、222），效果如图3-148所示。在"图层"面板中生成新的形状图层"矩形2"。

（11）选择"路径选择"工具▶，选取新绘制的矩形。按住Alt+Shift组合键的同时，水平向右拖曳矩形到适当的位置，复制矩形，效果如图3-149所示。

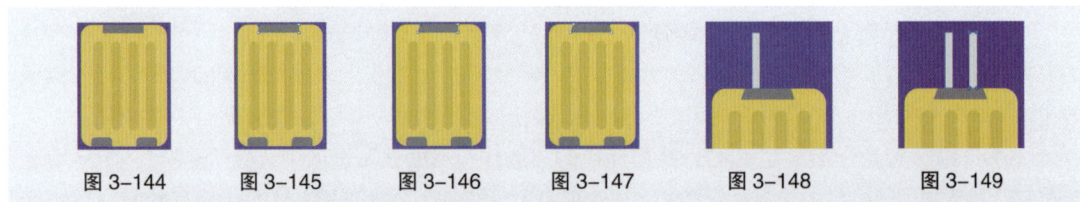

图3-144　　　图3-145　　　图3-146　　　图3-147　　　图3-148　　　图3-149

（12）选择"矩形"工具▢，在图像窗口中拖曳鼠标绘制矩形。在属性栏中将"填充"颜色设为暗灰色（85、84、88），效果如图3-150所示。在"图层"面板中生成新的形状图层"矩形3"。

（13）在图像窗口中再次绘制矩形，效果如图3-151所示。在"图层"面板中生成新的形状图层"矩形4"。选择"路径选择"工具▶，选取新绘制的矩形。按住Alt+Shift组合键的同时，水平向右拖曳矩形到适当的位置，复制矩形，效果如图3-152所示。

图3-150　　　　　图3-151　　　　　图3-152

（14）选择"矩形"工具▢，在图像窗口中再次拖曳鼠标绘制矩形，效果如图3-153所示。在"图层"面板中生成新的形状图层"矩形5"。选择"路径选择"工具▶，选取新绘制的矩形。按住Alt+Shift组合键的同时，水平向右拖曳矩形到适当的位置，复制矩形，效果如图3-154所示。

（15）选择"椭圆"工具◯，按住Shift键的同时，按下鼠标左键在图像窗口中拖曳鼠标绘制圆形。在属性栏中将"填充"颜色设为深灰色（61、63、70），如图3-155所示。在"图层"面板中生成新的形状图层"椭圆1"。选择"路径选择"工具▶，选取新绘制的圆形。按住Alt+Shift组合键的同时，水平向右拖曳圆形到适当的位置，复制圆形，效果如图3-156所示。

图 3-153　　　　　图 3-154　　　　　图 3-155　　　　　图 3-156

（16）选择"多边形"工具 ，在属性栏中将"边"选项设为6，按住Shift键的同时，按下鼠标左键在图像窗口中拖曳鼠标绘制多边形。在属性栏中将"填充"颜色设为红色（227、93、62），效果如图3-157所示。在"图层"面板中生成新的形状图层"多边形1"。

（17）选择"路径选择"工具 ，选取新绘制的多边形。按住Alt+Shift组合键的同时，水平向左拖曳多边形到适当的位置，复制多边形，效果如图3-158所示。

图 3-157　　　　　　　　　　　　图 3-158

（18）选择"自定形状"工具 ，在属性栏的"选择工具模式"选项中选择"形状"，单击"形状"选项右侧的按钮 ，弹出形状面板。在形状面板中选择需要的形状，如图3-159所示，在图像窗口中拖曳鼠标绘制形状。在属性栏中将"填充"颜色设为红色（227、93、62），效果如图3-160所示。

（19）选择"椭圆"工具 ，按住Shift键的同时，按下鼠标左键在图像窗口中拖曳鼠标绘制圆形。在属性栏中将"填充"颜色设为橙黄色（246、212、53），效果如图3-161所示，在"图层"面板中生成新的形状图层"椭圆2"。

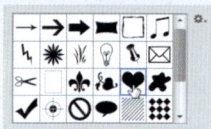

图 3-159　　　　　　　图 3-160　　　　　　　图 3-161

（20）选择"直线"工具 ，在属性栏中将"粗细"选项设为4像素，按住Shift键的同时，按下鼠标左键在图像窗口中拖曳鼠标绘制直线。在属性栏中将"填充"颜色设为咖啡色（182、167、145），效果如图3-162所示，在"图层"面板中生成新的形状图层"形状2"。

（21）用相同的方法再次绘制直线，效果如图3-163所示。在"图层"面板中生成新的形状图层"形状3"。至此，商品促销类公众号封面首图制作完成，效果如图3-164所示。

图 3-162　　　　　　　图 3-163　　　　　　　图 3-164

3.4.2　路径选择工具

"路径选择"工具用于选择一个或几个路径并对其进行移动、组合、对齐、分布和变形操作。

选择"路径选择"工具 （或反复按Shift+A组合键），其属性栏状态如图3-165所示。

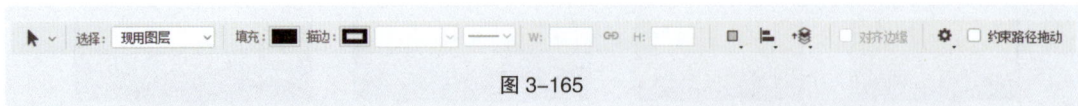

图 3-165

3.4.3 直接选择工具

"直接选择"工具可以用于移动路径中的锚点或线段，还可以用于调整手柄和控制点。

路径的原始效果如图3-166所示，选择"直接选择"工具 ▶，拖曳路径中的锚点来改变路径弧度，效果如图3-167所示。

图 3-166　　　　　　　　图 3-167

3.4.4 矩形工具

选择"矩形"工具 □（或反复按Shift+U组合键），其属性栏状态如图3-168所示。

图 3-168

形状 ：用于选择创建路径形状、创建工作路径或填充区域。 填充 / 描边 4.2像素 ：用于设置矩形的填充色、描边色、描边宽度和描边类型。 W:0像素 GD H:0像素 ：用于设置矩形的宽度和高度。 □ ▣ ▣ ：用于设置路径的组合方式、对齐方式和排列方式。 ✿ ：用于设定所绘制矩形的形状。对齐边缘：用于设定边缘是否对齐。

原始图像效果如图3-169所示。在图像中绘制矩形，效果如图3-170所示，"图层"面板中的效果如图3-171所示。

图 3-169　　　　　　图 3-170　　　　　　图 3-171

3.4.5 圆角矩形工具

选择"圆角矩形"工具 □（或反复按Shift+U组合键），其属性栏状态如图3-172所示。其属性栏中的内容与"矩形"工具属性栏中的内容类似，只增加了"半径"选项，它用于设定圆角矩形的平滑程度，它的数值越大越平滑。

图 3-172

原始图像效果如图3-173所示。将"半径"选项设为40像素，在图像中绘制圆角矩形，效果如图3-174所示，"图层"面板中的效果如图3-175所示。

图 3-173

图 3-174

图 3-175

3.4.6　椭圆工具

选择"椭圆"工具 ○.（或反复按Shift+U组合键），其属性栏状态如图3-176所示。

图 3-176

原始图像效果如图3-177所示。在图像上绘制椭圆，效果如图3-178所示，"图层"面板中的效果如图3-179所示。

图 3-177

图 3-178

图 3-179

3.4.7　多边形工具

选择"多边形"工具 ○.（或反复按Shift+U组合键），其属性栏状态如图3-180所示。其属性栏中的内容与矩形工具属性栏中的内容类似，只增加了"边"选项，它用于设定多边形的边数。

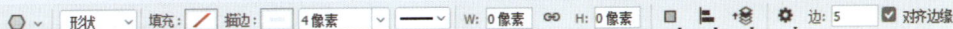

图 3-180

原始图像效果如图3-181所示。单击属性栏中的按钮 ✿.，在弹出的面板中进行图3-182所示的设置，在图像中绘制多边形，效果如图3-183所示，"图层"面板中的效果如图3-184所示。

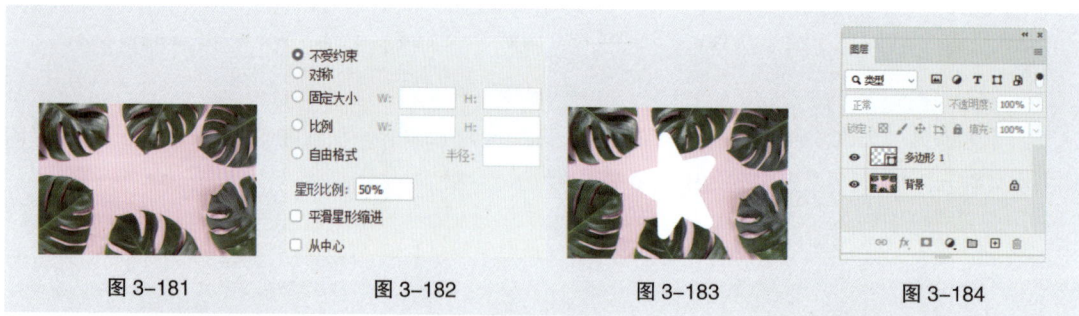

图 3-181　　　　　图 3-182　　　　　图 3-183　　　　　图 3-184

3.4.8　直线工具

选择"直线"工具 ✏ （或反复按Shift+U组合键），其属性栏状态如图3-185所示。

图 3-185

单击属性栏中的按钮 ⚙ ，弹出"箭头"面板，如图3-186所示。起点：用于选择位于线段始端的箭头。终点：用于选择位于线段末端的箭头。宽度：用于设定箭头宽度和线段宽度的比值。长度：用于设定箭头长度和线段长度的比值。凹度：用于设定箭头凹凸的程度。

原始图像效果如图3-187所示，在图像中绘制不同效果的直线，如图3-188所示，"图层"面板中的效果如图3-189所示。

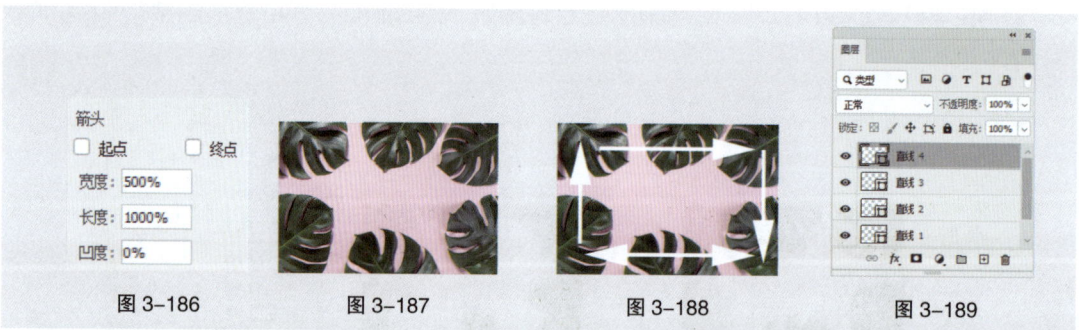

图 3-186　　　　　图 3-187　　　　　图 3-188　　　　　图 3-189

3.4.9　自定形状工具

选择"自定形状"工具 ✏ （或反复按Shift+U组合键），其属性栏状态如图3-190所示。其属性栏中的内容与矩形工具属性栏中的内容类似，只增加了"形状"选项，它用于选择所需的形状。

图 3-190

单击"形状"选项右侧的按钮 ，弹出图3-191所示的形状面板，面板中存储了可供选择的各种不规则形状。

原始图像效果如图3-192所示。在图像中绘制形状图形，效果如图3-193所示，"图层"面板中的效果如图3-194所示。

选择"钢笔"工具 ✏ ，在图像窗口中绘制并填充路径，效果如图3-195所示。选择"编辑 > 定义自定形状"命令，弹出"形状名称"对话框，在"名称"选项的文本框中输入自定形状的名称，如图3-196所示。单击"确定"按钮，在形状面板中将会显示刚才定义的形状，如图3-197所示。

图3-191

图3-192

图3-193

图3-194

图3-195

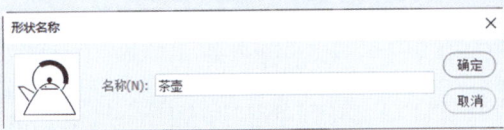

图3-196

图3-197

3.5 课堂练习——制作公益环保宣传海报

【练习知识要点】使用"移动"工具添加素材图片，使用图层样式为图片添加特殊效果，使用"横排文字"工具、"直排文字"工具和"字符"面板制作活动信息，最终效果如图3-198所示。

【效果所在位置】云盘/Ch03/效果/制作公益环保宣传海报.psd。

微课

制作公益环保宣传海报

图3-198

3.6 课后习题——制作食品餐饮钻展图

【习题知识要点】使用"移动"工具添加素材图片，使用"横排文字"工具和"字符"面板制作文字信息，使用"椭圆"工具和"圆角矩形"工具绘制按钮，最终效果如图3-199所示。

【效果所在位置】云盘/Ch03/效果/制作食品餐饮钻展图.psd。

微课

制作食品餐饮钻展图

图3-199

第 4 章

抠图

▶ **本章介绍**

我们日常看到的图像创意设计作品，都是经过艺术处理和设计提炼的。其中大部分的图像元素都进行了抠图处理，即将主体图像从背景中分离出来，再对其进行后续的处理和加工。本章详细讲解使用工具和命令抠图的方法和技巧。通过本章的学习，学生可以更有效地抠取图像，达到事半功倍的效果。

学习目标

- 掌握使用工具抠图的方法。
- 掌握使用命令抠图的技巧。

微课

第 4 章简介

技能目标

- 掌握元宵节节日宣传海报的制作方法。
- 掌握箱包饰品网站首页Banner的技巧。
- 掌握文化传媒类公众号封面次图的制作方法。
- 掌握电商App主页Banner的方法。
- 掌握婚纱摄影类公众号运营海报的技巧。

素养目标

- 培养学生提高工作效率的意识。
- 加深学生对中华优秀传统文化的热爱。

4.1 工具抠图

4.1.1 课堂案例——制作元宵节节日宣传海报

【**案例学习目标**】学习使用不同的抠图工具对不同图像进行选区，并应用"图层"面板中的功能为图像添加效果。

【**案例知识要点**】使用"置入嵌入对象"命令置入图片，使用"横排文字"工具添加文字，使用"添加图层样式"命令为图像添加效果，使用"矩形"工具和"圆角矩形"工具绘制基本形状，使用"创建剪贴蒙版"命令调整图片显示区域，最终效果如图4-1所示。

【**效果所在位置**】云盘/Ch04/效果/元宵节节日宣传海报.psd。

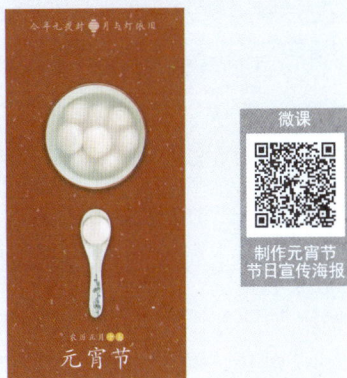

图 4-1

（1）按Ctrl+N组合键，弹出"新建文档"对话框，如图4-2所示。设置宽度为1125像素，高度为2436像素，分辨率为72像素/英寸，背景内容为红色（153、21、26），单击"创建"按钮，新建一个文件。

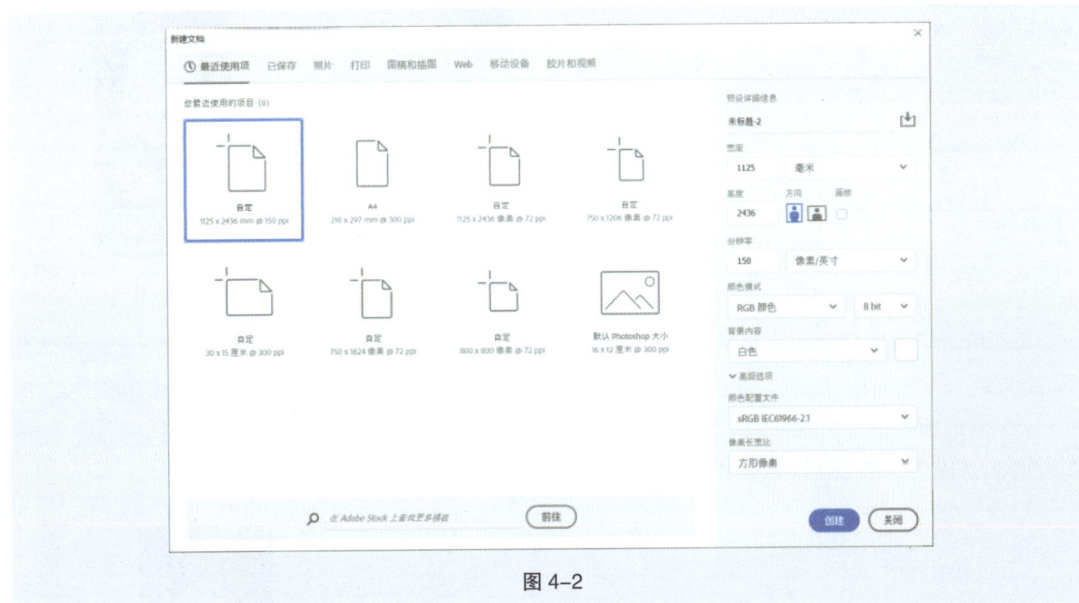

图 4-2

（2）选择"文件 > 置入嵌入对象"命令，弹出"置入嵌入的对象"对话框。选择云盘中的"Ch04 > 制作元宵节节日宣传海报 > 素材 > 01"文件，单击"置入"按钮，置入01文件中的图像。将图像拖曳到适当的位置，按Enter键确定操作，在"图层"面板中生成新的图层并将其命名为"点"，如图4-3所示，效果如图4-4所示。

（3）选择"文件 > 置入嵌入对象"命令，弹出"置入嵌入的对象"对话框。选择云盘中的

"Ch04 > 制作元宵节节日宣传海报 > 素材 > 02" 文件，单击 "置入" 按钮，置入02文件中的图像。将图像拖曳到适当的位置，按Enter键确定操作，在 "图层" 面板中生成新的图层并将其命名为 "汤圆"，如图4-5所示，效果如图4-6所示。

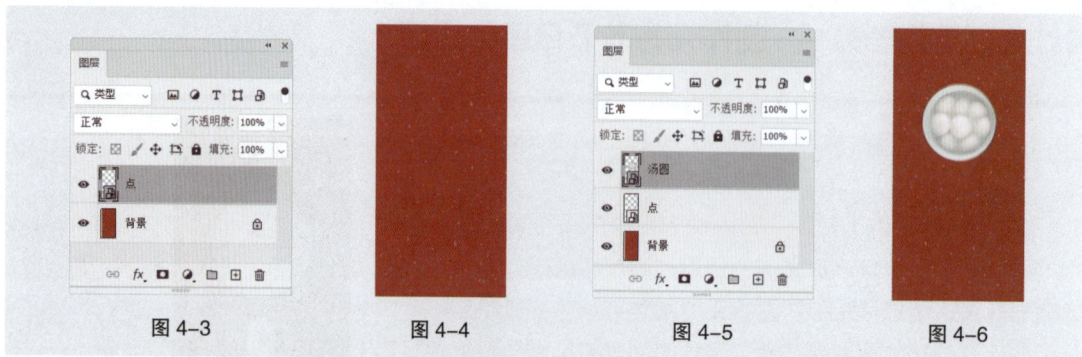

图 4-3   图 4-4   图 4-5   图 4-6

（4）单击 "图层" 面板下方的 "添加图层样式" 按钮 *fx.*，在弹出的菜单中选择 "投影" 命令，弹出 "图层样式" 对话框。在 "投影" 设置界面中，将投影颜色设为黑色，其他选项的设置如图4-7所示。单击 "确定" 按钮，效果如图4-8所示。

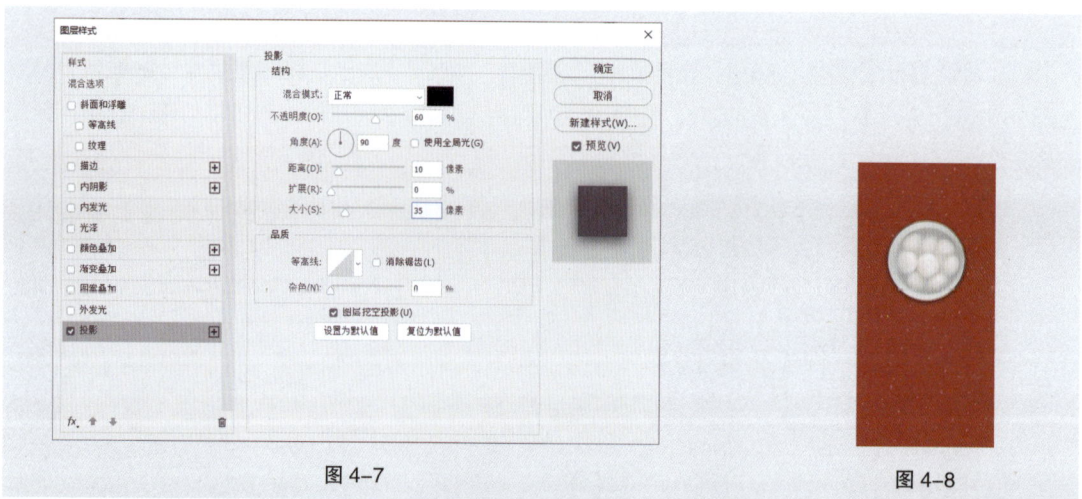

图 4-7   图 4-8

（5）单击 "图层" 面板下方的 "创建新的填充或调整图层" 按钮 ●，在弹出的菜单中选择 "色相/饱和度" 命令，在 "图层" 面板中会生成 "色相/饱和度 1" 图层，同时弹出 "色相/饱和度" 面板，其中各选项的设置如图4-9所示。设置完成，按Enter键确定操作。按Alt+Ctrl+G组合键，创建剪贴蒙版，"图层" 面板中的效果如图4-10所示，图像效果如图4-11所示。

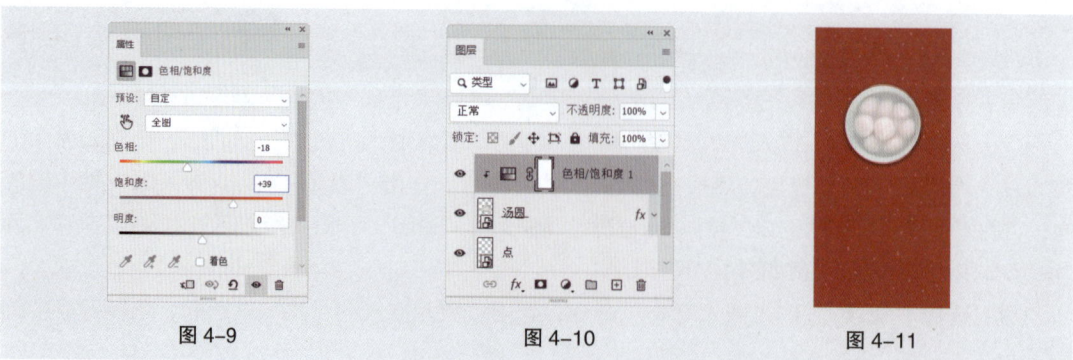

图 4-9   图 4-10   图 4-11

（6）选择"文件 > 置入嵌入对象"命令，弹出"置入嵌入的对象"对话框。选择云盘中的"Ch04 > 制作元宵节节日宣传海报 > 素材 > 03"文件，单击"置入"按钮，置入03文件中的图像。将图像拖曳到适当的位置，按Enter键确定操作，在"图层"面板中生成新的图层并将其命名为"汤勺"，如图4-12所示。使用步骤（4）中的方法添加投影效果，"图层"面板中的效果如图4-13所示，图像效果如图4-14所示。

 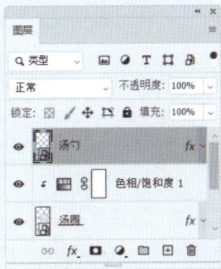 

图4-12　　　　　　　　　　图4-13　　　　　　　　　　图4-14

（7）单击"图层"面板下方的"创建新的填充或调整图层"按钮，在弹出的菜单中选择"色相/饱和度"命令，在"图层"面板中会生成"色相/饱和度 2"图层，同时弹出"色相/饱和度"面板，其中各选项的设置如图4-15所示。设置完成，按Enter键确定操作。按Alt+Ctrl+G组合键，创建剪贴蒙版，"图层"面板中的效果如图4-16所示，图像效果如图4-17所示。

 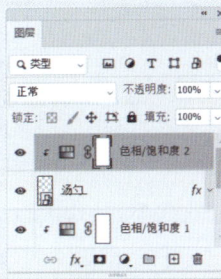 

图4-15　　　　　　　　　　图4-16　　　　　　　　　　图4-17

（8）选择"文件 > 置入嵌入对象"命令，弹出"置入嵌入的对象"对话框。选择云盘中的"Ch04 > 制作元宵节节日宣传海报 > 素材 > 04"文件，单击"置入"按钮，置入04文件中的图像。将图像拖曳到适当的位置，按Enter键确定操作，在"图层"面板中生成新的图层并将其命名为"元宵广告"，"图层"面板中的效果如图4-18所示，图像效果如图4-19所示。至此，元宵节节日宣传海报制作完成。

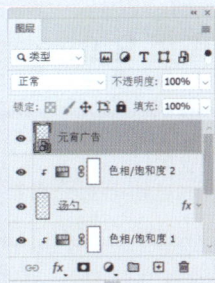 

图4-18　　　　　　　　　　　　　图4-19

4.1.2　快速选择工具

"快速选择"工具可以使用可调整的圆形画笔笔尖快速绘制选区。

选择"快速选择"工具，其属性栏状态如图4-20所示。

：为选区选择方式选项。单击"画笔"选项，弹出画笔面板，如图4-21所示，在其中可以设置画笔的大小、硬度、间距、角度和圆度。自动增强：用于调整所绘制选区边缘的粗糙度。

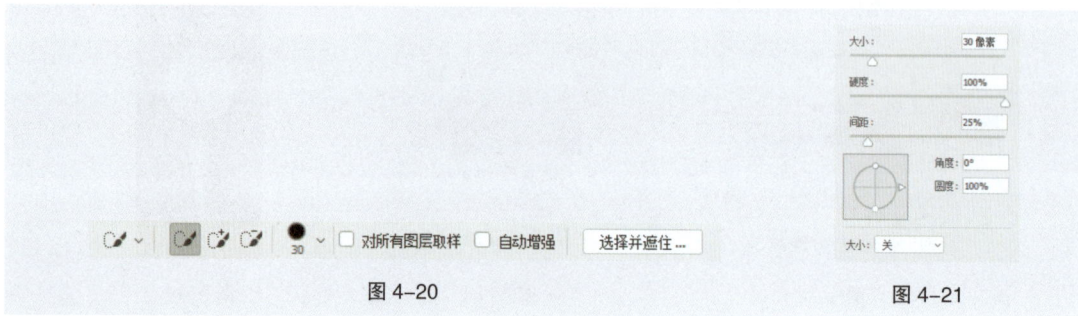

图 4-20

图 4-21

4.1.3　魔棒工具

"魔棒"工具可以用来选取图像中的某一点，并将与这一点颜色相同或相近的点自动融入选区中。

选择"魔棒"工具，或按W键，其属性栏状态如图4-22所示。

图 4-22

取样大小：用于设置取样范围的大小。容差：用丁控制色彩选择的范围，该数值越大，容许选择的色彩范围越大。消除锯齿：用于清除选区边缘的锯齿。连续：用于选择单独的色彩范围。对所有图层取样：用于将所有可见层中容许选择的范围内的色彩加入选区。

选择"魔棒"工具，在图像中单击需要选择的颜色区域，生成选区，如图4-23所示。调整属性栏中的容差值，再次单击需要选择的区域，生成不同的选区，效果如图4-24所示。

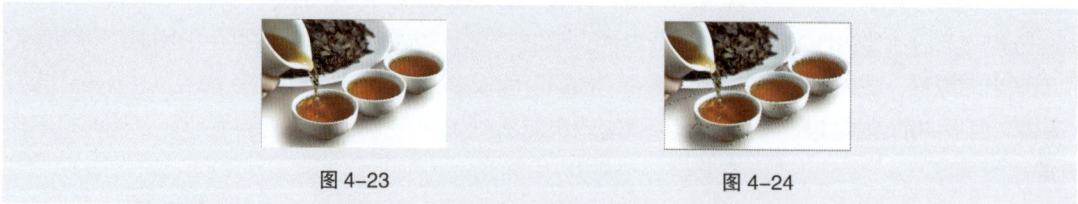

图 4-23

图 4-24

4.1.4　课堂案例——制作箱包饰品网站首页 Banner

【案例学习目标】学习使用不同的绘制工具绘制并调整路径。

【案例知识要点】使用"钢笔"工具、"添加锚点"工具和"转换点"工具绘制路径，使用选区和路径的转换命令进行转换，使用"移动"工具添加包和文字，使用"椭圆"工具和"填充"命令制作投影，最终效果如图4-25所示。

【效果所在位置】Ch04/效果/制作箱包饰品网站首页Banner.psd。

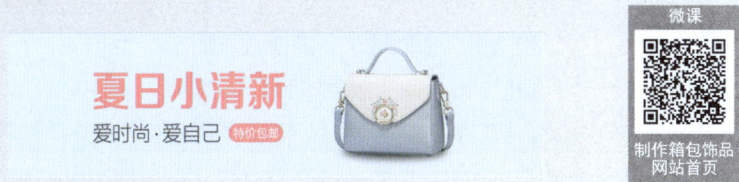

微课
制作箱包饰品网站首页

图 4-25

（1）按Ctrl + O组合键，打开云盘中的“Ch04 > 素材 > 箱包饰品网站首页Banner > 01”文件，如图4-26所示。选择“钢笔”工具，在属性栏的“选择工具模式”选项中选择“路径”，在图像窗口中沿着实物轮廓绘制路径，如图4-27所示。

（2）按住Ctrl键，“钢笔”工具转换为“直接选择”工具，如图4-28所示。拖曳路径中的锚点来改变路径的弧度，如图4-29所示。

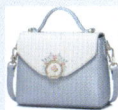

图 4-26

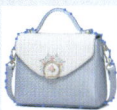

图 4-27

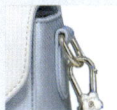

图 4-28

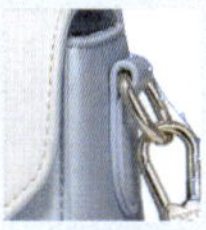

图 4-29

（3）将鼠标指针移动到路径上，“钢笔”工具转换为“添加锚点”工具，如图4-30所示。在路径上单击以添加锚点，如图4-31所示。按住Ctrl键，“钢笔”工具转换为“直接选择”工具，拖曳路径中的锚点来改变路径的弧度，如图4-32所示。

（4）用相同的方法调整所有的路径，效果如图4-33所示。单击属性栏中的“路径操作”按钮，在弹出的面板中选择“排除重叠形状”，在适当的位置再次绘制多个路径，如图4-34所示。按Ctrl+Enter组合键，将路径转换为选区，如图4-35所示。

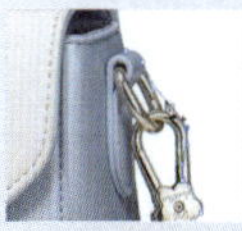

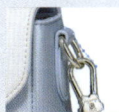

图 4-30

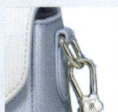

图 4-31

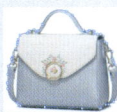

图 4-32

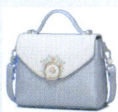

图 4-33

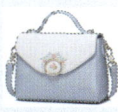

图 4-34

图 4-35

（5）按Ctrl+N组合键，弹出“新建文档”对话框，设置宽度为750像素，高度为200像素，分辨率为72像素/英寸，颜色模式为RGB，背景内容为浅蓝色（232、239、248），单击“确定”按钮，新建一个文件。

（6）选择“移动”工具，将选区中的图像拖曳到新建的图像窗口中，图像效果如图4-36所示。在“图层”面板中生成新的图层并将其命名为“包”。按Ctrl+T组合键，在图像周围出现变换框，拖曳鼠标调整图像的大小和位置，按Enter键确定操作，图像效果如图4-37所示。

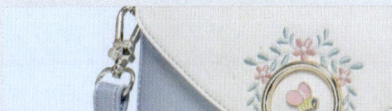

图 4-36

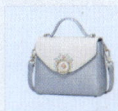

图 4-37

（7）新建图层并将其命名为"投影"。将前景色设为黑色。选择"椭圆选框"工具 ⊙，在属性栏中将"羽化"选项设为5像素，在图像窗口中拖曳鼠标绘制椭圆选区。按Alt+Delete组合键，用前景色填充选区。按Ctrl+D组合键，取消选区，图像效果如图4-38所示。在"图层"面板中，将"投影"图层拖曳到"包"图层的下方，图像效果如图4-39所示。

（8）选择"包"图层。按Ctrl+O组合键，打开云盘中的"Ch04 > 素材 > 箱包饰品网站首页Banner > 02"文件。选择"移动"工具 ⊕，将02文件中的图像拖曳到新建的图像窗口中适当的位置，图像效果如图4-40所示。在"图层"面板中生成新的图层并将其命名为"文字"。至此，箱包饰品网站首页Banner制作完成。

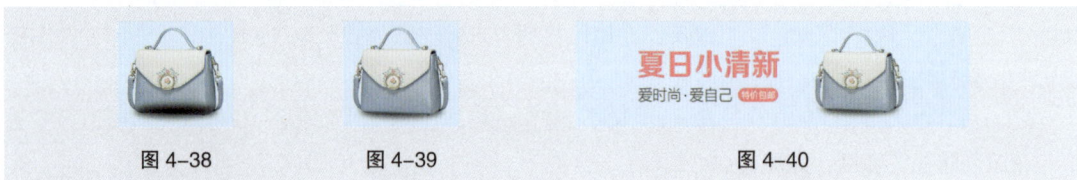

图 4-38　　　　　　　图 4-39　　　　　　　　　　图 4-40

4.1.5　钢笔工具

选择"钢笔"工具 ⌀，或反复按Shift+P组合键，其属性栏状态如图4-41所示。

图 4-41

按住Shift键创建锚点时，将强迫系统以45°或为45°倍数的角度绘制路径。按住Alt键，当鼠标指针移到锚点上时，可以暂时将"钢笔"工具 ⌀ 转换为"转换点"工具 ⌐。按住Ctrl键，可以暂时将"钢笔"工具 ⌀ 转换成"直接选择"工具 ▸。

选择"钢笔"工具 ⌀，在图像中任意位置单击，创建一个锚点，将鼠标指针移动到其他位置再次单击，创建第二个锚点，两个锚点之间自动以直线进行连接，如图4-42所示。再将鼠标指针移动到其他位置单击，创建第三个锚点，而系统将在第二个和第三个锚点之间生成一条新的直线路径，如图4-43所示。将鼠标指针移至第二个锚点上，"钢笔"工具 ⌀ 将暂时转换成"删除锚点"工具 ⌀，如图4-44所示。在锚点上单击，即可将第二个锚点删除，如图4-45所示。

图 4-42　　　　　　　图 4-43　　　　　　　图 4-44　　　　　　　图 4-45

选择"钢笔"工具 ⌀，在图像上单击以建立新的锚点，并按住鼠标左键不放，拖曳鼠标，建立曲线段和曲线锚点，如图4-46所示。松开鼠标左键，在按住Alt键的同时，单击刚建立的曲线锚点，如图4-47所示，将其转换为直线锚点，在其他位置再次单击建立下一个新的锚点，即可在曲线段后绘制出直线段，如图4-48所示。

图 4-46　　　　　　　　　　图 4-47　　　　　　　　　　图 4-48

4.2 命令抠图

4.2.1 课堂案例——制作文化传媒类公众号封面次图

【**案例学习目标**】学习使用"色彩范围"命令制作文化传媒类公众号封面次图。

【**案例知识要点**】使用"矩形"工具和"创建剪贴蒙版"命令制作公众号封面次图，使用"色彩范围"命令抠出剪影，最终效果如图4-49所示。

【**效果所在位置**】云盘/Ch04/效果/制作文化传媒类公众号封面次图.psd。

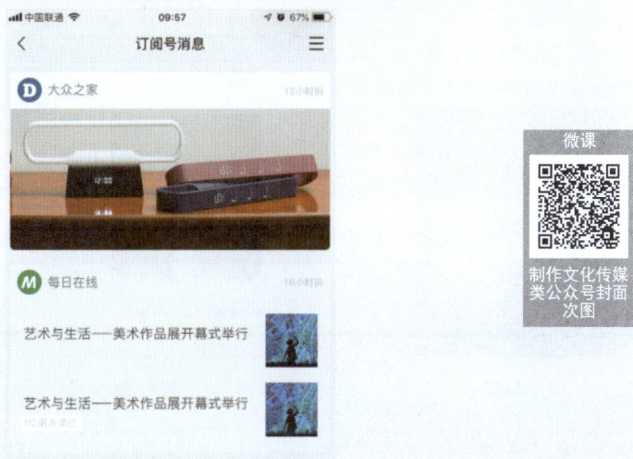

图 4-49

（1）按Ctrl+N组合键，弹出"新建文档"对话框，设置宽度为200像素，高度为200像素，分辨率为72像素/英寸，颜色模式为RGB，背景内容为白色，单击"创建"按钮，新建一个文档。

（2）选择"矩形"工具□，在属性栏的"选择工具模式"选项中选择"形状"，将"填充"颜色设为黑色。在图像窗口中拖曳鼠标绘制矩形，效果如图4-50所示，在"图层"面板中会生成新的形状图层"矩形1"。

（3）选择"文件 > 置入嵌入对象"命令，弹出"置入嵌入的对象"对话框。选择云盘中的"Ch04 > 素材 > 制作文化传媒类公众号封面次图 > 01"文件，单击"置入"按钮，将01文件中的图像置入图像窗口，并拖曳到适当的位置，按Enter键确定操作，效果如图4-51所示，在"图层"面板中生成新的图层并将其命名为"油彩"。按Ctrl+T组合键，在图像周围出现变换框，拖曳鼠标调整图像的大小和位置，按Enter键确定操作，效果如图4-52所示。

（4）在"图层"面板中，按住Alt键的同时，将鼠标指针放在"油彩"图层与"矩形1"图层的中间，如图4-53所示。单击，为图层创建剪贴蒙版，效果如图4-54所示。

（5）按Ctrl + O组合键，打开云盘中的"Ch04 > 素材 > 制作文化传媒类公众号封面次图 > 02"文件，如图4-55所示。选择"选择 > 色彩范围"命令，弹出"色彩范围"对话框，在预览窗口中适当的位置单击吸取颜色，其他选项的设置如图4-56所示。单击"确定"按钮，生成选区，效果如图4-57所示。

图 4-50

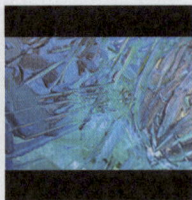

图 4-51

图 4-52

图 4-53

图 4-54

图 4-55

图 4-56

图 4-57

（6）选择"移动"工具，将选区中的图像拖曳到新建的图像窗口中适当的位置，效果如图4-58所示，在"图层"面板中生成新的图层并将其命名为"剪影"。

（7）在"图层"面板中，按住Alt键的同时，将鼠标指针放在"剪影"图层与"油彩"图层的中间，如图4-59所示。单击，为图层创建剪贴蒙版，效果如图4-60所示。至此，文化传媒公众号封面次图制作完成。

图 4-58

图 4-59

图 4-60

4.2.2 色彩范围命令

选择"选择 > 色彩范围"命令，弹出"色彩范围"对话框，如图4-61所示。使用"色彩范围"命令可以根据选区内或整个图像中的颜色差异精确地创建不规则选区。

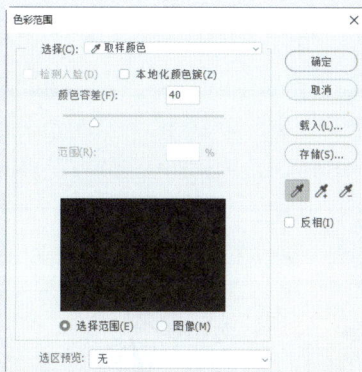

图 4-61

选择：用于选择选区的取样方式。检测人脸：勾选此复选框，可以更准确地选择肤色。本地化颜色簇：勾选此复选框，可以显示最大取样范围。颜色容差：用于调整选定颜色的范围。选区预览：用于选择图像窗口中选区的预览方式。

4.2.3　天空替换命令

使用"天空替换"命令可以快速选择和替换照片中的天空，并自动调整原始图像以便与天空搭配。

打开一幅图像，如图4-62所示。选择"编辑 > 天空替换"命令，弹出"天空替换"对话框，按图4-63所示设置完成后，单击"确定"按钮，效果如图4-64所示。

图 4-62

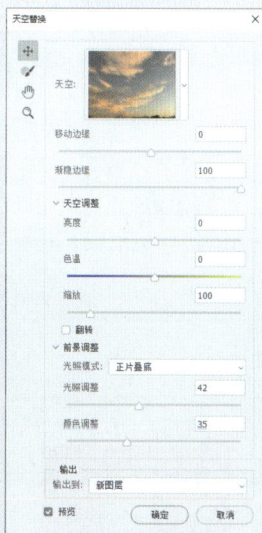

图 4-63

图 4-64

天空：用于选择预设的天空。移动边缘：用于调整天空和原始图像之间的边界。渐隐边缘：用于调整天空和原始图像边缘的渐隐值。天空调整：用于调整天空的亮度、色温和缩放。前景调整：用于调整前景与天空颜色的协调程度。输出：用于设置输出方式。

4.2.4　课堂案例——制作电商 App 主页 Banner

【**案例学习目标**】学习使用"色彩范围"命令制作电商App主页Banner。

【**案例知识要点**】使用"添加图层样式""添加图层蒙版"按钮和"魔棒"工具制作电商App主页Banner，使用"色彩范围"命令抠出剪影，最终效果如图4-65所示。

【**效果所在位置**】云盘/Ch04/效果/制作电商App主页Banner.psd。

微课

制作电商 App
主页 Banner

图 4-65

（1）按Ctrl+N组合键，弹出"新建文档"对话框，设置宽度为1920像素，高度为550像素，分辨率为72像素/英寸，颜色模式为RGB，背景内容为白色，单击"创建"按钮，新建一个文件。

（2）按Ctrl+O组合键，打开云盘中的"Ch04 > 素材 > 制作电商App主页Banner > 01"文件。选择"移动"工具，将其中的图像拖曳到新建图像窗口中适当的位置，效果如图4-66所示，在"图层"面板中生成新的图层并将其命名为"底图"。

图 4-66

（3）按Ctrl+O组合键，打开云盘中的"Ch04 > 素材 > 制作电商App主页Banner > 02"文件，如图4-67所示。选择"选择 > 色彩范围"命令，弹出"色彩范围"对话框，在图像窗口中鼠标指针变为吸管图标，在图像背景上单击，对颜色进行取样，如图4-68所示。在"颜色容差"后的文本框中输入100，预览图中的白色部分代表被选择的区域，如图4-69所示。

  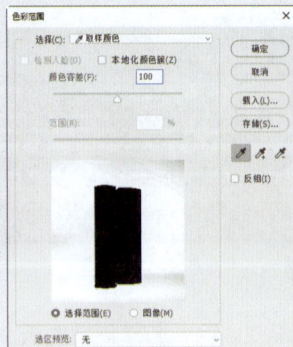

图 4-67　　　　　　　图 4-68　　　　　　　图 4-69

（4）在"色彩范围"对话框中，选中"添加到取样"按钮，在预览图右上角灰色区域内单击，如图4-70所示，将该区域中的背景全部添加到选区中。在预览图中可以看出，背景区域全部变成了白色，如图4-71所示。勾选"反相"复选框，背景区域全部变成了黑色，如图4-72所示。

图 4-70

图 4-71

图 4-72

（5）设置完成后，单击"确定"按钮，产品被选中，如图4-73所示。选择"选择 > 修改 > 收缩"命令，在弹出的"收缩选区"对话框中进行设置，如图4-74所示。单击"确定"按钮，收缩1像素选区，效果如图4-75所示。

图 4-73

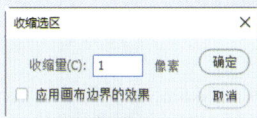
图 4-74

图 4-75

（6）单击"图层"面板下方的"添加图层蒙版"按钮 ▫ ，添加图层蒙版，面板中的效果如图4-76所示，图像效果如图4-77所示。

（7）选择"移动"工具 ✛ ，将抠出的产品图像拖曳到新建图像窗口中适当的位置，效果如图4-78所示，在"图层"面板中生成新的图层并将其命名为"产品"。

图 4-76

图 4-77

图 4-78

（8）单击"图层"面板下方的"添加图层样式"按钮 fx ，在弹出的菜单中选择"投影"命令，在弹出的"图层样式"对话框中进行设置，如图4-79所示。单击"确定"按钮，效果如图4-80所示。

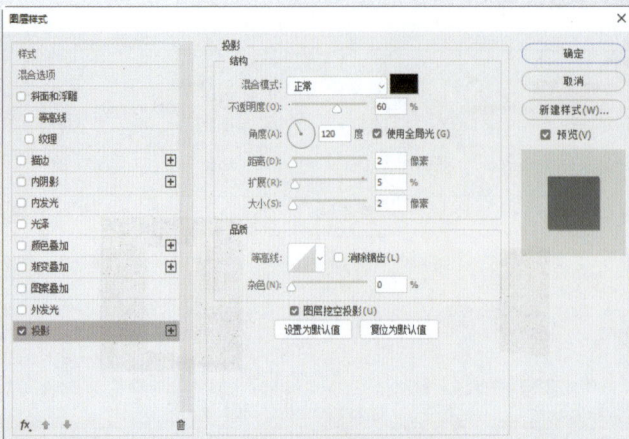

图 4-79   图 4-80

（9）按Ctrl+O组合键，打开云盘中的"Ch04 > 素材 > 制作电商App主页Banner > 03"文件，如图4-81所示。选择"魔棒"工具 ☒，在属性栏中勾选"连续"复选框，将"容差"选项设为20，在图像窗口中的白色背景区域上单击，区域周围将生成选区，如图4-82所示。选择"选择 > 反选"命令，将选区反选，如图4-83所示。

图 4-81   图 4-82   图 4-83

（10）选择"移动"工具 ⊕，将抠出的冰箱图像拖曳到新建图像窗口中适当的位置，并调整其大小，效果如图4-84所示。在"图层"面板中生成新的图层并将其命名为"冰箱"。

（11）用相同的方法分别抠出"04""05""06"文件中的电器图像，并分别拖曳到新建图像窗口中适当的位置，调整其大小，效果如图4-85所示。在"图层"面板中分别生成新的图层并将其命名为"洗衣机""电饭煲""面包机"。

图 4-84   图 4-85

（12）按Ctrl+O组合键，打开云盘中的"Ch04 > 素材 > 制作电商App主页Banner > 07、08"文件。选择"移动"工具 ⊕，将其中的图像拖曳到新建的图像窗口中适当的位置，如图4-86所示，在"图层"面板中生成新的图层并将其分别命名为"彩带"和"标题"，如图4-87所示。至此，电商App主页Banner制作完成。

图 4-86

图 4-87

4.2.5　调整边缘命令

在图像中绘制选区，如图4-88所示。选择"选择 > 选择并遮住"命令，弹出属性面板，如图4-89所示。

图 4-88

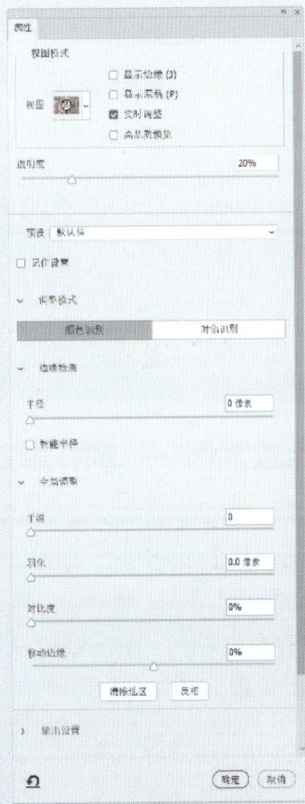

图 4-89

视图：用于选择选区图像的显示方式。显示边缘：勾选后，可以在发生边缘调整的位置显示选区边框。显示原稿：用于查看原始选区。高品质预览：勾选后，可以更准确地预览渲染更改的部分。不透明度：用于为视图模式设置不透明度。智能半径：用于使半径自动适应图像边缘。半径：用于设置调整区域的大小。平滑：用于使选区边缘变平滑。羽化：用于柔化选区边缘。对比度：用于增加选区边缘的对比度。移动边缘：用于收缩或扩展选区。净化颜色/数量：用于设置从图像移去的彩色边数量。输出到：用于选择选区的输出方式。记住设置：用于存储当前的设置。

在对话框中的设置如图4-90所示。单击"确定"按钮，图像效果如图4-91所示。

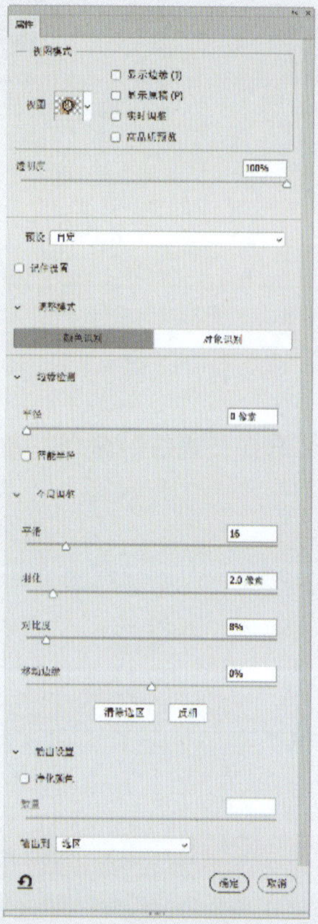

图 4-90

图 4-91

4.2.6 课堂案例——制作婚纱摄影类公众号运营海报

【案例学习目标】学习使用"通道"面板抠出婚纱。

【案例知识要点】使用"钢笔"工具绘制选区，使用"色阶"命令调整图片，使用"通道"面板和"计算"命令抠出婚纱，最终效果如图4-92所示。

【效果所在位置】Ch04/效果/制作婚纱摄影类公众号运营海报.psd。

微课

制作婚纱摄影类
公众号运营海报

图 4-92

（1）按Ctrl+O组合键，打开云盘中的"Ch04 > 素材 > 制作婚纱摄影类公众号运营海报 > 01"文件，如图4-93所示。

（2）选择"钢笔"工具 ⌀，在属性栏的"选择工具模式"选项中选择"路径"，沿着人物的轮廓绘制路径，绘制时要避开半透明的婚纱，如图4-94所示。

（3）选择"路径选择"工具 ▸，将绘制的路径选中。按Ctrl+Enter组合键，将路径转换为选区，效果如图4-95所示。单击"通道"面板下方的"将选区存储为通道"按钮 ▣，将选区存储为通道，如图4-96所示。

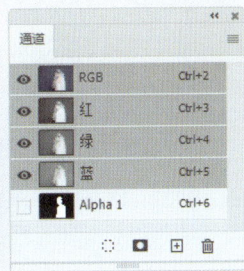

图 4-93　　　　　　　　图 4-94　　　　　　　　图 4-95　　　　　　　　图 4-96

（4）将"红"通道拖曳到面板下方的"创建新通道"按钮 ▣ 上，复制通道，效果如图4-97所示。选择"钢笔"工具 ⌀，在图像窗口中沿着婚纱边缘绘制路径，如图4-98所示。按Ctrl+Enter组合键，将路径转换为选区，效果如图4-99所示。

图 4-97　　　　　　　　　图 4-98　　　　　　　　　图 4-99

（5）按Shift+Ctrl+I组合键，反选选区，如图4-100所示。将前景色设为黑色。按Alt+Delete组合键，用前景色填充选区。填充后，按Ctrl+D组合键，取消选区，效果如图4-101所示。

图 4-100　　　　　　　　　　　图 4-101

（6）选择"图像 > 计算"命令，在弹出的"计算"对话框中进行设置，如图4-102所示。单击"确定"按钮，得到新的通道图像，效果如图4-103所示。

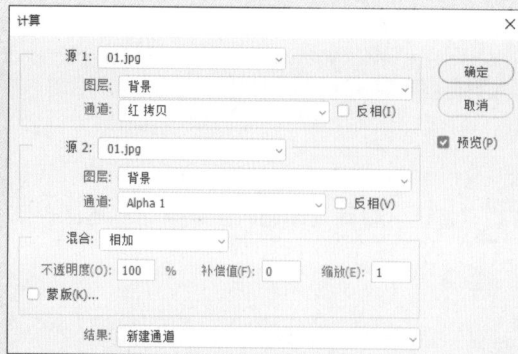

图 4-102

图 4-103

（7）选择"图像＞调整＞色阶"命令，在弹出的"色阶"对话框中进行设置，如图4-104所示。单击"确定"按钮，调整图像，效果如图4-105所示。

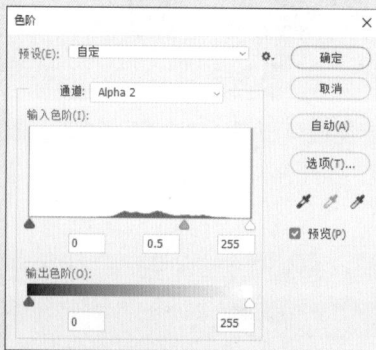

图 4-104

图 4-105

（8）在按住Ctrl键的同时，单击"Alpha 2"通道的缩览图，如图4-106所示，载入婚纱选区，效果如图4-107所示。

（9）单击"RGB"通道，显示彩色图像。单击"图层"面板下方的"添加图层蒙版"按钮 ◻，添加图层蒙版，面板中的效果如图4-108所示。抠出婚纱图像，效果如图4-109所示。

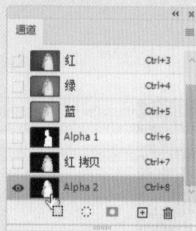

图 4-106

图 4-107

图 4-108

图 4-109

（10）按Ctrl+N组合键，弹出"新建文档"对话框，设置宽度为265毫米，高度为417毫米，分辨率为72像素/英寸，背景内容为灰蓝色（143、153、165），单击"创建"按钮，新建一个文件，如图4-110所示。

（11）选择"横排文字"工具 T.，在适当的位置添加文本框，在其中输入需要的文字并选取文字，在属性栏中选择合适的字体并设置文字大小，将"文本颜色"设置为浅灰色（235、235、235），效果如图4-111所示，在"图层"面板中会生成新的文字图层。按Ctrl+T组合键，在文字周围出现变换框，拖曳左侧中间的控制手柄到适当的位置，调整文字大小，并将其拖曳到适当的位置，按Enter键确定操作，效果如图4-112所示。

| 图 4-110 | 图 4-111 | 图 4-112 |

（12）选择"移动"工具 ⊕ ，将01文件拖曳到新建的图像窗口中的适当位置并调整大小，效果如图4-113所示，在"图层"面板中生成新的图层并将其命名为"人物"，如图4-114所示。

（13）按Ctrl+L组合键，弹出"色阶"对话框，选项的设置如图4-115所示。单击"确定"按钮，图像效果如图4-116所示。

（14）按Ctrl+O组合键，打开云盘中的"Ch04 ＞ 素材 ＞ 制作婚纱摄影类公众号运营海报 ＞ 02"文件。选择"移动"工具 ⊕ ，将图像拖曳到新建的图像窗口中适当的位置，效果如图4-117所示，在"图层"面板中生成新的图层并将其命名为"文字"。至此，婚纱摄影类公众号运营海报制作完成。

| 图 4-113 | 图 4-114 |

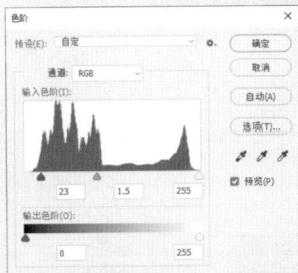

| 图 4-115 | 图 4-116 | 图 4-117 |

4.2.7 颜色通道

颜色通道记录了图像颜色的信息，颜色模式不同，颜色通道的数量也不同。例如，RGB颜色模式默认包含红、绿、蓝及一个复合通道，如图4-118所示；CMYK颜色模式默认包含青色、洋红、黄色、黑色及一个复合通道，如图4-119所示；Lab颜色模式默认包含明度、a、b及一个复合通道，如图4-120所示。

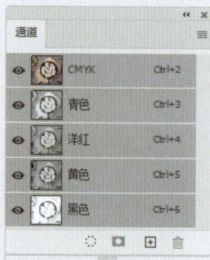

| 图 4-118 | 图 4-119 | 图 4-120 |

4.2.8　专色通道

单击"通道"面板右上方的☰图标，弹出对应的菜单，选择"新建专色通道"命令，弹出"新建专色通道"对话框，如图4-121所示。

图 4-121

单击"通道"面板中新建的专色通道。选择"画笔"工具 ✐，在属性栏中单击"切换画笔面板"按钮 ⊘，弹出"画笔设置"面板，选择"画笔笔尖形状"选项，切换到相应的"画笔设置"面板中进行设置，如图4-122所示。在图像窗口中拖曳鼠标进行绘制，效果如图4-123所示，"通道"面板中的效果如图4-124所示。

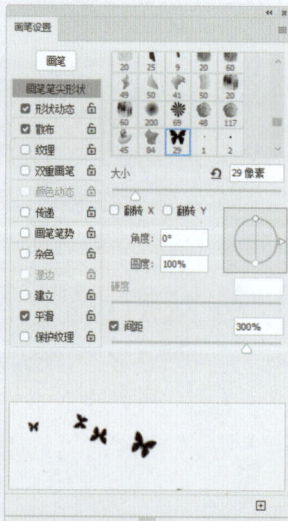

| 图 4-122 | 图 4-123 | 图 4-124 |

4.2.9　Alpha 通道

　　Alpha通道可以记录图像不透明度信息，定义透明、不透明和半透明区域，其中黑色表示透明，白色表示不透明，灰色表示半透明。

4.3　课堂练习——制作家具 App 详情页主图

　　【练习知识要点】使用"矩形选框"工具、"变换选区"命令、"扭曲"命令和"羽化"命令制作商品投影，使用"移动"工具添加装饰图片和文字，最终效果如图4-125所示。

　　【效果所在位置】云盘/Ch04/效果/制作家具App详情页主图.psd。

微课

制作家具 App
详情页主图

图 4-125

4.4　课后习题——制作美妆护肤类公众号封面首图

　　【习题知识要点】使用"钢笔"工具和"选择并遮住"命令抠出人物，使用"移动"工具调整图像位置，最终效果如图4-126所示。

　　【效果所在位置】云盘/Ch04/效果/制作美妆护肤类公众号封面首图.psd。

微课

制作美妆护肤类
公众号封面首图

图 4-126

05

第 5 章

修图

微课

第 5 章简介

▶ **本章介绍**

　　修图就是对图像进行修整。修图在生活中的应用比比皆是。本章详细讲解Photoshop CC中常用的裁剪工具、修饰工具和润饰工具的使用方法。通过本章的学习，学生可以了解和掌握修图的基本方法与操作技巧，实现裁剪、修饰和润饰图像操作，使图像更加美观。

学习目标

● 掌握裁剪工具的使用方法。

● 掌握修饰工具的使用技巧。

● 掌握润饰工具的使用方法。

技能目标

● 掌握房屋地产类公众号信息图的制作方法。

● 掌握健康生活类公众号封面次图的修图方法。

● 掌握瓷器收藏类公众号配图的修图技巧。

素养目标

● 提高学生的审美水平。

● 加深学生对东方美学的了解。

5.1　裁剪工具

5.1.1　课堂案例——制作房屋地产类公众号信息图

【案例学习目标】学习使用"裁剪"工具制作房屋地产类公众号信息图。

【案例知识要点】使用"裁剪"工具裁剪图像，使用"移动"工具移动图像，最终效果如图5-1所示。

【效果所在位置】云盘/Ch05/效果/制作房屋地产类公众号信息图.psd。

图 5-1

（1）按Ctrl+N组合键，弹出"新建文档"对话框，设置宽度为800像素，高度为2000像素，分辨率为72像素/英寸，颜色模式为RGB，背景内容为白色，单击"创建"按钮，新建一个文档。

（2）按Ctrl+O组合键，打开云盘中的"Ch05 > 素材 > 制作房屋地产类公众号信息图 > 01"文件，如图5-2所示。选择"裁剪"工具口，单击"选择预设长宽比或裁剪尺寸"选项 比例，在弹出的下拉列表中选择"宽×高×分辨率"选项，在属性栏中进行设置，如图5-3所示。在图像窗口中适当的位置绘制一个裁剪框，如图5-4所示，按Enter键确定操作，效果如图5-5所示。

（3）选择"移动"工具王，将01文件中的图像拖曳到新建的图像窗口中适当的位置，效果如图5-6所示，在"图层"面板中生成新的图层并将其命名为"图片1"。

（4）按Ctrl＋O组合键，打开云盘中的"Ch05 > 素材 > 制作房屋地产类公众号信息图 > 02"文件。选择"移动"工具王，将02文件中的图像拖曳到新建的图像窗口中适当的位置，如图5-7所示，在"图层"面板中生成新的图层并将其命名为"信息"。

图 5-2

图 5-3

图 5-4

图 5-5

图 5-6

图 5-7

（5）按Ctrl+O组合键，打开云盘中的"Ch05 > 素材 > 制作房屋地产类公众号信息图 > 03"文件。选择"裁剪"工具 ，单击"选择预设长宽比或裁剪尺寸"选项 ，在弹出的下拉列表中选择"16:9"选项，裁剪区域如图5-8所示。按Enter键确定操作，效果如图5-9所示。

图 5-8

图 5-9

（6）选择"移动"工具 ，将03文件中的图像拖曳到新建的图像窗口中适当的位置，如图5-10所示，在"图层"面板中生成新的图层并将其命名为"图片2"。

（7）按Ctrl+O组合键，打开云盘中的"Ch05 > 素材 > 制作房屋地产类公众号信息图 > 04"文件。选择"裁剪"工具 ，单击"选择预设长宽比或裁剪尺寸"选项 ，在弹出的下拉列表中选择"1:1(方形)"选项，在图像窗口中适当的位置绘制一个裁剪框，如图5-11所示。按Enter键确定操作，效果如图5-12所示。

（8）选择"移动"工具 ，将04文件中的图像拖曳到新建的图像窗口中适当的位置，如图5-13所示，在"图层"面板中生成新的图层并将其命名为"图片3"。至此，房屋地产类公众号信息图制作完成。

| 图 5-10 | 图 5-11 | 图 5-12 | 图 5-13 |

5.1.2 裁剪工具应用

裁剪工具可以用于裁剪图像，重新定义画布的大小。

选择"裁剪"工具 ☐ ，其属性栏状态如图5-14所示。

图 5-14

☐ ：用于选择预设的裁剪比例。☐ ☐ ：用于自定义裁剪框的长宽比。☐ ：用于快速拉直倾斜的图像。☐ ：用丁选择裁剪方式。☐ ：用于设置裁剪选项。删除裁剪的像素：用于控制裁掉的图像是否彻底删除。

打开一副图像，选择"裁剪"工具 ☐ ，在图像窗口中绘制裁剪框，如图5-15所示，按Enter键确定操作，效果如图5-16所示。

| 图 5-15 | 图 5-16 |

5.1.3 裁剪命令

打开一副图像，选择"矩形选框"工具 ☐ ，绘制出要裁剪的图像区域，如图5-17所示。选择"图像 > 裁剪"命令，图像按选区进行裁剪，效果如图5-18所示。

| 图 5-17 | 图 5-18 |

5.2 修饰工具

5.2.1 课堂案例——制作健康生活类公众号封面次图

【案例学习目标】学习使用多种修饰工具修复模特照片。

【案例知识要点】使用"缩放"工具调整图像大小，使用"污点修复画笔"工具去除模特痘印和眼角皱纹，最终效果如图5-19所示。

【效果所在位置】云盘/Ch05/效果/制作健康生活类公众号封面次图.psd。

图 5-19

（1）按Ctrl+O组合键，打开云盘中的"Ch05 > 素材 > 制作健康生活公众号封面次图 > 01"文件，如图5-20所示。将"背景"图层拖曳到"图层"面板下方的"创建新图层"按钮 ⊡ 上进行复制，生成新的图层"背景 拷贝"，如图5-21所示。

（2）选择"缩放"工具 ，将图像的局部放大。选择"污点修复画笔"工具 ，在属性栏中单击"画笔预设"选项右侧的 按钮，在弹出的画笔选择面板中设置修复画笔的大小，如图5-22所示。在图像中右侧眉毛上需要去除的痘印处单击，效果如图5-23所示。按键盘上的【或】键，适当调整画笔大小，用相同的方法在面部其他位置多次进行操作，将所有斑点全部去除，效果如图5-24所示。

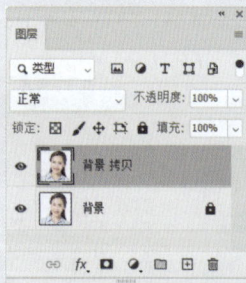
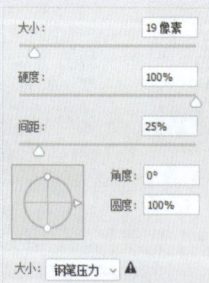

| 图 5-20 | 图 5-21 | 图 5-22 | 图 5-23 | 图 5-24 |

（3）选择"修复画笔"工具 ，按住Alt键的同时，在人物面部皮肤较好的地方单击，选择取样点，如图5-25所示。拖曳鼠标在要去除的眼角皱纹上涂抹，取样点区域的图像覆盖到涂抹的眼角皱纹上，如图5-26所示。

（4）多次进行操作，将两个眼角的皱纹和脖子处的皱纹去除，效果如图5-27所示。至此，健康生活类公众号封面次图制作完成。

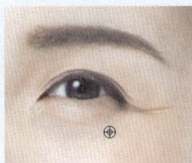

图 5-25   图 5-26   图 5-27

5.2.2 修复画笔工具

修复画笔工具可以用于将取样点的像素信息非常自然地复制到图像的破损位置，并保持图像的亮度、饱和度、纹理等属性。

选择"修复画笔"工具 ，或反复按Shift+J组合键，其属性栏状态如图5-28所示。

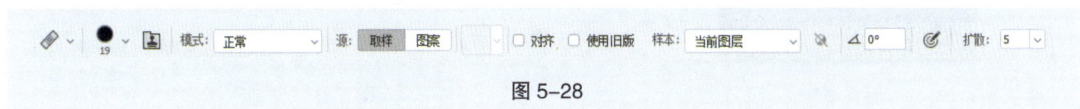

图 5-28

：用于弹出画笔预设面板，如图5-29所示，在面板中可以设置画笔的大小、硬度、间距、角度、圆度和压力大小。模式：用于选择所复制像素或填充的图案与底图的混合模式。源：选择"取样"选项后，可以用选取的取样点修复图像；选择"图案"选项后，可以用选取的图案或自定义图案修复图像。对齐：勾选此复选框，下一次的复制位置会和上次的完全重合。

打开一幅图像。选择"修复画笔"工具 ，按住Alt键的同时，鼠标指针变为圆形十字图标 ，单击确定样本的取样点，如图5-30所示。在图像需要修复的地方单击，如图5-31所示。用相同的方法修复图像其他区域，效果如图5-32所示。

图 5-29   图 5-30

图 5-31   图 5-32

5.2.3 污点修复画笔工具

污点修复画笔工具不需要选择取样，它将自动从所修复区域的周围取样，并将样本像素的纹理、光照、透明度和阴影与所修复的像素的相匹配。

选择"污点修复画笔"工具 ✐ ，或反复按Shift+J组合键，其属性栏状态如图5-33所示。

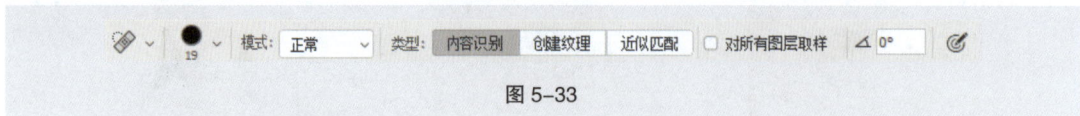

图 5-33

打开一幅图像，如图5-34所示。选择"污点修复画笔"工具 ✐ ，在属性栏中进行设置，如图5-35所示。按住鼠标左键不放，在要修复的图像上拖曳鼠标，效果如图5-36所示，释放鼠标左键，修复图像，效果如图5-37所示。

图 5-34

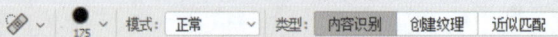

图 5-35

图 5-36

图 5-37

5.2.4　修补工具

修补工具可以用于用图像的其他区域修补当前选中的修补区域，也可以使用图案来修补区域。

选择"修补"工具 ▣ ，或反复按Shift+J组合键，其属性栏状态如图5-38所示。

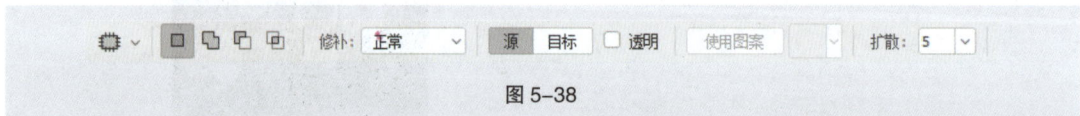

图 5-38

选择"修补"工具 ▣ ，在图像中绘制选区，如图5-39所示。在选区中单击并按住鼠标左键不放，将选区中的图像拖曳到需要的位置，如图5-40所示。释放鼠标左键，选区中的图像被新放置在选区位置的图像所修补，效果如图5-41所示。

图 5-39

图 5-40

图 5-41

按Ctrl+D组合键，取消选区，效果如图5-42所示。选择"修补"工具 ▣ ，在属性栏中选中"目标"选项，圈选图像中的一个区域，如图5-43所示，将其拖曳到要修补的图像区域，如图5-44所示，圈选区域中的图像修补了现在的图像，如图5-45所示。按Ctrl+D组合键，取消选区，效果如图5-46所示。

图 5-42

图 5-43

图 5-44

图 5-45

图 5-46

5.2.5　红眼工具

红眼工具可以用于去除用闪光灯拍摄的人物照片中的红眼，也可以用于去除拍摄照片中的白色或绿色反光。

选择"红眼"工具，或反复按Shift+J组合键，其属性栏状态如图5-47所示。

瞳孔大小：用于设置瞳孔的大小。变暗量：用于设置瞳孔的暗度。

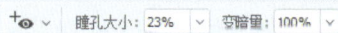
图 5-47

5.2.6　仿制图章工具

仿制图章工具可以用于以指定的像素点为复制基准点，将周围的图像复制到其他地方。

选择"仿制图章"工具，或反复按Shift+S组合键，其属性栏状态如图5-48所示。

图 5-48

流量：用于设置扩散的速度。对齐：用于控制是否在复制时使用对齐功能。

打开一幅图像，如图5-49所示。选择"仿制图章"工具，按住Alt键的同时，鼠标指针变为圆形十字图标，将鼠标指针放在蜡烛上单击确定取样点，然后在适当的位置单击可以仿制出取样点的图像，效果如图5-50所示。

图 5-49

图 5-50

5.2.7　橡皮擦工具

橡皮擦工具可以用于背景色擦除背景图像或用透明色擦除图层中的图像。

选择"橡皮擦"工具 ，或反复按Shift+E组合键，其属性栏状态如图5-51所示。

抹到历史记录：用于确定以"历史"面板中的图像状态来擦除图像。

图 5-51

选择"橡皮擦"工具 ，在图像中单击并按住鼠标左键拖曳，可以擦除图像。用背景色的白色擦除图像后效果如图5-52所示。用透明色擦除图像后效果如图5-53所示。

图 5-52

图 5-53

5.3　润饰工具

5.3.1　课堂案例——制作瓷器收藏类公众号配图

【案例学习目标】学习使用润饰工具为茶具添加水墨画样式。

【案例知识要点】使用"钢笔"工具和剪贴蒙版合成图片，使用"减淡"工具、"加深"工具和"模糊"工具为茶具添加水墨画样式，最终效果如图5-54所示。

【效果所在位置】Ch05/效果/制作瓷器收藏类公众号配图.psd。

微课

制作瓷器收藏
类公众号配图

图 5-54

（1）按Ctrl+O组合键，打开云盘中的"Ch05 > 素材 > 制作瓷器收藏类公众号配图 > 01、02"文件。选择01文件的图像窗口，选择"钢笔"工具 ，在属性栏的"选择工具模式"选项中选择"路径"，在图像窗口中沿着茶壶轮廓绘制路径，如图5-55所示。

（2）按Ctrl+Enter组合键，将路径转换为选区，如图5-56所示。按Ctrl+J组合键，复制选区中的图像，在"图层"面板中生成新的图层并将其命名为"茶壶"，如图5-57所示。

图 5-55

图 5-56

图 5-57

（3）选择"移动"工具 ⊕，将02文件中的图像拖曳到01文件的图像窗口中适当的位置，如图5-58所示，在"图层"面板中生成新的图层并将其命名为"水墨画"。在面板上方，将该图层的混合模式选项设为"正片叠底"，如图5-59所示，图像效果如图5-60所示。按Alt+Ctrl+G组合键，为图层创建剪贴蒙版，图像效果如图5-61所示。

图 5-58

图 5-59

图 5-60

图 5-61

（4）选择"减淡"工具 ，在属性栏中单击"画笔"选项，在弹出的画笔选择面板中选择需要的画笔形状，选项的设置如图5-62所示。在图像窗口中进行涂抹以弱化水墨画边缘，效果如图5-63所示。

（5）选择"加深"工具 ，在属性栏中单击"画笔"选项，在弹出的画笔选择面板中选择需要的画笔形状，选项的设置如图5-64所示。在图像窗口中进行涂抹以加深水墨画暗部，图像效果如图5-65所示。

图 5-62

图 5-63

图 5-64

图 5-65

（6）选择"模糊"工具 ，在属性栏中单击"画笔"选项，在弹出的画笔选择面板中选择需要的画笔形状，选项的设置如图5-66所示。在图像窗口中进行涂抹以模糊图像，效果如图5-67所示。至此，瓷器收藏类公众号配图制作完成。

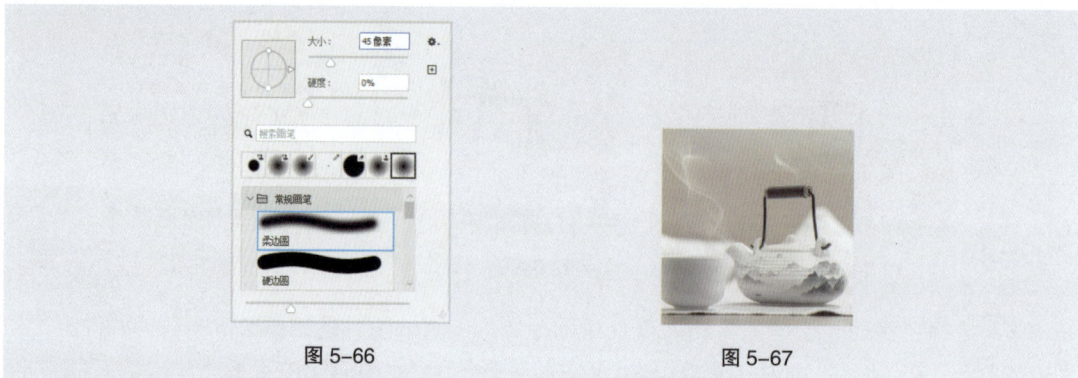

图 5-66   图 5-67

5.3.2 模糊工具

模糊工具可以用于将图像的色彩变模糊。

选择"模糊"工具 ◌，其属性栏状态如图5-68所示。

图 5-68

◌：用于选择画笔的形状。模式：用于设定饱和度处理方式。强度：用于设置压力的大小。对所有图层取样：用于设置工具是否对所有可见层起作用。

选择"模糊"工具 ◌，在属性栏中进行设置，如图5-69所示。在图像中单击并按住鼠标左键不放，拖曳鼠标使图像产生模糊效果。原图像和模糊后的图像效果分别如图5-70和图5-71所示。

图 5-69

图 5-70   图 5-71

5.3.3 锐化工具

锐化工具可以用于将图像的色彩感变强烈。

选择"锐化"工具 △，其属性栏状态如图5-72所示。其属性栏中的内容与模糊工具属性栏中的内容类似。

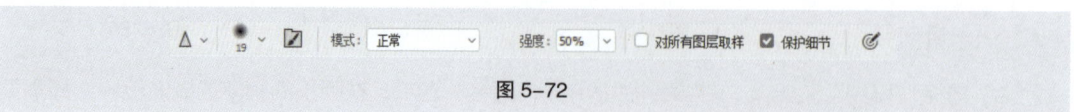

图 5-72

选择"锐化"工具 △，在属性栏中进行设置，如图5-73所示。在图像中单击并按住鼠标左键不放，拖曳鼠标使图像产生锐化效果。原图像和锐化后的图像效果分别如图5-74和图5-75所示。

图 5-73

图 5-74

图 5-75

5.3.4 涂抹工具

选择"涂抹"工具 ，其属性栏状态如图5-76所示。其属性栏中的内容与模糊工具属性栏中的内容类似，其中增加的"手指绘画"复选框，用于设定是否按前景色进行涂抹。

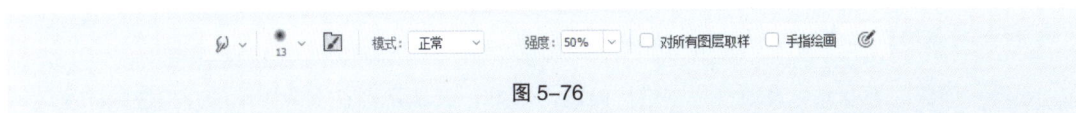

图 5-76

选择"涂抹"工具 ，在属性栏中进行设置，如图5-77所示。在图像中单击并按住鼠标左键不放，拖曳鼠标使图像产生涂抹效果。原图像和涂抹后的图像效果分别如图5-78和图5-79所示。

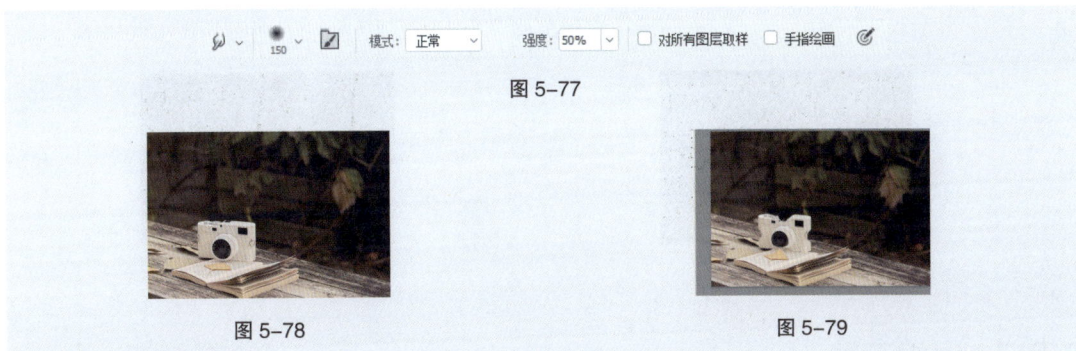

图 5-77

图 5-78

图 5-79

5.3.5 减淡工具

减淡工具可以用于将图像的亮度提高。

选择"减淡"工具 ，或反复按Shift+O组合键，其属性栏状态如图5-80所示。

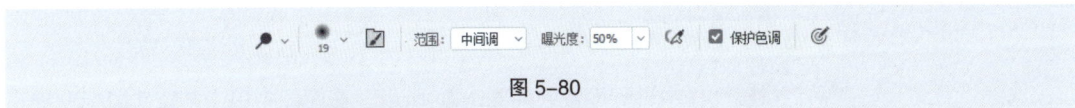

图 5-80

范围：用于设定图像中所要提高亮度的区域。曝光度：用于设定曝光的强度。

选择"减淡"工具 ，在属性栏中进行设置，如图5-81所示。在图像中单击并按住鼠标左键不放，拖曳鼠标使图像产生减淡效果。原图像和减淡后的图像效果分别如图5-82和图5-83所示。

图 5-81

图 5-82 图 5-83

5.3.6 加深工具

加深工具可以用于将图像的亮度降低。

选择"加深"工具 ，或反复按Shift+O组合键，其属性栏状态如图5-84所示。其属性栏中的内容的作用与减淡工具属性栏中的内容的作用正好相反。

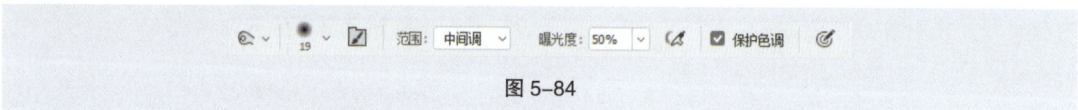

图 5-84

选择"加深"工具 ，在属性栏中进行设置，如图5-85所示。在图像中单击并按住鼠标左键不放，拖曳鼠标使图像产生加深效果。原图像和加深后的图像效果分别如图5-86和图5-87所示。

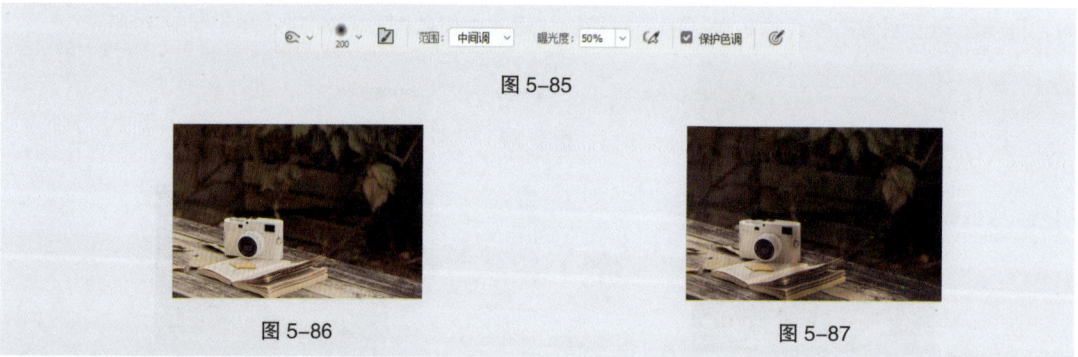

图 5-85

图 5-86 图 5-87

5.3.7 海绵工具

选择"海绵"工具 ，或反复按Shift+O组合键，其属性栏状态如图5-88所示。其属性栏中的内容与模糊工具属性栏中的内容类似，其中增加的"流量"选项，用于设定扩散的速度。

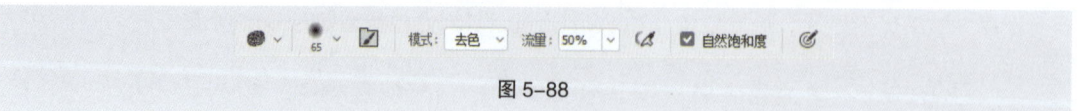

图 5-88

选择"海绵"工具 ，在属性栏中进行设置，如图5-89所示。在图像中单击并按住鼠标左键不放，拖曳鼠标使图像降低色彩饱和度。原图像和使用海绵工具后的图像效果分别如图5-90和图5-91所示。

图 5-89

图 5-90

图 5-91

5.4　课堂练习——制作电商 App 首页 Banner

【案例学习目标】学习使用"擦除"工具擦除多余的图像。

【案例知识要点】使用"渐变"工具制作背景，使用"移动"工具调整素材位置，使用"橡皮擦"工具擦除不需要的文字，最终效果如图5-92所示。

【效果所在位置】Ch05/效果/制作电商App首页Banner.psd。

微课

制作电商 App
首页 Banner

图 5-92

5.5　课后习题——制作美妆教学类公众号封面首图

【习题知识要点】使用"缩放"工具调整图像大小，使用"仿制图章"工具修饰碎发，使用"加深"工具修饰头发和嘴唇，使用"减淡"工具修饰面部，最终效果如图5-93所示。

【效果所在位置】Ch05/效果/制作美妆教学类公众号封面首图.psd。

微课

制作美妆教学类
公众号封面首图

图 5-93

第 6 章

06

调色

▶ **本章介绍**

　　我们经常会对自己拍摄的数码照片或查找到的素材的色彩不甚满意，特别想对其进行调整和修正。本章详细讲解常用的调整图像色彩与色调的命令和面板。通过本章的学习，学生可以了解和掌握调整图像色彩的基本方法与操作技巧，创作出绚丽多彩的作品。

学习目标

- 掌握调整图像色彩与色调的方法。
- 掌握特殊的颜色处理技巧。
- 掌握使用"动作"面板调色的方法。

微课

第6章简介

技能目标

- 掌握化妆品网店详情页主图的制作方法。
- 掌握媒体娱乐类公众号封面次图的制作方法。
- 掌握旅游出行类公众号封面首图的制作方法。
- 掌握汽车工业行业活动邀请H5页面的制作方法。
- 掌握餐饮行业公众号封面次图的制作方法。
- 掌握食品餐饮行业产品介绍H5页面的制作方法。
- 掌握舞蹈培训类公众号运营海报的制作方法。
- 掌握媒体娱乐类公众号封面首图的制作方法。

素养目标

- 培养学生的色彩敏感度。
- 加深学生对祖国秀美风光的热爱。

6.1 调整图像色彩与色调

6.1.1 课堂案例——制作化妆品网店详情页主图

【**案例学习目标**】学习使用图层混合模式和调整图层的方法调整图像。

【**案例知识要点**】使用图层混合模式和调整图层的方法调整照片的质感，最终效果如图6-1所示。

图 6-1

【**效果所在位置**】云盘/Ch06/效果/制作化妆品网店详情页主图.psd。

（1）按Ctrl+O组合键，打开云盘中的"Ch06 > 素材 > 制作化妆品网店详情页主图 > 01"文件，如图6-2所示。将"背景"图层拖曳到"图层"面板下方的"创建新图层"按钮 上进行复制，生成新的图层"背景 拷贝"。

（2）单击"图层"面板下方的"创建新的填充或调整图层"按钮 ，在弹出的菜单中选择"曝光度"命令。在"图层"面板中生成"曝光度1"图层，同时弹出"曝光度"面板，其中的设置如图6-3所示，按Enter键确定操作，图像效果如图6-4所示。

图 6-2   图 6-3   图 6-4

（3）单击"图层"面板下方的"创建新的填充或调整图层"按钮 ，在弹出的菜单中选择"曲线"命令，在"图层"面板中会生成"曲线1"图层，同时弹出"曲线"面板。在曲线上单击以添加控制点，将"输入"选项设为200，"输出"选项设为219，如图6-5所示。

（4）再次在曲线上单击以添加控制点，将"输入"选项设为67，"输出"选项设为41，如图6-6所示。按Enter键确定操作，图像效果如图6-7所示。

（5）按Ctrl+O组合键，打开云盘中的"Ch06 > 素材 > 制作化妆品网店详情页主图 > 02"文件。选择"移动"工具，将02文件中的图像拖曳到01图像窗口中适当的位置，如图6-8所示，在"图层"面板中生成新的图层并将其命名为"装饰"。至此，化妆品网店详情页主图制作完成。

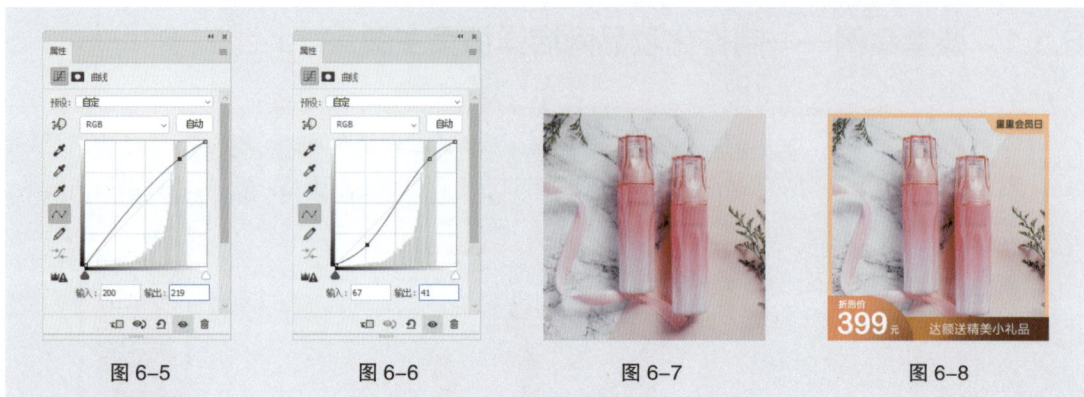

图 6-5   图 6-6   图 6-7   图 6-8

6.1.2 曲线

"曲线"命令可以用于通过调整图像色彩曲线上的任意一个像素点来改变图像的色彩范围。

打开一幅图像，如图6-9所示。选择"图像 > 调整 > 曲线"命令，或按Ctrl+M组合键，弹出对话框，如图6-10所示。在图像中单击，如图6-11所示，对话框的图表上会出现一个圆圈，X轴为色彩的输入值，Y轴为色彩的输出值，表示在图像中单击处的像素数值，如图6-12所示。

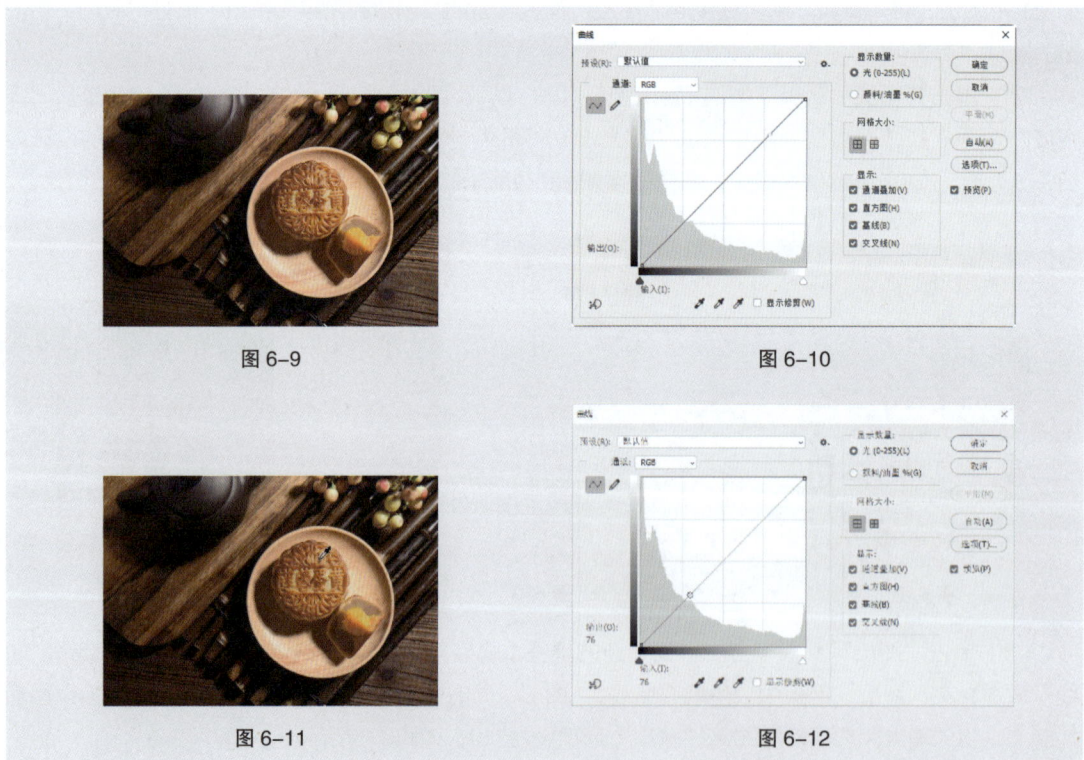

图 6-9   图 6-10

图 6-11   图 6-12

"通道"选项：用于选择图像的颜色调整通道。：用于改变曲线的形状，添加或删除控制点。输入/输出：用于显示图表中鼠标指针所在位置的亮度值。：用于自动调整图像的亮度。调整曲线后的图像效果如图6-13所示。

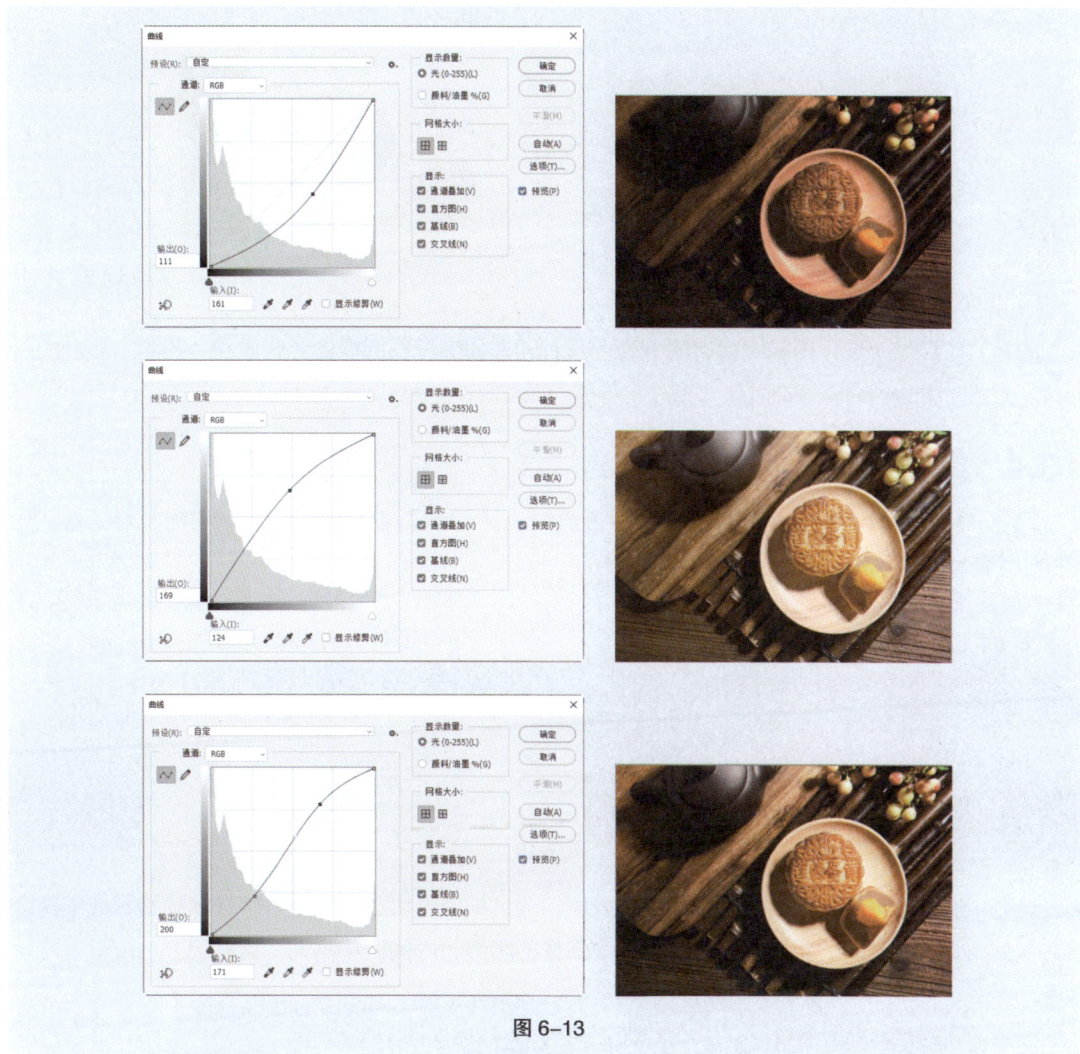

图 6-13

6.1.3 可选颜色

"可选颜色"命令能够将图像中的颜色替换成选择的颜色。

打开一幅图像，如图6-14所示。选择"图像 > 调整 > 可选颜色"命令，弹出图6-15所示的"可选颜色"对话框，对选项进行的设置如图6-16所示。单击"确定"按钮，效果如图6-17所示。

图 6-14

图 6-15

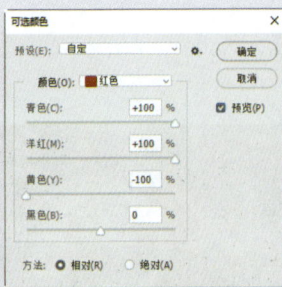

图 6-16   图 6-17

颜色：可以用于选择图像中含有的不同色彩，通过拖曳滑块调整青色、洋红、黄色、黑色的百分比。方法：用于确定调整方法是"相对"还是"绝对"。

6.1.4　色彩平衡

选择"图像 > 调整 > 色彩平衡"命令，或按Ctrl+B组合键，弹出"色彩平衡"对话框，如图6-18所示。

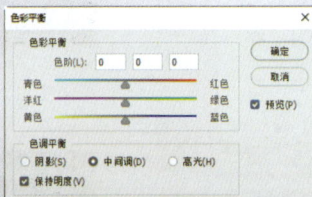

图 6-18

色彩平衡：用于添加过渡色来平衡色彩效果，通过拖曳滑块或在"色阶"选项的文本框中直接输入数值调整图像色彩。色调平衡：用于选取图像的阴影、中间调和高光。保持明度：用于保持原图像的明度。

设置不同的色彩平衡参数后，单击"确定"按钮，效果如图6-19所示。

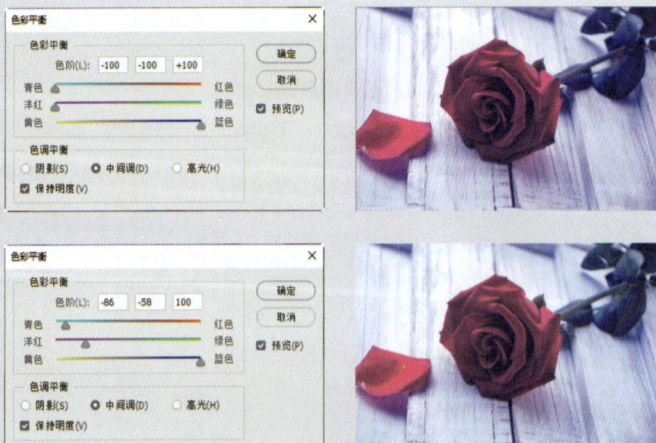

图 6-19

6.1.5　课堂案例——制作媒体娱乐类公众号封面次图

【**案例学习目标**】学习使用"渐变映射"命令制作媒体娱乐类公众号封面次图。

【**案例知识要点**】使用"渐变"工具填充背景，使用"移动"工具移动图像，使用"渐变映射"命令调整人物图像，最终效果如图6-20所示。

【**效果所在位置**】云盘/Ch06/效果/制作媒体娱乐类公众号封面次图.psd。

图 6-20

（1）按Ctrl+N组合键，弹出"新建文档"对话框，设置宽度为200像素，高度为200像素，分辨率为72像素/英寸，颜色模式为RGB，背景内容为白色，单击"创建"按钮，新建一个文档。

（2）选择"渐变"工具，单击属性栏中的"点按可编辑渐变"按钮，弹出"渐变编辑器"对话框。在"位置"选项中分别输入0、50、100这3个位置点，并分别设置这3个位置点颜色的RGB值为0（255、216、203）、50（249、248、208）、100（255、216、203），如图6-21所示，单击"确定"按钮。在图像窗口中由右下角至左上角拖曳鼠标，为图像设置渐变色，效果如图6-22所示。

（3）按Ctrl+O组合键，打开云盘中的"Ch06 > 素材 >制作媒体娱乐类公众号封面次图 > 01"文件。选择"移动"工具，将01文件中的图像拖曳到新建的图像窗口中适当的位置，如图6-23所示。在"图层"面板中生成新的图层并将其命名为"人物1"，如图6-24所示。

图 6-21

图 6-22

图 6-23

图 6-24

（4）选择"图像 > 调整 > 黑白"命令，在弹出的"黑白"对话框中进行设置，如图6-25所示。单击"确定"按钮，效果如图6-26所示。

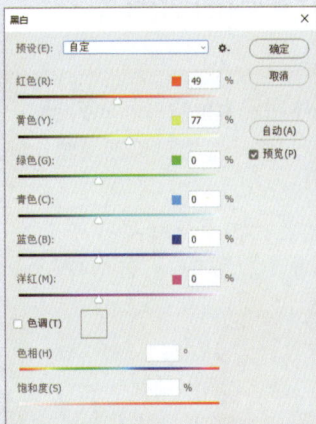

图 6-25

图 6-26

（5）在"图层"面板上方，将"人物1"图层的混合模式选项设为"正片叠底"，"不透明度"选项设为80%，如图6-27所示。按Enter键确定操作，效果如图6-28所示。

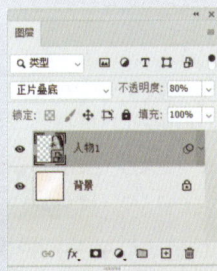

图 6-27

图 6-28

（6）选择"图像 > 调整 > 渐变映射"命令，弹出"渐变映射"对话框。单击"灰度映射所用的渐变"按钮 ▆▆▆▆▆▆ ，在弹出的"渐变编辑器"对话框中将渐变色设为从橘色（255、83、16）到白色，如图6-29所示，单击"确定"按钮，返回"渐变映射"对话框，单击"确定"按钮，效果如图6-30所示。

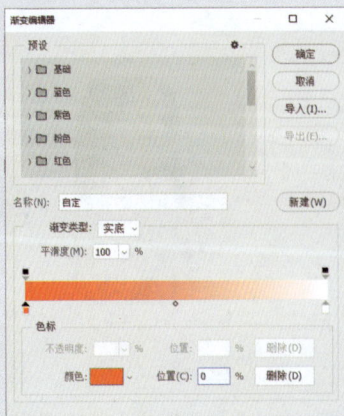

图 6-29

图 6-30

（7）单击"图层"面板下方的"添加图层蒙版"按钮 ❑ ，为图层添加蒙版，面板中的效果如图6-31所示。选择"渐变"工具 ▣ ，单击属性栏中的"点按可编辑渐变"按钮，弹出"渐变编辑器"对话框。将渐变色设为从黑色到白色，如图6-32所示，单击"确定"按钮。在01文件中的图像下方从下向上拖曳鼠标，为图像部分区域设置渐变色，效果如图6-33所示。

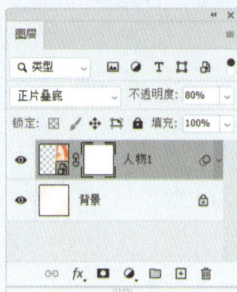
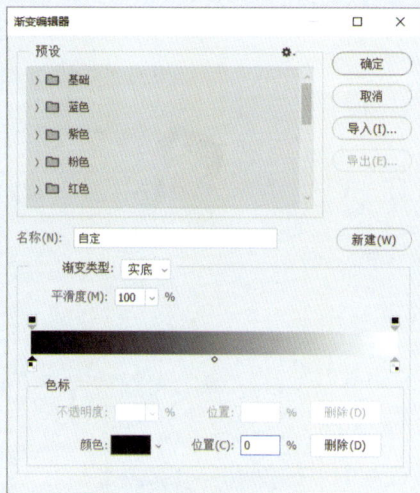

图 6-31   图 6-32   图 6-33

（8）按Ctrl＋O组合键，打开云盘中的"Ch06 > 素材 > 制作媒体娱乐类公众号封面次图 > 02"文件。选择"移动"工具 ⊕ ，将02文件中的图像拖曳到新建的图像窗口中适当的位置，如图6-34所示，在"图层"面板中生成新的图层并将其命名为"人物2"。

（9）按Ctrl+T组合键，在图像周围出现变换框，如图6-35所示。在变换框中单击鼠标右键，在弹出的快捷菜单中选择"水平翻转"命令，水平翻转图像，按Enter键确定操作，效果如图6-36所示。

图 6-34   图 6-35   图 6-36

（10）选择"图像 > 调整 > 黑白"命令，在弹出的"黑白"对话框中进行设置，如图6-37所示。单击"确定"按钮，效果如图6-38所示。

（11）在"图层"面板上方，将"人物2"图层的混合模式选项设为"正片叠底"，"不透明度"选项设为90%，如图6-39所示。按Enter键确定操作，效果如图6-40所示。

（12）选择"图像 > 调整 > 渐变映射"命令，弹出"渐变映射"对话框。单击"灰度映射所用的渐变"按钮，在弹出的"渐变编辑器"对话框中将渐变色设为从绿色（0、233、164）到白色，如图6-41所示。单击"确定"按钮，返回"渐变映射"对话框，单击"确定"按钮，效果如图6-42所示。

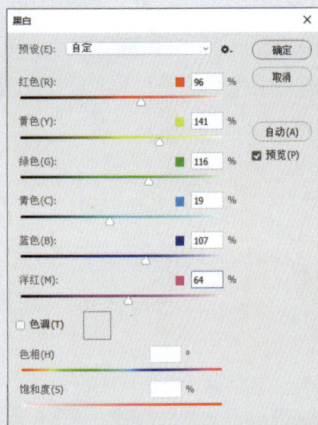

图 6-37

图 6-38

图 6-39

图 6-40

图 6-41

图 6-42

（13）按Ctrl＋O组合键，打开云盘中的"Ch06 > 素材 > 制作媒体娱乐类公众号封面次图 > 03"文件。选择"移动"工具 ⊕，将03文件中的图像拖曳到新建的图像窗口中适当的位置，效果如图6-43所示，在"图层"面板中生成新的图层并将其命名为"文字"。

（14）选择"横排文字"工具 T，在适当的位置分别添加文本框，在其中输入需要的文字并选取文字，在属性栏中单击"右对齐文本"按钮 ▤。选择"窗口 > 字符"命令，弹出"字符"面板，在面板中将"颜色"设为橙色（255、144、0），其他选项的设置分别如图6-44和图6-45所示。按Enter键确定操作，效果如图6-46所示，在"图层"面板中分别生成新的文字图层。

图 6-43

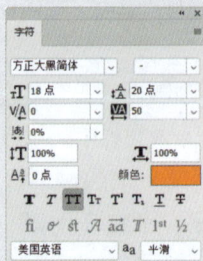

图 6-44

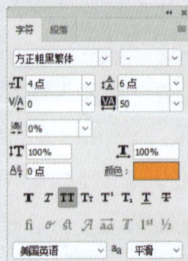

图 6-45

图 6-46

（15）在"图层"面板上方，将"拿起麦克风…一起嗨起来"图层的"不透明度"选项设为60%，如图6-47所示。按Enter键确定操作，效果如图6-48所示。至此，媒体娱乐类公众号封面次图制作完成。

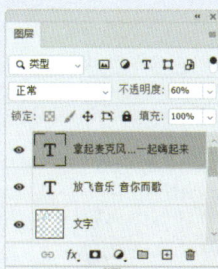

图 6-47

图 6-48

6.1.6　黑白

"黑白"命令可以用于将彩色图像转换为灰阶图像，也可以用于为灰阶图像添加单色。

6.1.7　渐变映射

"渐变映射"命令用于将图像的最暗色调和最亮色调映射为一组渐变色中的最暗色调和最亮色调。

打开一幅图像，如图6-49所示。选择"图像 > 调整 > 渐变映射"命令，弹出"渐变映射"对话框，如图6-50所示。单击"灰度映射所用的渐变"按钮，在弹出的"渐变编辑器"对话框中设置渐变色，如图6-51所示。单击"确定"按钮，返回"渐变映射"对话框，单击"确定"按钮，效果如图6-52所示。

图 6-49

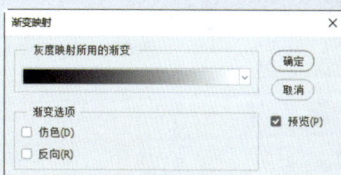

图 6-50

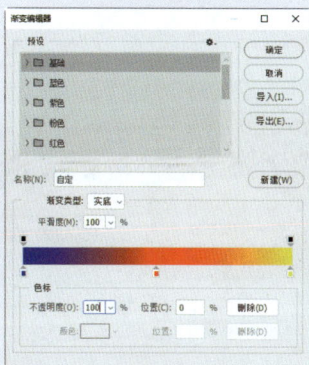

图 6-51

图 6-52

灰度映射所用的渐变：用于选择不同的渐变形式。仿色：用于为转变色调后的图像增加仿色。反向：用于将转变色调后的图像颜色反转。

6.1.8 课堂案例——制作旅游出行类公众号封面首图

【案例学习目标】学习使用调色命令调整风景画的颜色。
【案例知识要点】使用"通道混合器"命令和"黑白"命令调整图像,最终效果如图6-53所示。
【效果所在位置】云盘/Ch06/效果/制作旅游出行类公众号封面首图.psd。

微课

制作旅游出行
类公众号封面
首图

图 6-53

（1）按Ctrl+O组合键,打开云盘中的"Ch06 > 素材 > 制作旅游出行类公众号封面首图 > 01"文件,如图6-54所示。将"背景"图层拖曳到"图层"面板下方的"创建新图层"按钮 ⊞ 上进行复制,生成新的图层"背景 拷贝",面板中的效果如图6-55所示。

图 6-54

图 6-55

（2）选择"图像 > 调整 > 通道混合器"命令,在弹出的"通道混合器"对话框中进行设置,如图6-56所示。单击"确定"按钮,效果如图6-57所示。

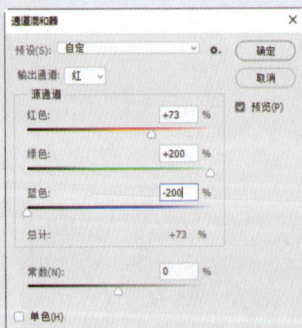

图 6-56

图 6-57

（3）按Ctrl+J组合键,复制"背景 拷贝"图层,生成新的图层并将其命名为"黑白"。选择"图像 > 调整 > 黑白"命令,在弹出的"黑白"对话框中进行设置,如图6-58所示。单击"确定"按钮,效果如图6-59所示。

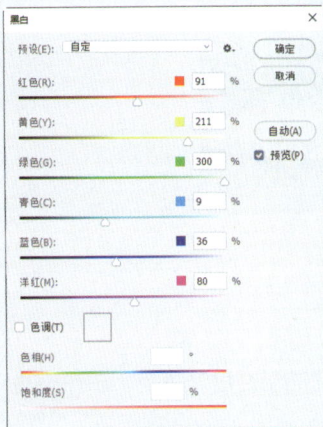

图 6-58

图 6-59

（4）在"图层"面板上方，将"黑白"图层的混合模式选项设为"滤色"，如图6-60所示，效果如图6-61所示。

图 6-60

图 6-61

（5）按住Ctrl键的同时，选择"黑白"图层和"背景 拷贝"图层。按Ctrl+E组合键，合并这两个图层并将其命名为"效果"。选择"图像 > 调整 > 色相/饱和度"命令，在弹出的"色相/饱和度"对话框中进行设置，如图6-62所示。单击"确定"按钮，效果如图6-63所示。

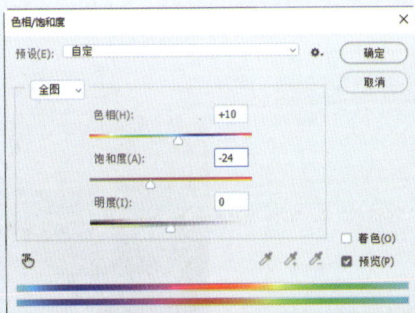

图 6-62

图 6-63

（6）按Ctrl＋O组合键，打开云盘中的"Ch06 > 素材 > 制作旅游出行类公众号封面首图 > 02"文件。选择"移动"工具，将02文件中的图像拖曳到新建的图像窗口中适当的位置，效果如图6-64所示，在"图层"面板中生成新的图层并将其命名为"文字"。至此，旅游出行类公众号封面首图制作完成。

图 6-64

6.1.9 通道混合器

打开一幅图像，如图6-65所示。选择"图像 > 调整 > 通道混合器"命令，在弹出的"通道混合器"对话框中进行设置，如图6-66所示。单击"确定"按钮，效果如图6-67所示。

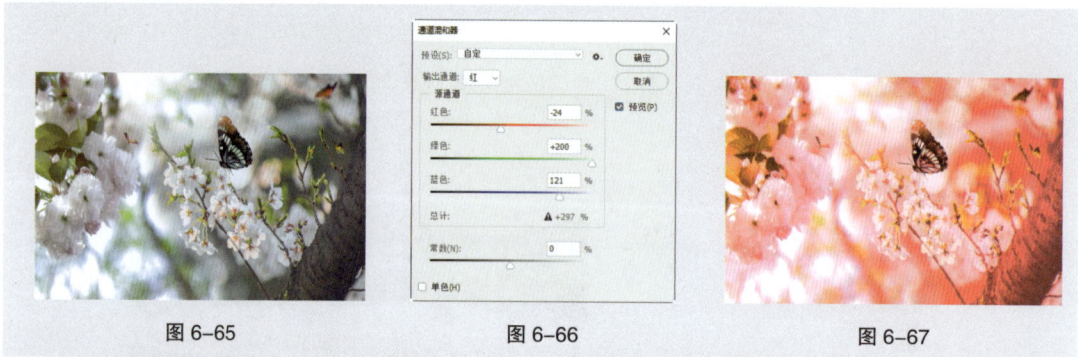

图 6-65   图 6-66   图 6-67

输出通道：用于选取要修改的通道。源通道：用于通过拖曳滑块或输入数值来调整图像。常数：用于通过拖曳滑块或输入数值来调整图像。单色：用于创建灰度模式的图像。

6.1.10 色相 / 饱和度

打开一幅图像，如图6-68所示。选择"图像 > 调整 > 色相/饱和度"命令，或按Ctrl+U组合键，在弹出的"色相/饱和度"对话框中进行设置，如图6-69所示。单击"确定"按钮，效果如图6-70所示。

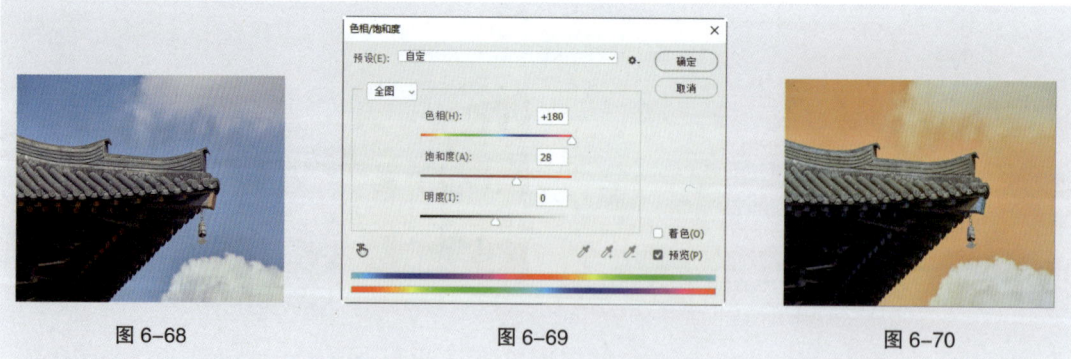

图 6-68   图 6-69   图 6-70

预设：用于选择要调整的色彩范围，可以通过拖曳各选项中的滑块或在对应的文本框中输入数值来调整图像的色相、饱和度和明度。着色：用于在由灰度模式转化而来的颜色模式图像中添加需要的颜色。

打开一幅图像，如图6-71所示，在"色相/饱和度"对话框（见图6-72）中进行设置，勾选"着色"复选框，单击"确定"按钮，效果如图6-73所示。

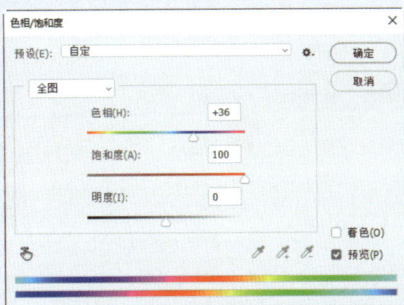

图 6-71 　　　　　　　　　　　　　　图 6-72 　　　　　　　　　　　　　　图 6-73

6.1.11　课堂案例——制作汽车工业行业活动邀请 H5 页面

【案例学习目标】学习使用调色命令调整图像。

【案例知识要点】使用"照片滤镜"命令、"色阶"命令和"亮度/对比度"命令调整图像，使用"横排文字"工具和"字符"面板添加文字，最终效果如图6-74所示。

【效果所在位置】云盘/Ch06/效果/制作汽车工业行业活动邀请H5页面.psd。

图 6-74

（1）按Ctrl+N组合键，弹出"新建文档"对话框，设置宽度为750像素，高度为1206像素，分辨率为72像素/英寸，颜色模式为RGB，背景内容为白色，单击"创建"按钮，新建一个文档。

（2）按Ctrl＋O组合键，打开云盘中的"Ch06 > 素材 > 制作汽车工业行业活动邀请H5页面 > 01"文件，如图6-75所示。选择"移动"工具，将01文件中的图像拖曳到新建的图像窗口中，在"图层"面板中生成新的图层并将其命名为"汽车"。

（3）选择"图像 > 调整 > 照片滤镜"命令，在弹出的"照片滤镜"对话框中进行设置，如图6-76所示。单击"确定"按钮，效果如图6-77所示。

（4）按Ctrl+L组合键，弹出"色阶"对话框，选项的设置如图6-78所示。单击"确定"按钮，效果如图6-79所示。

（5）选择"图像 > 调整 > 亮度/对比度"命令，在弹出的"亮度/对比度"对话框中进行设置，如图6-80所示。单击"确定"按钮，效果如图6-81所示。

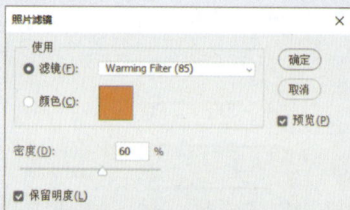

图 6-75　　　　　　　　　　图 6-76　　　　　　　　　　图 6-77

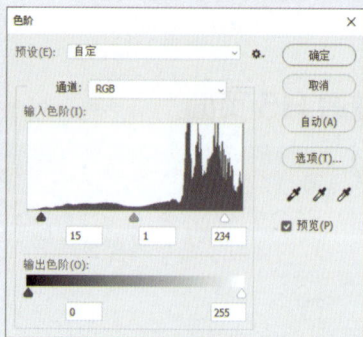

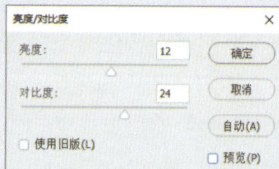

图 6-78　　　　　图 6-79　　　　　图 6-80　　　　　图 6-81

（6）选择"横排文字"工具，在适当的位置添加文本框，在其中输入需要的文字并选取文字。选择"窗口 > 字符"命令，弹出"字符"面板，在面板中将"颜色"设为白色，其他选项的设置如图6-82所示。按Enter键确定操作，效果如图6-83所示。再次在适当的位置添加文本框，在其中输入需要的文字并选取文字，在"字符"面板中进行设置，如图6-84所示。按Enter键确定操作，效果如图6-85所示，在"图层"面板中分别生成新的文字图层。至此，汽车工业行业活动邀请H5页面制作完成。

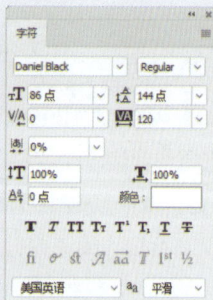

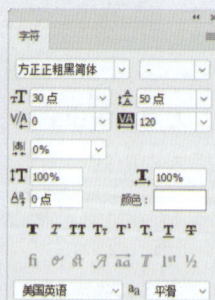

图 6-82　　　　　图 6-83　　　　　图 6-84　　　　　图 6-85

6.1.12　照片滤镜

"照片滤镜"命令用于模仿传统相机的滤镜效果处理图像，通过调整图片颜色可以获得各种丰富的效果。

打开一幅图像。选择"图像 > 调整 > 照片滤镜"命令，弹出"照片滤镜"对话框，如图6-86所示。

滤镜：用于选择颜色调整的过滤模式。颜色：单击此选项右侧的图标，会弹出"选择滤镜颜色"对话框，可以在该对话框中设置精确颜色对图像进行过滤。密度：可以通过拖动滑块或在选项右侧的文本框中输入数值设置过滤颜色的百分比。保留明度：勾选此复选框，图像的白色部分颜色保持不变；取消勾选此复选框，则图像的全部颜色都会改变，效果如图6-87所示。

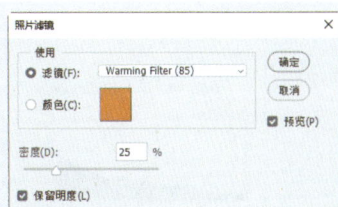

图 6-86

图 6-87

6.1.13 色阶

打开一幅图像，如图6-88所示。选择"图像 > 调整 > 色阶"命令，或按Ctrl+L组合键，弹出"色阶"对话框，如图6-89所示。对话框中间是一个直方图，其横坐标的数值范围为0～255，表示亮度值，纵坐标为图像的像素数值。

图 6-88

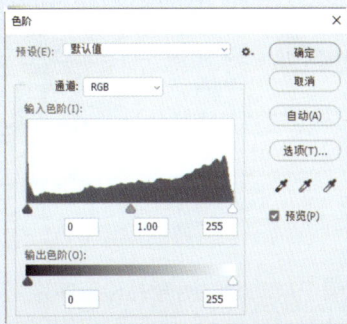

图 6-89

通道：用于选择不同的颜色通道来调整图像。

输入色阶：可以通过在对应文本框中输入数值或拖曳滑块来调整图像，左侧的文本框和黑色滑块用于调整黑色，图像中低于该亮度值的所有像素的颜色将变为黑色；中间的文本框和灰色滑块用于调整灰度，其数值范围为0.01～9.99；右侧的文本框和白色滑块用于调整白色，图像中高于该亮度值的所有像素的颜色将变为白色。调整"输入色阶"选项的3个滑块，图像将产生不同的色彩效果，如图6-90所示。

输出色阶：可以通过在文本框中输入数值或拖曳滑块来控制图像的亮度范围，左侧的文本框和黑色滑块用于调整图像中最暗像素的亮度；右侧文本框和白色滑块用于调整图像中最亮像素的亮度。调整"输出色阶"选项的两个滑块，图像将产生不同的色彩效果，如图6-91所示。

图 6-90

图 6-91

自动(A) ：用于自动调整图像并设置图像层次。 选项(T)... ：系统将以0.10％色阶来对图像进行加亮和变暗。 取消 ：按住Alt键，它将转换为 复位 按钮，可以将刚调整过的色阶复位还原，重新进行设置。 ：分别为黑色吸管工具、灰色吸管工具和白色吸管工具。用黑色吸管工具在图像中单击一点，图像中暗于单击点的所有像素的颜色都会变为黑色；用灰色吸管工具在图像中单击一点，单击点的像素的颜色都会变为灰色，图像中的其他像素的颜色也会有相应调整；用白色吸管工具在图像中单击一点，图像中亮于单击点的所有像素的颜色都会变为白色。双击任意吸管工具，可以在弹出的颜色选择对话框中设置吸管颜色。

6.1.14 亮度/对比度

"亮度/对比度"命令可以用于调整整幅图像的亮度和对比度。

打开一幅图像，如图6-92所示。选择"图像 >调整 > 亮度/对比度"命令，弹出图6-93所示的

"亮度/对比度"对话框，选项的设置如图6-94所示。单击"确定"按钮，效果如图6-95所示。

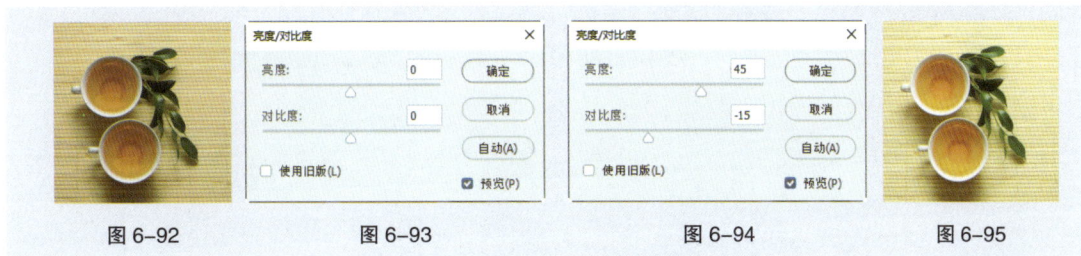

图6-92　　　　　　　　图6-93　　　　　　　　图6-94　　　　　　　　图6-95

6.1.15　课堂案例——制作餐饮行业公众号封面次图

【案例学习目标】学习使用调色命令调整食物图像。

【案例知识要点】使用"照片滤镜"命令和"阴影/高光"命令调整食物图像，使用"横排文字"工具添加文字，最终效果如图6-96所示。

【效果所在位置】云盘/Ch06/效果/制作餐饮行业公众号封面次图.psd。

图6-96

（1）按Ctrl＋O组合键，打开云盘中的"Ch06 > 素材 > 制作餐饮行业公众号封面次图 > 01"文件，如图6-97所示。按Ctrl+J组合键，复制图层，在"图层"面板中生成新的图层"图层1"，如图6-98所示。

（2）选择"图像 > 调整 > 照片滤镜"命令，在弹出的"照片滤镜"对话框中进行设置，如图6-99所示。单击"确定"按钮，效果如图6-100所示。

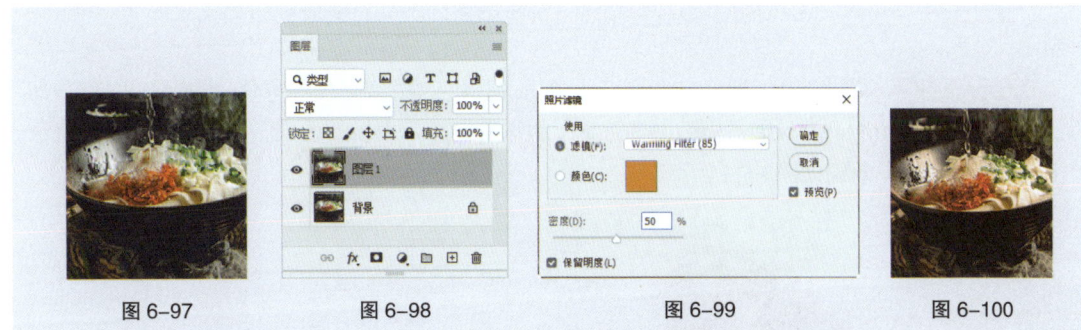

图6-97　　　　　　　　图6-98　　　　　　　　图6-99　　　　　　　　图6-100

（3）选择"图像 > 调整 > 阴影/高光"命令，弹出"阴影/高光"对话框，勾选"显示更多选项"复选框，显示更多的选项，选项的设置如图6-101所示。单击"确定"按钮，图像效果如图6-102所示。

（4）选择"横排文字"工具 T ，在适当的位置添加文本框，在其中输入需要的文字并选取文字。选择"窗口 > 字符"命令，弹出"字符"面板，在面板中将"颜色"设为白色，其他选项的设置如图6-103所示。按Enter键确定操作，效果如图6-104所示，在"图层"面板中会生成新的文字图层。

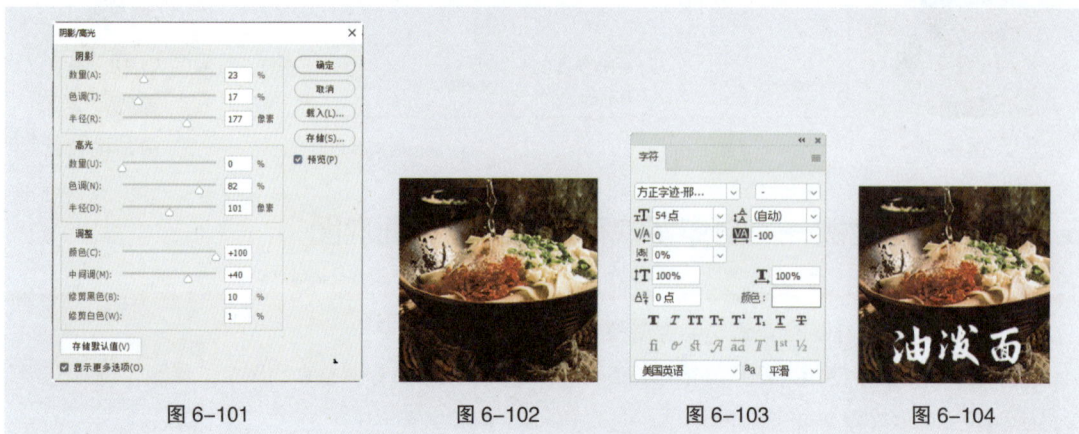

| 图 6-101 | 图 6-102 | 图 6-103 | 图 6-104 |

（5）再次在适当的位置添加文本框，在其中输入需要的文字并选取文字，在"字符"面板中进行设置，如图6-105所示，效果如图6-106所示。在"图层"面板中生成新的文字图层，用相同的方法制作出图6-107所示的效果。至此，餐饮行业公众号封面次图制作完成。

| 图 6-105 | 图 6-106 | 图 6-107 |

6.1.16　阴影与高光

"阴影/高光"命令用于快速改善图像中曝光过度或曝光不足区域的对比度，同时保持整体的平衡。

打开一幅图像，如图6-108所示。选择"图像 > 调整 > 阴影/高光"命令，弹出"阴影/高光"对话框，如图6-109所示，勾选"显示更多选项"复选框，显示更多的选项，设置如图6-110所示。单击"确定"按钮，效果如图6-111所示。

| 图 6-108 | 图 6-109 |

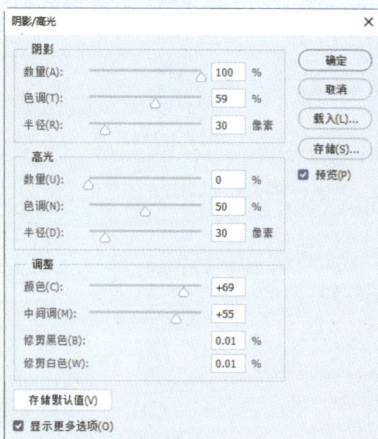

图 6-110

图 6-111

6.1.17　课堂案例——制作食品餐饮行业产品介绍 H5 页面

【案例学习目标】学习使用"HDR色调"命令制作食品餐饮行业产品介绍H5。

【案例知识要点】使用"HDR色调"命令调整图像，最终效果如图6-112所示。

【效果所在位置】云盘/Ch06/效果/制作食品餐饮行业产品介绍H5页面.psd。

图 6-112

微课

制作食品餐饮
行业产品介绍
H5 页面

（1）按Ctrl+N组合键，弹出"新建文档"对话框，设置宽度为750像素，高度为1206像素，分辨率为72像素/英寸，颜色模式为RGB，背景内容为白色，单击"创建"按钮，新建一个文档。

（2）按Ctrl+O组合键，打开云盘中的"Ch06 > 素材 > 制作食品餐饮行业产品介绍H5页面 > 01"文件，如图6-113所示。选择"移动"工具 ⊕，将01文件中的图像拖曳到新建的图像窗口中，在"图层"面板中生成新的图层并将其命名为"蛋糕"。

（3）选择"图像 > 调整 > HDR色调"命令，在弹出的"HDR色调"对话框中进行设置，如图6-114所示。单击"色调曲线和直方图"左侧的按钮 ▶，在展开的曲线上单击以添加一个控制点，将"输入"选项设为84，"输出"选项设为84，如图6-115所示。在曲线上单击以添加另一个控制点，将"输入"选项设为26，"输出"选项设为16，如图6-116所示。单击"确定"按钮，效果如图6-117所示。

图 6-113

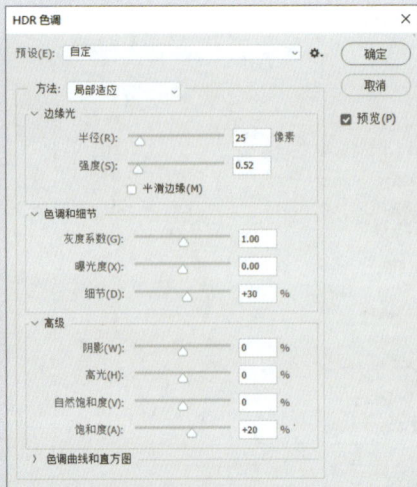

图 6-114

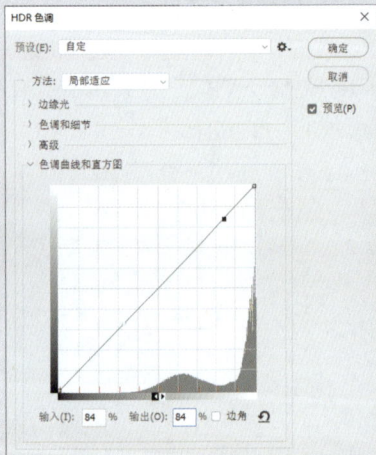

图 6-115

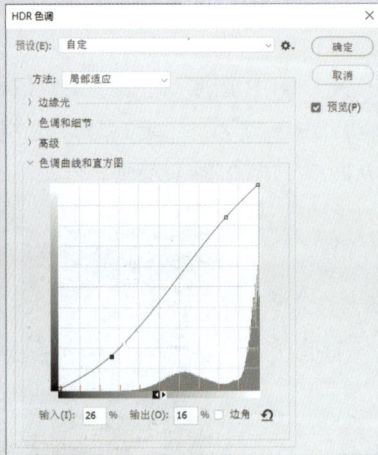

图 6-116

图 6-117

（4）选择"横排文字"工具，在适当的位置添加文本框，在其中输入需要的文字并选取文字。选择"窗口 > 字符"命令，弹出"字符"面板，在面板中将"颜色"设为白色，其他选项的设置如图6-118所示。按Enter键确定操作，效果如图6-119所示，在"图层"面板中生成新的文字图层。

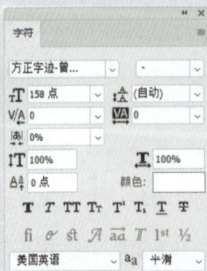

图 6-118

图 6-119

（5）单击"图层"面板下方的"添加图层样式"按钮 *fx*，在弹出的菜单中选择"投影"命令，弹出"图层样式"对话框。在"投影"设置界面中，将投影颜色设为黑色，其他选项的设置如图6-120所示。单击"确定"按钮，效果如图6-121所示。

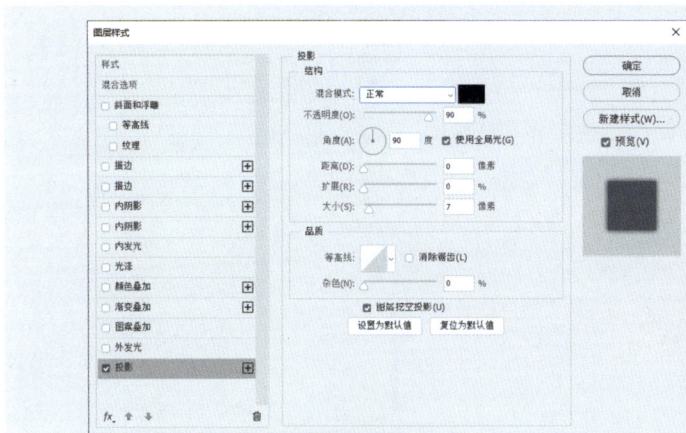 

| 图 6-120 | 图 6-121 |

（6）用相同的方法输入其他文字，并应用"投影"样式，如图6-122所示。至此，食品餐饮行业产品介绍H5页面制作完成。

图 6-122

6.1.18　HDR 色调

打开一幅图像，如图6-123所示。选择"图像 > 调整 > HDR色调"命令，弹出"HDR色调"对话框，如图6-124所示。在该对话框中可以改变图像"HDR"的对比度和曝光度。

边缘光：用于控制调整的范围和强度。色调和细节：用于调节图像曝光度，以及其在阴影、高光中细节的呈现。高级：用于调节图像色彩饱和度。色调曲线和直方图：显示照片直方图，并提供用于调整图像色调的曲线。

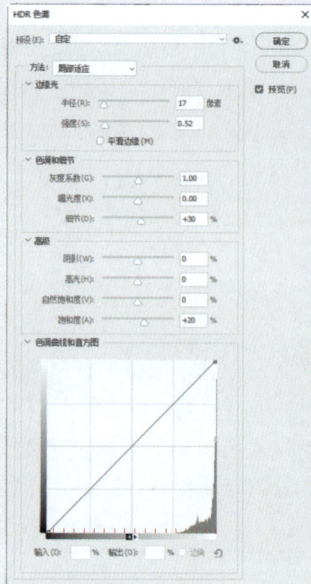

图 6-123　　　　　　　　　　　　　　　　图 6-124

6.2　特殊颜色处理

6.2.1　课堂案例——制作舞蹈培训类公众号运营海报

【案例学习目标】学习使用"去色"命令制作舞蹈培训类公众号运营海报。

【案例知识要点】使用"去色"命令、"色阶"命令和"亮度/对比度"命令改变图像色调，最终效果如图6-125所示。

【效果所在位置】云盘/Ch06/效果/制作舞蹈培训类公众号运营海报.psd。

图 6-125

（1）按Ctrl+N组合键，弹出"新建文档"对话框，设置宽度为750像素，高度为1181像素，分辨率为72像素/英寸，颜色模式为RGB，背景内容为白色，单击"创建"按钮，新建一个文档。

（2）按Ctrl+O组合键，打开云盘中的"Ch06 > 素材 > 制作舞蹈培训类公众号运营海报 > 01"文件，如图6-126所示。选择"移动"工具➕，将01文件中的图像拖曳到新建的图像窗口中，在"图层"面板中生成新的图层并将其命名为"人物"。

（3）选择"图像 > 调整 > 去色"命令，去除图像颜色，效果如图6-127所示。

（4）按Ctrl+L组合键，弹出"色阶"对话框，选项的设置如图6-128所示。单击"确定"按钮，效果如图6-129所示。

  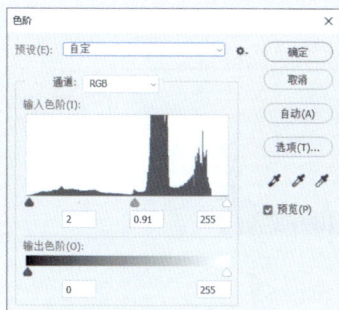 

图 6-126　　　　　　图 6-127　　　　　　　　图 6-128　　　　　　　　图 6-129

（5）选择"图像 > 调整 > 亮度/对比度"命令，在弹出的"亮度/对比度"对话框中进行设置，如图6-130所示。单击"确定"按钮，效果如图6-131所示。

（6）按Ctrl+O组合键，打开云盘中的"Ch06 > 素材 > 制作舞蹈培训类公众号运营海报 > 02"文件，如图6-132所示。选择"移动"工具➕，将02文件中的图像拖曳到新建的图像窗口中，在"图层"面板中生成新的图层并将其命名为"文字"。至此，舞蹈培训类公众号运营海报制作完成。

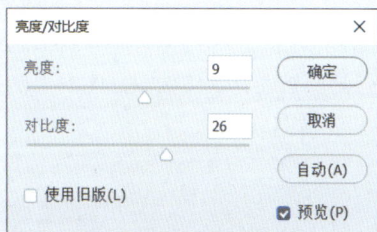  

图 6-130　　　　　　　　　　图 6-131　　　　　　　图 6-132

6.2.2　去色

选择"图像 > 调整 > 去色"命令，或按Shift+Ctrl+U组合键，可以去除图像中的色彩，使图像变为灰度图像，但图像的颜色模式并不改变。"去色"命令可以对图像的选区使用，并对选区中的图像进行去除色彩的处理。

6.2.3　阈值

"阈值"命令可以提高图像色调的反差度。

打开一幅图像，如图6-133所示。选择"图像 > 调整 > 阈值"命令，弹出图6-134所示的"阈值"对话框，选项的设置如图6-135所示。单击"确定"按钮，效果如图6-136所示。

图 6-133

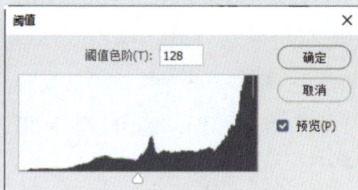
图 6-134

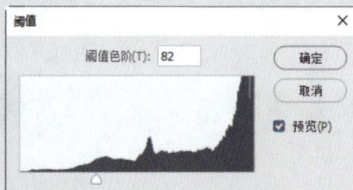
图 6-135

图 6-136

阈值色阶：可以用于改变图像的阈值，系统将使大于阈值的像素的颜色变为白色，小于阈值的像素的颜色变为黑色，使图像具有高度反差。

6.3　动作面板调色

6.3.1　课堂案例——制作媒体娱乐类公众号封面首图

【案例学习目标】学习使用"动作"面板调整图像颜色。

【案例知识要点】使用外挂动作制作媒体娱乐类公众号封面首图，最终效果如图6-137所示。

【效果所在位置】云盘/Ch06/制作媒体娱乐类公众号封面首图.psd。

图 6-137

（1）按Ctrl＋O组合键，打开云盘中的"Ch06 > 素材 > 制作媒体娱乐类公众号封面首图 > 01"文件，如图6-138所示。选择"窗口 > 动作"命令，弹出"动作"面板，如图6-139所示。

（2）单击面板右上方的▤图标，在弹出的菜单中选择"载入动作"命令，在弹出的对话框中选择云盘中的"Ch06 > 素材 > 制作媒体娱乐类公众号封面首图 > 02"文件，单击"载入"按钮载入动作组09，如图6-140所示。单击"09"动作组左侧的按钮，查看动作应用的步骤，如图6-141所示。

图 6-138

图 6-139

图 6-141

图 6-140

（3）选择"动作"面板中新动作的第一步，单击下方的"播放选定的动作"按钮 ▶，效果如图6-142所示。

（4）按Ctrl+O组合键，打开云盘中的"Ch06 > 素材 > 制作媒体娱乐类公众号封面首图 > 03"文件。选择"移动"工具 ⊕，将03文件中的图像拖曳到01文件的图像窗口中，效果如图6-143所示，在"图层"面板中生成新图层并将其命名为"文字"。至此，媒体娱乐类公众号封面首图制作完成。

图 6-142

图 6-143

6.3.2　"动作"面板

"动作"面板可以对一批需要进行相同处理的图像执行批处理操作，以减少重复操作。

选择"窗口 > 动作"命令，或按Alt+F9组合键，弹出"动作"面板，如图6-144所示。该面板中包括"停止播放／记录"按钮 ▪、"开始记录"按钮 ●、"播放选定的动作"按钮 ▶、"创建新组"按钮 ▫、"创建新动作"按钮 ⊞、"删除"按钮 🗑。

单击"动作"面板右上方的 ≡ 图标，弹出其对应的菜单，如图6-145所示。

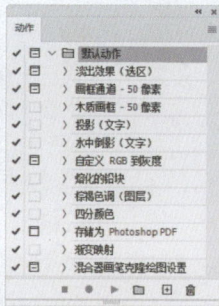

图 6-144

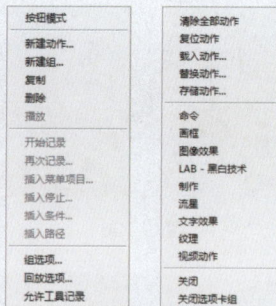

图 6-145

6.4　课堂练习——制作摄影摄像类公众号封面首图

【习题知识要点】使用"色相/饱和度"命令、"曲线"命令和"照片滤镜"命令这些可选颜色命令调整图片的颜色，最终效果如图6-146所示。

【效果所在位置】云盘/Ch06/效果/制作摄影摄像类公众号封面首图.psd。

微课

制作摄影摄像类
公众号封面首图

图 6-146

6.5　课后习题——制作音乐会宣传海报

【习题知识要点】使用照片滤镜调整层调整背景颜色，使用图层样式为图片添加特殊效果，使用"直排文字"工具添加文字信息，最终效果如图6-147所示。

【效果所在位置】云盘/Ch06/效果/制作音乐会宣传海报.psd。

微课

制作音乐会
宣传海报

图 6-147

第 7 章

合成

▶ 本章介绍

　　通过应用Photoshop，可以将图像中原本不可能在一起的东西合成到一起，实现设计师丰富的想象力，使作品更具创意。本章主要介绍图层的混合模式、图层蒙版、剪贴蒙版、矢量蒙版和快速蒙版的应用。通过本章的学习，学生可以了解和掌握合成的方法与技巧，制作出更加独特、更具视觉冲击力的作品。

学习目标

- 掌握图层混合模式的应用方法。
- 掌握不同蒙版的应用技巧。

微课

第 7 章简介

技能目标

- 掌握家电网站首页Banner的制作方法。
- 掌握饰品类公众号封面首图的制作方法。
- 掌握服装App主页Banner的制作方法。
- 掌握房屋地产类公众号封面次图的制作方法。
- 掌握婚纱摄影类公众号封面首图的制作方法。

素养目标

- 培养学生的想象力。
- 培养学生的创新思维。

7.1 图层混合模式

图层混合模式在图像处理及效果制作中被广泛应用，在多个图像合成方面更有其独特的作用及灵活性。

7.1.1 课堂案例——制作家电网站首页 Banner

【案例学习目标】学习使用图层混合模式和图层蒙版命令调整图像。

【案例知识要点】使用"移动"工具添加图片，使用图层混合模式和图层蒙版命令制作火焰，最终效果如图7-1所示。

【效果所在位置】云盘/Ch07/效果/制作家电网站首页Banner.psd。

图 7-1

（1）按Ctrl+N组合键，弹出"新建文档"对话框，设置宽度为1920像素，高度为800像素，分辨率为72像素/英寸，颜色模式为RGB，背景内容设为深灰色（33、33、33），单击"创建"按钮，新建一个文档，效果如图7-2所示。

（2）按Ctrl+O组合键，打开云盘中的"Ch07 > 素材 > 制作家电网站首页Banner > 01、02"文件。选择"移动"工具 ⊕ ，分别将01和02文件中的图像拖曳到新建的图像窗口中适当的位置，效果如图7-3所示，在"图层"面板中分别生成新图层并将其命名为"电暖气"和"火圈"。

图 7-2

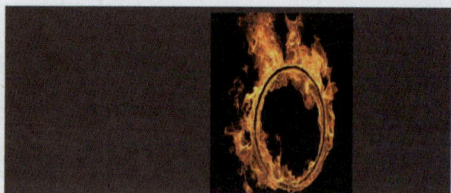

图 7-3

（3）在"图层"面板上方，将"火圈"图层的混合模式选项设为"滤色"，如图7-4所示，图像效果如图7-5所示。

（4）单击"图层"面板下方的"添加图层蒙版"按钮 ▢ ，为"火圈"图层添加图层蒙版，如图7-6所示。将前景色设为黑色。选择"画笔"工具 ✐ ，在属性栏中单击"画笔"选项，弹出画笔面板。在面板中选择需要的画笔形状，将"大小"选项设为300像素，如图7-7所示。在图像窗口中拖曳鼠标擦除不需要的图像，效果如图7-8所示。

（5）按Ctrl+O组合键，打开云盘中的"Ch07 > 素材 > 制作家电网站首页Banner > 03"文件。选择"移动"工具 ⊕，将03文件中的图像拖曳到新建的图像窗口中适当的位置，效果如图7-9所示，在"图层"面板中生成新图层并将其命名为"火焰"。

（6）在"图层"面板上方，将"火焰"图层的混合模式选项设为"滤色"。单击"图层"面板下方的"添加图层蒙版"按钮 ▣，为"火焰"图层添加图层蒙版。选择"画笔"工具 ✎，擦除不需要的图像，效果如图7-10所示。用相同的方法，用04文件制作出图7-11所示的效果。

图7-4

图7-5

图7-6

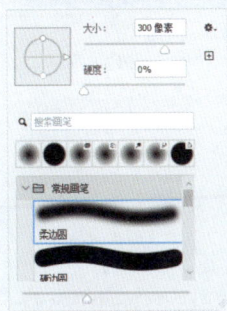

图7-7

图7-8

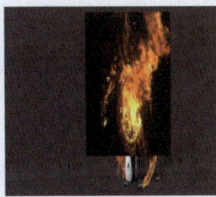

图7-9

图7-10

图7-11

（7）按Ctrl+O组合键，打开云盘中的"Ch07 > 素材 > 制作家电网站首页Banner > 05"文件。选择"移动"工具 ⊕，将05文件中的图像拖曳到图像窗口中适当的位置，并调整其大小，效果如图7-12所示，在"图层"面板中生成新图层并将其命名为"文字"。

（8）在"图层"面板上方，将"文字"图层的混合模式选项设为"变亮"，图像效果如图7-13所示。至此，家电网站首页Banner制作完成。

图7-12

图7-13

7.1.2　图层混合模式

图层混合模式中的各种设置决定了当前图层中的图像与下面图层中的图像以何种模式进行混合。在面板上方，单击 正常 选项设定图层的混合模式，其中包含27种模式。打开一幅图像，如图7-14所示，"图层"面板如图7-15所示。

图 7-14

图 7-15

在对"鲸鱼"图层应用不同的图层混合模式后，效果如图7-16所示。

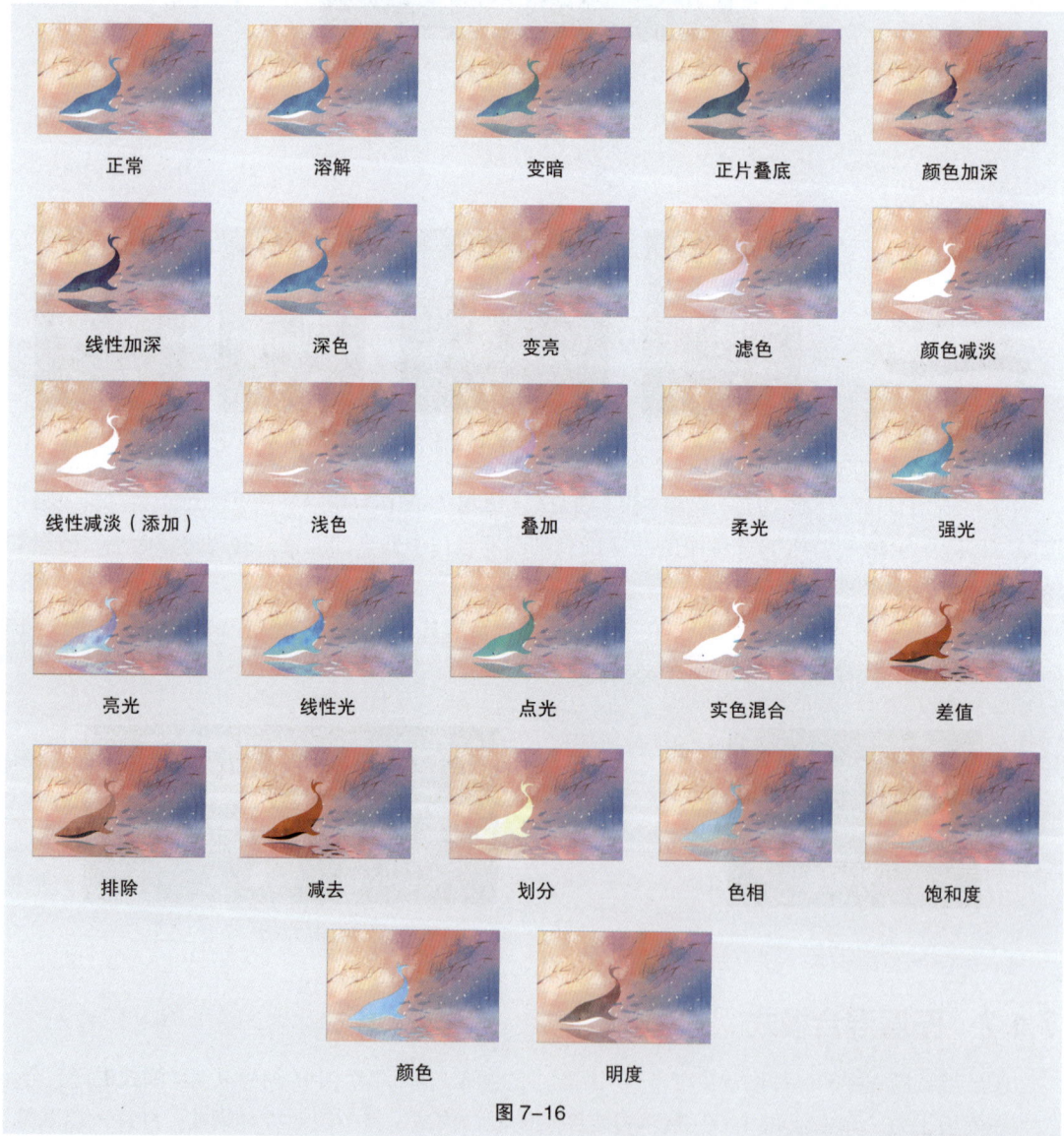

| 正常 | 溶解 | 变暗 | 正片叠底 | 颜色加深 |

| 线性加深 | 深色 | 变亮 | 滤色 | 颜色减淡 |

| 线性减淡（添加） | 浅色 | 叠加 | 柔光 | 强光 |

| 亮光 | 线性光 | 点光 | 实色混合 | 差值 |

| 排除 | 减去 | 划分 | 色相 | 饱和度 |

| 颜色 | 明度 |

图 7-16

7.2 蒙版

7.2.1 课堂案例——制作饰品类公众号封面首图

【案例学习目标】学习使用图层混合模式和图层蒙版命令调整图像。

【案例知识要点】使用图层的混合模式制作融合图片，使用"变换"命令、图层蒙版和"渐变"工具制作倒影，最终效果如图7-17所示。

【效果所在位置】云盘/Ch07/效果/制作饰品类公众号封面首图.psd。

图 7-17

（1）按Ctrl+O组合键，打开云盘中的"Ch07 > 素材 > 制作饰品类公众号封面首图 > 01、02"文件。选择"移动"工具 ⊕.，将02文件中的图像拖曳到01文件的图像窗口中适当的位置，效果如图7-18所示，在"图层"面板中生成新图层并将其命名为"齿轮"。

（2）在"图层"面板上方，将"齿轮"图层的混合模式选项设为"正片叠底"，如图7-19所示，图像效果如图7-20所示。

图 7-18

图 7-19

图 7-20

（3）按Ctrl+O组合键，打开云盘中的"Ch07 > 素材 > 制作饰品类公众号封面首图 > 03"文件。选择"移动"工具 ⊕.，将03文件中的图像拖曳到01文件的图像窗口中适当的位置，效果如图7-21所示，在"图层"面板中生成新图层并将其命名为"手表1"。

（4）按Ctrl+J组合键，复制图层，在"图层"面板中生成新的图层"手表1 拷贝"，将其拖曳到"手表1"图层的下方，如图7-22所示。

（5）按Ctrl+T组合键，在图像周围出现变换框。在变换框中单击鼠标右键，在弹出的快捷菜单中选择"垂直翻转"命令，垂直翻转图像，并将其拖曳到适当的位置，按Enter键确定操作，效果如图7-23所示。单击"图层"面板下方的"添加图层蒙版"按钮 ▢，为图层添加蒙版，如图7-24所示。

（6）选择"渐变"工具 ，单击属性栏中的"点按可编辑渐变"按钮 ，弹出"渐变编辑器"对话框。将渐变色设为从黑色到白色，如图7-25所示，单击"确定"按钮。在图像下方从下向上拖曳鼠标，为图像部分区域设置渐变色，效果如图7-26所示。

图 7-21

图 7-22

图 7-23

图 7-24

图 7-25

图 7-26

（7）按Ctrl+O组合键，打开云盘中的"Ch07 > 素材 > 制作饰品类公众号封面首图 > 04"文件。选择"移动"工具 ，将04文件中的图像拖曳到01文件的图像窗口中适当的位置，效果如图7-27所示，在"图层"面板中生成新图层并将其命名为"手表2"。

（8）按Ctrl+J组合键，复制图层，在"图层"面板中生成新的图层"手表2 拷贝"，将其拖曳到"手表2"图层的下方。用上述的方法垂直翻转图像，添加图层蒙版，并拖曳鼠标，为图像设置渐变色效果，制作出图7-28所示的效果。

（9）按Ctrl+O组合键，打开云盘中的"Ch07 > 素材 > 制作饰品类公众号封面首图 > 05"文件。选择"移动"工具 ，将05文件中的图像拖曳到01文件的图像窗口中适当的位置，效果如图7-29所示，在"图层"面板中生成新图层并将其命名为"文字"。至此，饰品类公众号封面首图制作完成。

图 7-27

图 7-28

图 7-29

7.2.2 添加图层蒙版

单击"图层"面板下方的"添加图层蒙版"按钮 ▢ （见图7-30），可以为图层添加蒙版。按住 Alt键的同时，单击"图层"面板下方的"添加图层蒙版"按钮 ▢ ，可以为图层添加遮盖全图层的蒙版，"图层"面板效果如图7-31所示。

图 7-30

图 7-31

选择"图层 > 图层蒙版 > 显示全部"命令，也可以为图层添加蒙版。选择"图层 > 图层蒙版 > 隐藏全部"命令，也可以为图层添加遮盖全图层的蒙版。

7.2.3 隐藏图层蒙版

按住Alt键的同时，单击图层蒙版缩览图，图像将被隐藏，只显示图层蒙版缩览图中的效果，如图7-32所示，"图层"面板效果如图7-33所示。按住Alt键的同时，再次单击图层蒙版缩览图，将恢复图像。按住Alt+Shift组合键的同时，单击图层蒙版缩览图，将同时显示图像和图层蒙版的内容。

图 7-32

图 7-33

7.2.4 图层蒙版的链接

在"图层"面板中图层缩览图与图层蒙版缩览图之间存在链接图标⧉，在图层图像与蒙版关联的情况下，移动图像时蒙版会同步移动；单击链接图标⧉，将不显示此图标，此时可以分别对图像与蒙版进行操作。

7.2.5 应用及删除图层蒙版

在"通道"面板中，双击"蝴蝶 蒙版"通道，弹出"图层蒙版显示选项"对话框，如图7-34所示，在该对话框中可以对蒙版的颜色和不透明度进行设置。

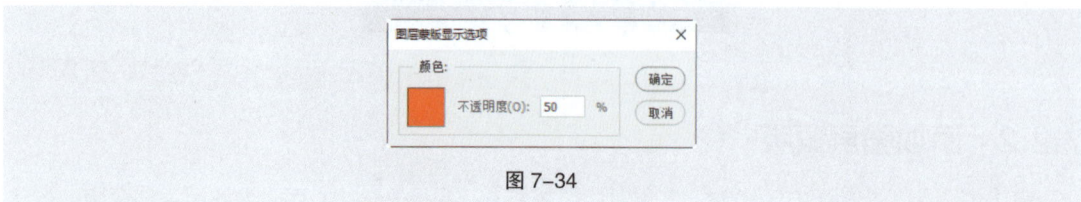

图 7-34

选择"图层 > 图层蒙版 > 停用"命令，或在按住Shift键的同时，单击"图层"面板中的图层蒙版缩览图，图层蒙版被停用，"图层"面板效果如图7-35所示，图像全部显示效果如图7-36所示。按住Shift键的同时，再次单击图层蒙版缩览图，将恢复图层蒙版的使用，效果如图7-37所示。

图 7-35   图 7-36   图 7-37

选择"图层 > 图层蒙版 > 删除"命令，或在图层蒙版缩览图上单击鼠标右键，在弹出的快捷菜单中选择"删除图层蒙版"命令，即可将图层蒙版删除。

7.2.6 课堂案例——制作服装 App 主页 Banner

【案例学习目标】学习使用图层蒙版和剪贴蒙版制作服装App主页Banner。

【案例知识要点】使用"椭圆"工具和创建剪贴蒙版命令制作照片，最终效果如图7-38所示。

【效果所在位置】云盘/Ch07/效果/制作服装App主页Banner.psd。

微课

制作服装 App
主页 Banner

图 7-38

（1）按Ctrl+N组合键，弹出"新建文档"对话框，设置宽度为750像素，高度为200像素，分辨率为72像素/英寸，颜色模式为RGB，背景内容设为灰色（224、223、221），单击"创建"按钮，新建一个文档。

（2）按Ctrl+O组合键，打开云盘中的"Ch07 > 素材 > 制作服装App主页Banner > 01"文件。选择"移动"工具 ⊕，将01文件中的图像拖曳到新建的图像窗口中适当的位置，效果如图7-39所示，在"图层"面板中生成新图层并将其命名为"人物"。

图7-39

（3）单击"图层"面板下方的"添加图层蒙版"按钮 ▢，为图层添加蒙版。将前景色设为黑色。选择"画笔"工具 ✐，在属性栏中单击"画笔"选项，弹出画笔选择面板，选择需要的画笔形状，将"大小"选项设为100像素，如图7-40所示。在图像窗口中拖曳鼠标擦除不需要的图像，效果如图7-41所示。

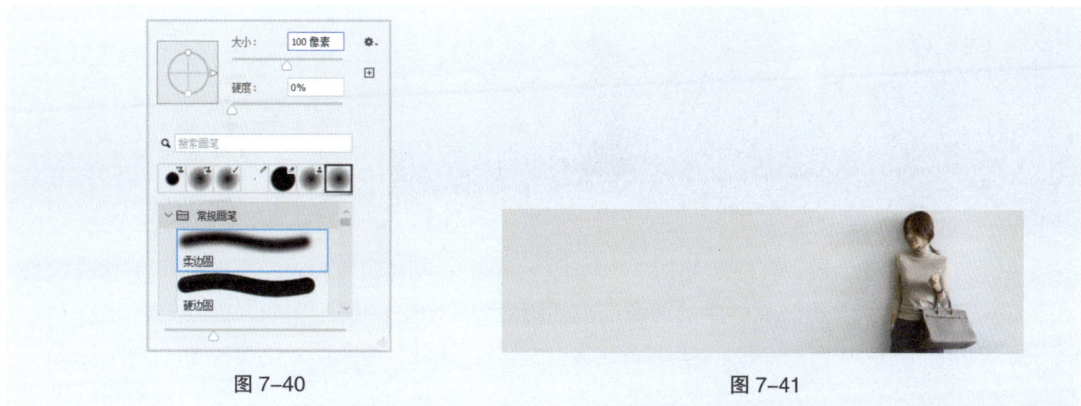

图7-40

图7-41

（4）选择"椭圆"工具 ◯，将属性栏中的"选择工具模式"选项设为"形状"，"填充"颜色设为白色，"描边"颜色设为无。按住Shift键的同时，在图像窗口中适当的位置绘制圆，如图7-42所示，在"图层"面板中生成新的形状图层"椭圆1"。

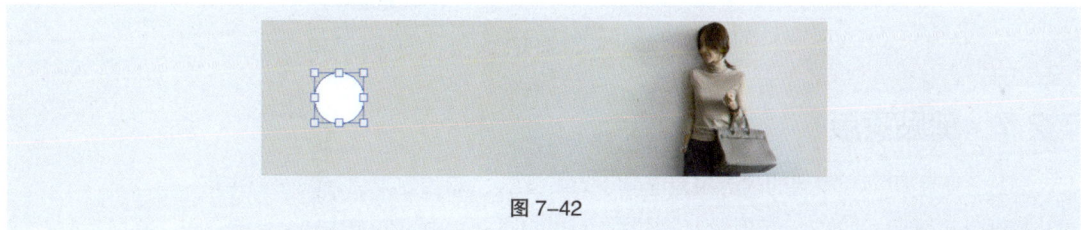

图7-42

（5）选择"文件 > 置入嵌入对象"命令，弹出"置入嵌入的对象"对话框。选择云盘中的"Ch07 > 素材 > 制作服装App主页Banner > 02"文件，单击"置入"按钮，将02文件中的图像置入图像窗口。将其拖曳到适当的位置并调整其大小，按Enter键确定操作，在"图层"面板中生成新图层并将其命名为"图1"。按Alt+Ctrl+G组合键，为图层创建剪贴蒙版，效果如图7-43所示。

（6）按住Shift键的同时，单击"椭圆1"图层，将需要的图层同时选取。按Ctrl+G组合键，编组图层并将其命名为"模特1"，如图7-44所示。

图 7-43

图 7-44

（7）用步骤（4）～（6）所述方法分别制作"模特2"和"模特3"图层组，图像效果如图7-45所示，"图层"面板如图7-46所示。

图 7-45

图 7-46

（8）按Ctrl+O组合键，打开云盘中的"Ch07 > 素材 > 制作服装App主页Banner > 05"文件。选择"移动"工具 ⊕，将05文件中的图像拖曳到新建的图像窗口中适当的位置，效果如图7-47所示，在"图层"面板中生成新图层并将其命名为"文字"。至此，服装App主页Banner制作完成。

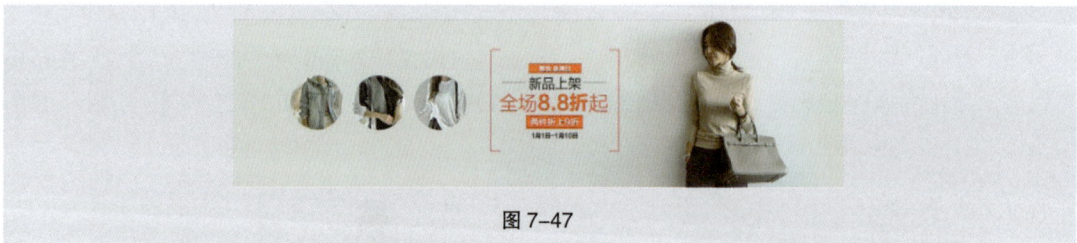

图 7-47

7.2.7　剪贴蒙版

剪贴蒙版使用某个图层的内容来遮盖其下方的图层，遮盖效果由基底图层决定。

打开一幅图像，如图7-48所示，"图层"面板如图7-49所示。按住Alt键的同时，将鼠标指针放置到"图片"和"形状"的中间位置，鼠标指针变为↓□图标，如图7-50所示。

单击以创建剪贴蒙版，如图7-51所示，效果如图7-52所示。选择"移动"工具 ⊕，移动图像，效果如图7-53所示。

图 7-48

图 7-49

图 7-50

图 7-51

图 7-52

图 7-53

选中剪贴蒙版组上方的图层，选择"图层 > 释放剪贴蒙版"命令，或按Alt+Ctrl+G组合键，取消剪贴蒙版。

7.2.8　课堂案例——制作房屋地产类公众号封面次图

【案例学习目标】学习使用矢量蒙版制作房屋地产类公众号封面次图。

【案例知识要点】使用"矢量蒙版"命令为图层添加矢量蒙版，最终效果如图7-54所示。

【效果所在位置】云盘/Ch07/效果/制作房屋地产类公众号封面次图.psd。

微课
制作房屋地产类
公众号封面次图

图 7-54

（1）按Ctrl+N组合键，弹出"新建文档"对话框，设置宽度为200像素，高度为200像素，分辨率为72像素/英寸，颜色模式为RGB，背景内容设为白色，单击"创建"按钮，新建一个文档。

（2）按Ctrl+O组合键，打开云盘中的"Ch07 > 素材 > 制作房屋地产公众号封面次图 > 01、02"文件。选择"移动"工具 ⊕，分别将01和02文件中的图像拖曳到新建的图像窗口中适当的位置，效果如图7-55所示。在"图层"面板中生成新的图层并将其命名为"图片"和"图标"，如图7-56所示。

图 7-55

图 7-56

（3）按住Ctrl键的同时，单击"图标"图层的缩览图，图像周围生成选区。单击"图标"图层左侧的👁图标，隐藏该图层，如图7-57所示，效果如图7-58所示。

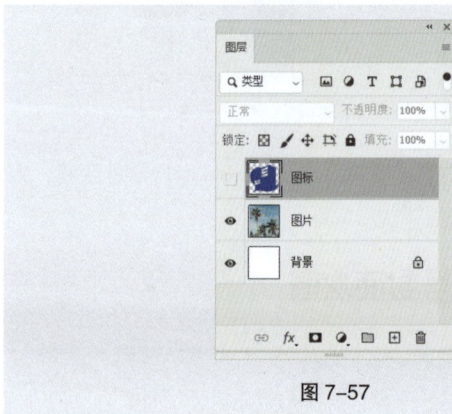

图 7-57

图 7-58

（4）选择"窗口 > 路径"命令，弹出"路径"面板。单击"从选区生成工作路径"按钮◇，将选区转换为路径，效果如图7-59所示。

（5）选中"图片"图层，选择"图层 > 矢量蒙版 > 当前路径"命令，创建矢量蒙版，效果如图7-60所示。至此，房屋地产类公众号封面次图制作完成。

图 7-59

图 7-60

7.2.9　矢量蒙版

打开一幅图像，如图7-61所示。选择"自定形状"工具🔳，在属性栏中的"选择工具模式"选项中选择"路径"选项，在形状选择面板中选中"模糊点1"图形，如图7-62所示。

图 7-61

图 7-62

在图像窗口中绘制路径，如图7-63所示。选中"图层0"图层，选择"图层 > 矢量蒙版 > 当前路径"命令，为图层添加矢量蒙版，"图层"面板效果如图7-64所示，图像效果如图7-65所示。选择"直接选择"工具 ▸，拖曳锚点可以修改路径的形状，从而修改蒙版的遮罩区域，如图7-66所示。

图 7-63

图 7-64

图 7-65

图 7-66

7.2.10　课堂案例——制作婚纱摄影类公众号封面首图

【案例学习目标】学习使用快速蒙版制作婚纱摄影类公众号封面首图。

【案例知识要点】使用图层混合模式调整图像效果，使用快速蒙版和"画笔"工具制作图像画框，使用"移动"工具调整文字位置，效果如图7-67所示。

【效果所在位置】云盘/Ch07/效果/制作婚纱摄影类公众号封面首图.psd。

微课

制作婚纱摄影类
公众号封面首图

图 7-67

（1）按Ctrl+N组合键，弹出"新建文档"对话框，设置宽度为900像素，高度为383像素，分辨率为72像素/英寸，颜色模式为RGB，背景内容设为白色，单击"创建"按钮，新建一个文档。

（2）按Ctrl+O组合键，打开云盘中的"Ch07 > 素材 > 制作婚纱摄影类公众号封面首图 > 01、02"文件。选择"移动"工具 ⊕，分别将01和02文件中的图像拖曳到新建的图像窗口中适当的位置，用"纹理"图像完全遮挡住"底图"图像，效果如图7-68所示。在"图层"面板中生成新图层并将其命名为"底图"和"纹理"，如图7-69所示。

图 7-68 图 7-69

（3）选中"纹理"图层。在"图层"面板上方，将该图层的混合模式选项设为"正片叠底"，如图7-70所示，图像效果如图7-71所示。

图 7-70 图 7-71

（4）单击"图层"面板下方的"添加图层蒙版"按钮 ▢，为图层添加蒙版。将前景色设为黑色。选择"画笔"工具 ✐，在属性栏中单击"画笔"选项，弹出画笔选择面板，选择需要的画笔形状，将"大小"选项设为100像素，如图7-72所示。在图像窗口中拖曳鼠标擦除不需要的图像，效果如图7-73所示。

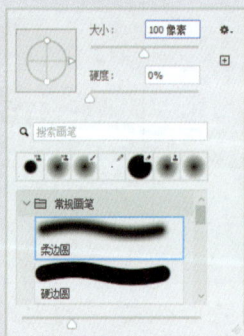

图 7-72 图 7-73

（5）新建图层并将其命名为"画笔"。将前景色设为白色。按Alt+Delete组合键，用前景色填充图层。单击工具箱下方的"以快速蒙版模式编辑"按钮 🔲 ，进入蒙版状态。将前景色设为黑色。选择"画笔"工具 🖌 ，在属性栏中单击"画笔"选项，弹出画笔选择面板。在面板中单击"旧版画笔 > 粗画笔"选项组，选择需要的画笔形状，将"大小"选项设为30像素，如图7-74所示。在图像窗口中拖曳鼠标绘制图像，效果如图7-75所示。

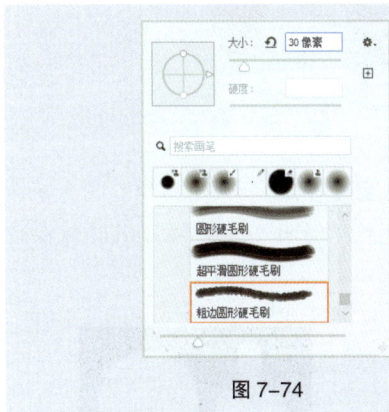

图 7-74

图 7-75

（6）单击工具箱下方的"以标准模式编辑"按钮 🔲 ，恢复到标准编辑状态，图像窗口中会生成选区，如图7-76所示。按Shift+Ctrl+I组合键，将选区反选。按Delete键，删除选区中的图像。按Ctrl+D组合键，取消选区，效果如图7-77所示。

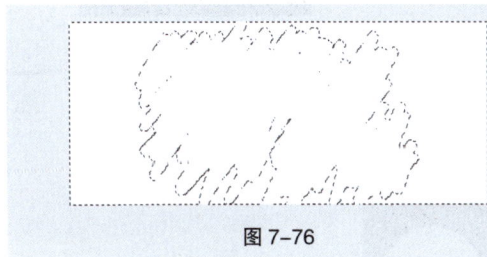

图 7-76

图 7-77

（7）按Ctrl+O组合键，打开云盘中的"Ch07 > 素材 > 制作婚纱摄影类公众号封面首图 > 03"文件。选择"移动"工具 ⊕ ，将03文件中的图像拖曳到新建的图像窗口中适当的位置，效果如图7-78所示，在"图层"面板中生成新图层并将其命名为"文字"。至此，婚纱摄影类公众号封面首图制作完成。

图 7-78

7.2.11 快速蒙版

打开一幅图像，如图7-79所示。选择"魔棒"工具 🪄 ，在图像窗口中的空白区域单击图像生成选区，如图7-80所示。

图 7-79

图 7-80

按Ctrl+Shift+I组合键反选选区，单击工具箱下方的"以快速蒙版模式编辑"按钮 ⚪ ，进入蒙版状态，选区暂时消失，图像的未选择区域变为红色，如图7-81所示。"通道"面板中将自动生成快速蒙版，如图7-82所示。快速蒙版图像如图7-83所示。

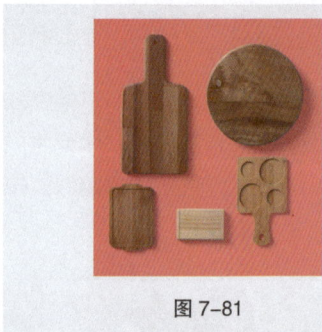

图 7-81

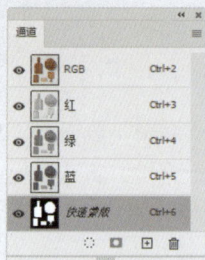

图 7-82

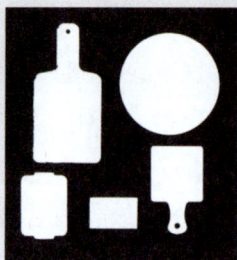

图 7-83

选择"画笔"工具 ✎ ，在属性栏中进行设置，如图7-84所示。将不需要的区域绘制为黑色区域，图像效果和"通道"面板中的快速蒙版效果分别如图7-85和图7-86所示。

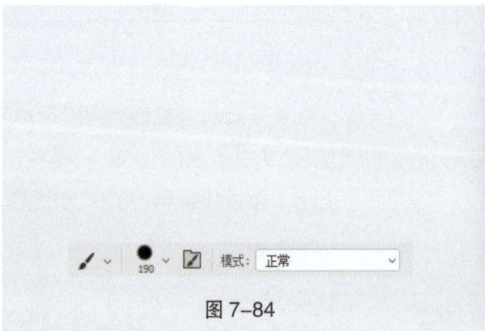

图 7-84

图 7-85

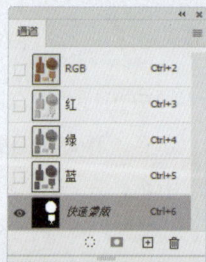

图 7-86

7.3 课堂练习——制作化妆品网站详情页主图

【练习知识要点】使用图层蒙版、"画笔"工具和图层混合模式制作融合背景，使用照片滤镜调整背景图层颜色，使用图层样式为化妆品添加外发光，使用图层蒙版和"渐变"工具制作化妆品投影，使用"移动"工具添加相关信息，最终效果如图7-87所示。

【效果所在位置】云盘/Ch07/效果/制作化妆品网站详情页主图.psd。

图 7-87

7.4 课后习题——制作家电网站首页 Banner

【习题知识要点】使用"移动"工具添加图片，使用"多边形套索"工具绘制选区，使用"剪贴蒙版"命令制作电视屏幕图像，使用图层样式制作阴影，使用文字工具和字符面板添加广告语，最终效果如图7-88所示。

【效果所在位置】云盘/Ch07/效果/制作家电网站首页Banner.psd。

图 7-88

第 8 章

特效

▶ **本章介绍**

　　Photoshop处理图像的功能十分强大，不同的工具和命令搭配，可以制作出不同效果的具有视觉冲击力的图像，以达到吸引人们眼球的目的。本章将主要介绍图层样式、3D工具和常用滤镜的应用。通过本章的学习，学生可以了解和掌握特效的制作方法与技巧，使普通图像更具独特魅力。

学习目标

- 掌握图层样式的应用。
- 了解常用的3D工具的使用方法。
- 掌握常用滤镜的应用。

微课

第8章简介

技能目标

- 掌握中式茶叶网站主页Banner的制作方法。
- 掌握文化传媒宣传海报的制作方法。
- 掌握彩妆网店详情页主图的制作方法。
- 掌握美妆护肤类公众号封面首图的制作方法。
- 掌握文化传媒类公众号封面首图的制作方法。
- 掌握极限运动类公众号封面次图的制作方法。
- 掌握家用电器类公众号封面首图的制作方法。
- 掌握汽车销售网站首页Banner的制作方法。

素养目标

- 培养学生精益求精的工作态度。
- 培养学生勇于实践的工作作风。

8.1 图层样式

Photoshop提供了多种图层样式，可以单独为图像添加一种样式，也可以同时为图像添加多种样式，使之产生丰富的变化。

8.1.1 课堂案例——制作中式茶叶网站主页 Banner

【**案例学习目标**】学习使用绘图工具、文字工具制作西湖龙井Banner。

【**案例知识要点**】使用"置入嵌入对象"命令置入图片，使用"横排文字"工具添加文字，使用"矩形"工具、"圆角矩形"工具绘制基本形状，使用"添加图层样式"命令为图像添加效果，最终效果如图8-1所示。

【**效果所在位置**】云盘/Ch08/效果/制作中式茶叶网站主页Banner.psd。

图 8-1

（1）按Ctrl+N组合键，弹出"新建文档"对话框，设置宽度为1920像素，高度为700像素，分辨率为72像素/英寸，颜色模式为RGB，背景内容为白色，如图8-2所示。单击"创建"按钮，新建一个文档。

（2）选择"矩形"工具 □，在属性栏的"选择工具模式"选项中选择"形状"，将"填充"颜色设为白色，"描边"颜色设为无，在图像窗口中绘制一个与页面大小相等的矩形，如图8-3所示，在"图层"面板中生成新的形状图层"矩形1"。

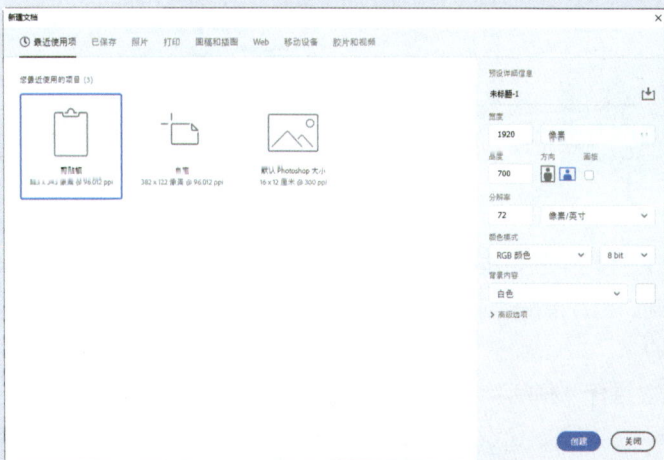

图 8-2

图 8-3

（3）单击"图层"面板下方的"添加图层样式"按钮 fx，在弹出的菜单中选择"渐变叠加"命令，弹出"图层样式"对话框。在对话框中单击"点按可编辑渐变"按钮 ⬛⬜▾，弹出"渐变编辑器"对话框，分别设置20和80两个位置点颜色的RGB值为（152、197、192）、（222、236、235），效果如图8-4所示。单击"确定"按钮，返回"图层样式"对话框，"渐变叠加"设置界面其他选项的设置如图8-5所示。单击"确定"按钮，为形状添加渐变效果。

图 8-4

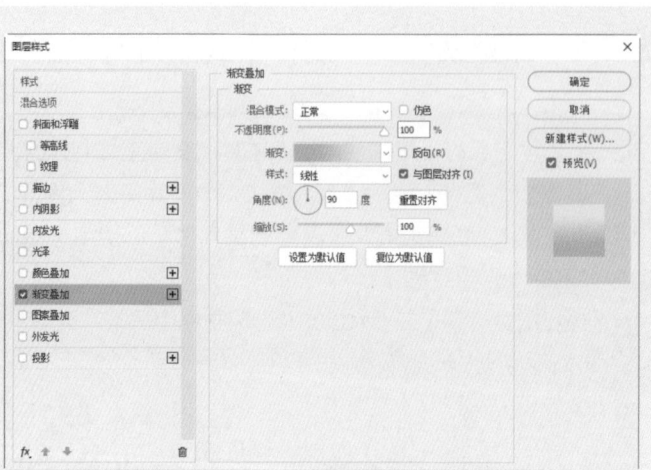

图 8-5

（4）选择"文件 > 置入嵌入对象"命令，弹出"置入嵌入的对象"对话框。选择云盘中的"Ch08 > 制作中式茶叶网站主页Banner > 素材 > 01"文件，单击"置入"按钮，将图像置入图像窗口，将01文件中的图像拖曳到适当的位置，按Enter键确定操作，如图8-6所示，在"图层"面板中生成新的图层并将其命名为"山 1"。

（5）在"图层"面板中将图层的混合模式设为"正片叠底"。单击"图层"面板下方的"添加图层蒙版"按钮 ▢，为"山 1"图层添加图层蒙版，面板中的效果如图8-7所示。按住Ctrl键的同时，单击图层前的缩览图，载入选区。

图 8-6

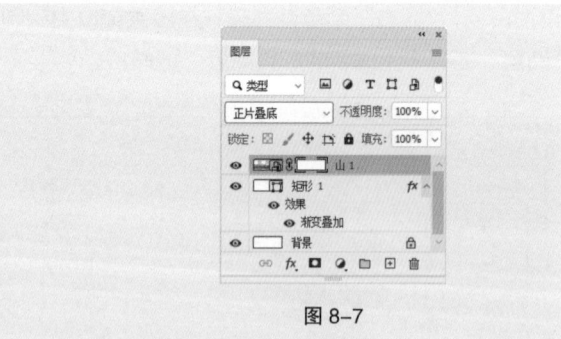

图 8-7

（6）选择"渐变"工具 ▦，单击属性栏中的"点按可编辑渐变"按钮 ⬛⬜▾，弹出"渐变编辑器"对话框，将渐变色设为从黑色到白色，单击"确定"按钮。在图像窗口中由下至上拖曳鼠标，为图像设置渐变色效果。

（7）按Ctrl+D组合键，取消选区。选择"画笔"工具 ✎，在属性栏中单击"画笔预设"选项，在弹出的面板中进行设置，如图8-8所示。将前景色设为黑色，在图像窗口中拖曳鼠标擦除不需要的部分，效果如图8-9所示。

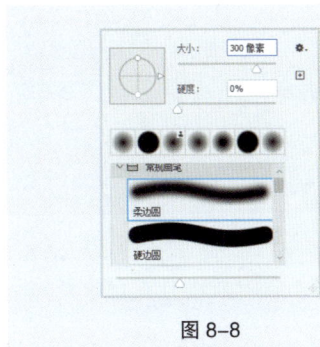

图 8-8

图 8-9

（8）使用步骤（4）和（5）中的方法置入图像，在"图层"面板中生成新的图层，并为其添加图层蒙版，如图8-10所示，效果如图8-11所示。选择"椭圆"工具 ⚪，在属性栏中将"填充"颜色设为白色，"描边"颜色设为无。按住Shift键的同时，在图像窗口中绘制一个圆，效果如图8-12所示，在"图层"面板中生成新的形状图层"椭圆 1"。

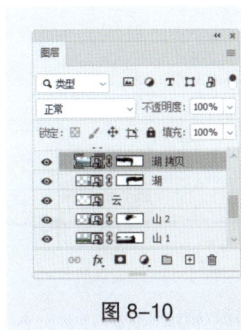

图 8-10

图 8-11

图 8-12

（9）在"图层"面板中将"椭圆1"图层的"不透明度"选项设为70%，如图8-13所示。在"属性"面板中，单击"蒙版"按钮，切换到相应的面板中进行设置，如图8-14所示，效果如图8-15所示。

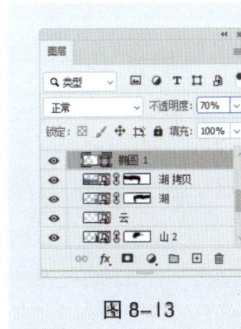

图 8-13

图 8-14

图 8-15

（10）按住Shift键的同时，单击"矩形 1"图层，并将需要的图层同时选取，按Ctrl+G组合键，群组图层并将其命名为"背景"。使用步骤（4）中的方法置入其他图像，在"图层"面板中分别生成新的图层，如图8-16所示，效果如图8-17所示。

（11）单击"石头"图层，选择"矩形"工具 ⬜，在属性栏中将"填充"设为渐变，设置0和100两个位置点颜色的RGB值分别为（55、20、6）、（0、0、0），将"不透明度色标"的位置设为0（100%）、100（0%），如图8-18所示，单击"确定"按钮。将"描边"颜色设为无，在图像窗口中适当的位置绘制一个矩形，在"图层"面板中生成新的形状图层并将其命名为"投影"。

图 8-16　　　　　　　　　　图 8-17　　　　　　　　　　图 8-18

（12）选择"直接选择"工具 ，按住Shift键的同时，分别单击需要的锚点，将其向左移动到适当的位置，效果如图8-19所示。选择"矩形"工具 ，按住Shift键的同时，再次绘制一个矩形。选择"直接选择"工具 ，按住Shift键的同时，分别单击需要的锚点，将其向左移动到适当的位置，效果如图8-20所示。使用上述的方法绘制其他形状，效果如图8-21所示。

图 8-19　　　　　　　　　　图 8-20　　　　　　　　　　图 8-21

（13）选择"茶壶"图层，单击"图层"面板下方的"创建新的填充或调整图层"按钮 ，在弹出的菜单中选择"色彩平衡"命令，在"图层"面板中生成"色彩平衡1"图层。在"属性"面板中，单击"色彩平衡"按钮，切换到"色彩平衡"面板中进行设置，如图8-22所示。按Enter键确定操作，效果如图8-23所示。

（14）选择"礼盒"图层，按住Shift键的同时，单击"石头"图层，将需要的图层同时选取，如图8-24所示。按Ctrl+G组合键，群组图层并将其命名为"商品"，如图8-25所示。

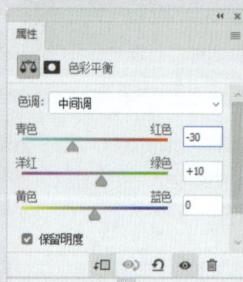

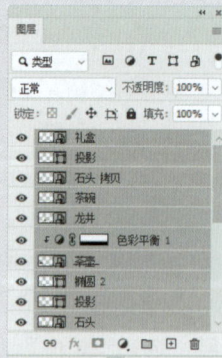

图 8-22　　　　　　　　图 8-23　　　　　　　　图 8-24　　　　　　　　图 8-25

（15）使用上述的方法置入10文件中的图像并调整其大小，在"图层"面板中生成新的图层并将其命名为"叶子"。单击"图层"面板下方的"创建新的填充或调整图层"按钮 ，在弹出的菜单中选择"色彩平衡"命令，在"图层"面板中生成"色彩平衡2"图层。在"属性"面板中，单击"色彩平衡"按钮，切换到"色彩平衡"面板中进行设置，如图8-26所示，效果如图8-27所示。

（16）再次单击"图层"面板下方的"创建新的填充或调整图层"按钮，在弹出的菜单中选择"曲线"命令，在"图层"面板中生成"曲线1"图层。在"属性"面板中，单击"曲线"按钮，切换到"曲线"面板中单击左下角的控制点，将"输入"选项设为20，"输出"选项设为0，如图8-28所示，按Enter键确定操作。在"图层"面板中将图层的混合模式设为"正片叠底"，效果如图8-29所示。

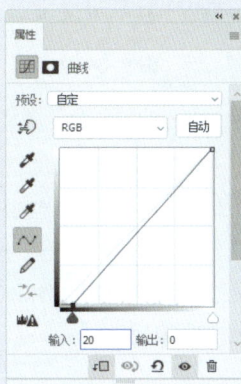

图 8-26　　　　　　图 8-27　　　　　　图 8-28　　　　　　图 8-29

（17）按住Shift键的同时，单击"叶子"图层，将需要的图层同时选取，按Ctrl+J组合键，复制图层，并将其拖曳到"叶子"图层的下方。按Ctrl+T组合键，在图像周围出现变换框，拖曳图像到适当的位置，按Enter键确定操作，效果如图8-30所示。

（18）选择"曲线1"图层，使用上述的方法复制并置入图像，效果如图8-31所示。按住Shift键的同时，单击"叶子 拷贝"图层，将需要的图层同时选取，按Ctrl+G组合键，群组图层并将其命名为"前景"，如图8-32所示。

图 8-30　　　　　　　　　图 8-31　　　　　　　　　图 8-32

（19）选择"背景"图层组，使用上述的方法置入"茶叶"图像。选择"滤镜 > 模糊 > 高斯模糊"命令，弹出"高斯模糊"对话框，在其中进行设置，如图8-33所示，单击"确定"按钮。使用步骤（13）中的方法制作"色彩平衡3"调整图层，如图8-34所示，效果如图8-35所示。

（20）按住Shift键的同时，单击"茶叶"图层，将需要的图层同时选取，按Ctrl+J组合键，复制图层，并将其拖曳到"茶叶"图层的下方。按Ctrl+T组合键，在图像周围出现变换框，拖曳图像到适当的位置，单击鼠标右键，在弹出的面板中选择"水平翻转"选项，按Enter键确定操作，效果如图8-36所示。

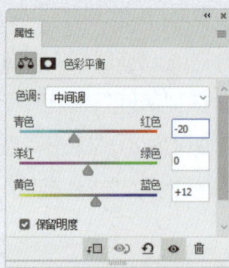

| 图 8-33 | 图 8-34 | 图 8-35 | 图 8-36 |

（21）选择"色彩平衡 3"调整图层，单击"茶叶 拷贝"图层，将需要的图层同时选取，按 Ctrl+G组合键，群组图层，如图8-37所示。

（22）选择"前景"图层组。选择"横排文字"工具 T.，在图像窗口中添加文本框，在其中输入需要的文字并选取文字。选择"窗口 > 字符"命令，打开"字符"面板，在面板中将"颜色"设为苍绿色（44、91、77），其他选项的设置如图8-38所示。按Enter键确定操作，效果如图8-39所示，在"图层"面板中生成新的文字图层。

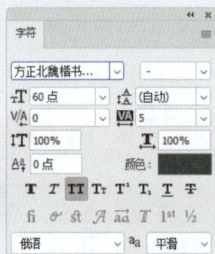

| 图 8-37 | 图 8-38 | 图 8-39 |

（23）使用相同的方法输入其他文字并为文字添加渐变叠加效果，如图8-40所示，效果如图8-41所示。选择"圆角矩形"工具 ▢，在属性栏中将"填充"颜色设为枣红色（184、49、27），"描边"颜色设为无，"半径"选项设为12像素。在图像窗口中适当的位置绘制一个圆角矩形，效果如图8-42所示，在"图层"面板中生成新的形状图层"圆角矩形1"。

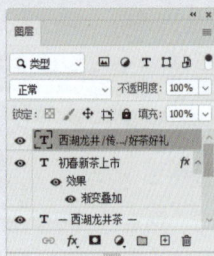

| 图 8-40 | 图 8-41 | 图 8-42 |

（24）选择"横排文字"工具 T.，在图像窗口中添加文本框，在其中输入需要的文字并选取文字。在"字符"面板中，将"颜色"设为白色，其他选项的设置如图8-43所示。按Enter键确定操作，效果如图8-44所示，在"图层"面板中生成新的文字图层。

（25）按住Shift键的同时，单击文字图层，将需要的图层同时选取，如图8-45所示，按Ctrl+G组合键，群组图层并将其命名为"文字"。使用上述的方法置入14文件中的图像，在"图层"面板中生成新的图层并将其命名为"茶叶"，效果如图8-46所示。至此，中式茶叶网站主页Banner制作完成。

图 8-43

图 8-44

图 8-45

图 8-46

8.1.2　图层样式

单击"图层"面板右上方的≡图标，在弹出的菜单中选择"混合选项"，弹出"图层样式"对话框，如图8-47所示，可以在其中对当前图层进行特殊效果的处理。单击左侧的任意选项，切换到相应的设置界面中进行设置。还可以单击"图层"面板下方的"添加图层样式"按钮 *fx.*，弹出其对应的菜单，如图8-48所示，选择相应的命令，在弹出的对话框中进行设置。

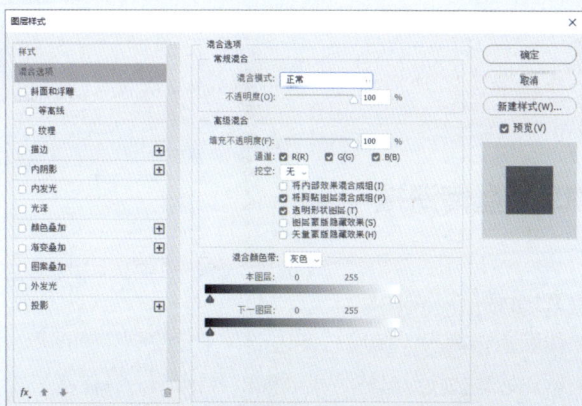

图 8-47

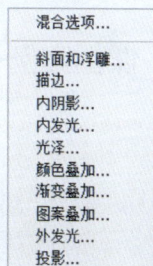

图 8-48

斜面和浮雕命令用于使图像产生一种斜面与浮雕的效果，描边命令用于为图像描边，内阴影命令用于使图像内部产生阴影效果。这3种命令的使用效果如图8-49所示。

斜面和浮雕

描边

内阴影

图 8-49

内发光命令用于在图像的边缘内部产生一种发光效果，光泽命令用于使图像产生一种有光泽的效果，颜色叠加命令用于使图像产生一种颜色叠加效果。这3种命令的使用效果如图8-50所示。

| 内发光 | 光泽 | 颜色叠加 |

图 8-50

渐变叠加命令用于使图像产生一种渐变叠加效果，图案叠加命令用于在图像上添加图案效果，外发光命令用于在图像的边缘外部产生一种发光效果，投影命令用于使图像产生阴影效果。这4种命令的使用效果如图8-51所示。

| 渐变叠加 | 图案叠加 | 外发光 | 投影 |

图 8-51

8.2　3D 工具

8.2.1　课堂案例——制作文化传媒宣传海报

【案例学习目标】学习使用3D命令制作文化传媒宣传海报。

【案例知识要点】使用3D命令制作文化传媒宣传海报，使用"多边形"工具绘制装饰图形，使用"色阶"命令调整图像色调、使用文字工具添加文字信息，最终效果如图8-52所示。

【效果所在位置】云盘/Ch08/效果/制作文化传媒宣传海报.psd。

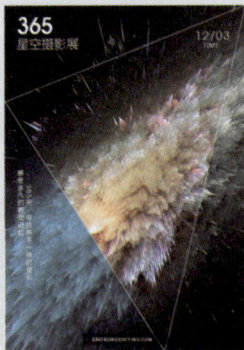

微课

制作文化传媒
宣传海报

图 8-52

（1）按Ctrl+N组合键，弹出"新建文档"对话框，设置宽度为9cm，高度为12.6cm，分辨率为150像素/英寸，颜色模式为RGB，背景内容为白色，新建一个文档。

（2）按Ctrl+O组合键，打开云盘中的"Ch08 > 素材 > 制作文化传媒宣传海报 > 01"文件，如图8-53所示。选择"3D > 从图层新建网格 > 深度映射到 > 平面"命令，效果如图8-54所示。

（3）在"3D"面板中选择"当前视图"，在对应的"属性"面板中进行设置，如图8-55所示。在"3D"面板中选择"场景"，在对应的"属性"面板中单击"样式"，在弹出的菜单中选择"Unlit Texture"，如图8-56所示，图像效果如图8-57所示，在"图层"面板中将图像转换为智能对象。

图 8-53   图 8-54   图 8-55

（4）选择"移动"工具 ⊕，将图像拖曳到新建窗口中适当的位置，并调整大小，效果如图8-58所示，在"图层"面板中生成新的图层并将其命名为"星空"。将"星空"图层拖曳到面板下方的"创建新图层"按钮 ⊡ 上进行复制，生成新的图层并将其命名为"去色"。栅格化图层，选择"图像 > 调整 > 去色"命令，给图像去色，效果如图8-59所示。

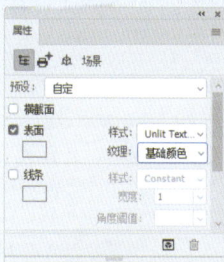
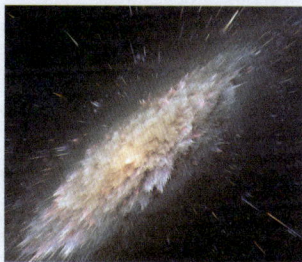

图 8-56   图 8-57   图 8-58   图 8-59

（5）新建图层。将前景色设为蓝色（53、177、255），按Alt+Delete组合键，用前景色填充图层。在"图层"面板上方，将该图层的"不透明度"选项设为48%，按Enter键确定操作，图像效果如图8-60所示。

（6）单击"图层"面板下方的"添加图层蒙版"按钮 ▢，为图层添加蒙版。将前景色设为黑色。选择"画笔"工具 ✐，在属性栏中单击"画笔"选项右侧的按钮 ⌄，在弹出的面板中选择需要的画笔形状，其中的设置如图8-61所示。在图像窗口中拖曳鼠标擦除不需要的图像，图像效果如图8-62所示。

（7）新建图层并将其命名为"多边形"。选择"多边形"工具 ◎，属性栏中的设置如图8-63所示。在图像窗口中绘制多边形，效果如图8-64所示。

图 8-60

图 8-61

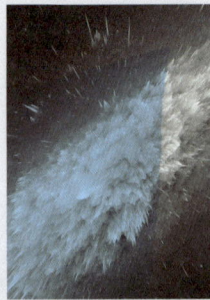

图 8-62

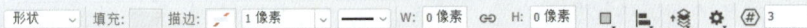

图 8-63

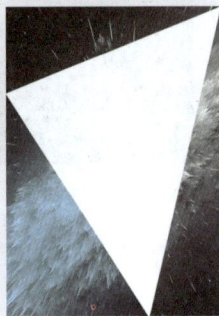

图 8-64

134

（8）将"星空"图层拖曳到面板下方的"创建新图层"按钮 回 上进行复制，生成新的图层并将其命名为"彩色"，将其拖曳到"多边形"图层的上方。按住Alt键的同时，将鼠标指针放在"彩色"图层和"多边形"图层的中间，单击，为图层创建剪贴蒙版，效果如图8-65所示。

（9）选择"多边形"图层，单击"图层"面板下方的"添加图层样式"按钮 fx. ，在弹出的菜单中选择"描边"命令，弹出"图层样式"对话框。在"描边"设置界面中，将描边颜色设为白色，其他选项的设置如图8-66所示。单击"确定"按钮，效果如图8-67所示。

图 8-65

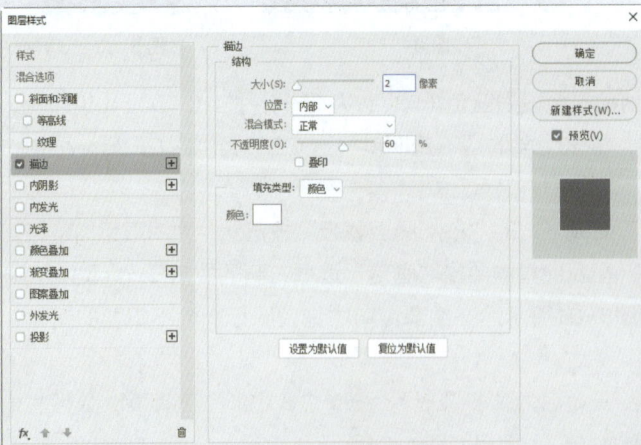

图 8-66

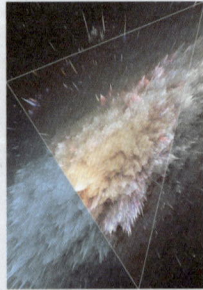

图 8-67

（10）单击"图层"面板下方的"创建新的填充或调整图层"按钮 ⊘，在弹出的菜单中选择"色阶"命令，在"图层"面板中生成"色阶1"图层。同时会弹出"色阶"面板，其中的设置如图8-68所示。按Enter键确定操作，图像效果如图8-69所示。

（11）将前景色设为白色。选择"横排文字"工具 T.，在适当的位置添加文本框，在其中输入需要的文字并选取文字，在属性栏中选择合适的字体并设置文字大小，效果如图8-70所示，在"图层"面板中生成新的文字图层。用相同的方法输入其他文字，效果如图8-71所示。

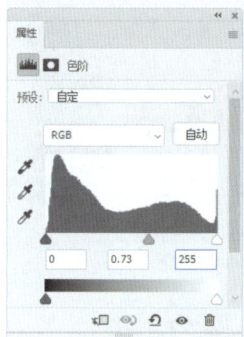
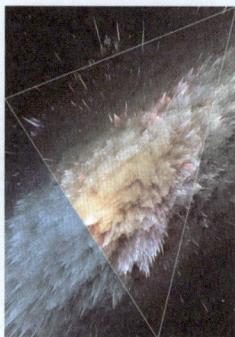

图 8-68　　　　　图 8-69　　　　　图 8-70　　　　　图 8-71

（12）选择"直排文字"工具 IT.，在适当的位置添加文本框，在其中输入需要的文字并选取文字，在属性栏中选择合适的字体并设置文字大小，效果如图8-72所示，在"图层"面板中生成新的文字图层。

（13）新建图层并将其命名为"矩形条"，将前景色设为黑色。选择"矩形"工具 □.，在图像窗口中绘制矩形。在"图层"面板上方，将该图层的"不透明度"选项设为50%，拖曳到文字图层的下方，图像效果如图8-73所示。至此，文化传媒宣传海报制作完成，效果如图8-74所示。

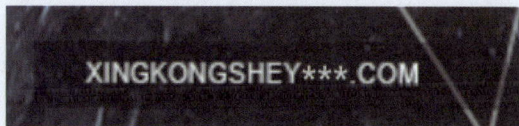
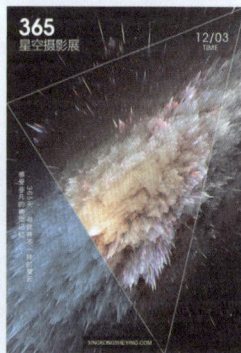

图 8-72　　　　　　　图 8-73　　　　　　　图 8-74

8.2.2　创建 3D 对象

在Photoshop中可以将平面图像转换为各种预设形状，如平面、双面平面、圆柱体、球体等。只有将图层变为3D图层后，才能使用3D工具和命令。

打开一幅图像，如图8-75所示。选择"3D > 从图层新建网格 > 深度映射到"命令，弹出图8-76所示的子菜单，选择不同的命令可以创建不同的3D对象，如图8-77所示。

图 8-75

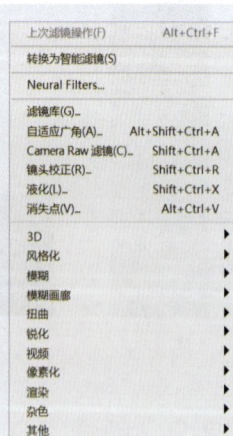

图 8-76

平面

双面平面

纯色凸出

双面纯色凸出

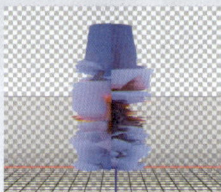

圆柱体

球体

图 8-77

8.3 滤镜菜单及应用

　　Photoshop CC的滤镜菜单中提供了多种滤镜命令，选择这些滤镜命令，可以制作出奇妙的图像效果。单击"滤镜"，弹出图8-78所示的菜单。

　　Photoshop CC滤镜菜单被分为5部分，各部分之间用横线划分开。

　　第1部分为上次滤镜操作，即最近一次使用的滤镜，没有使用滤镜时，此命令为灰色，不可选择。使用任意一种滤镜后，当需要重复使用这种滤镜时，只需直接选择这种滤镜或按Ctrl+F组合键即可。

　　第2部分为转换为智能滤镜，使用它可以随时修改滤镜操作。

　　第3部分为Neural Filters滤镜，是AI智能神经网滤镜，包含多个子滤镜。

　　第4部分为6种Photoshop CC滤镜，每个滤镜的功能都十分强大。

　　第5部分为11种Photoshop CC滤镜组，每个滤镜组中都包含多个子滤镜。

图 8-78

8.3.1　课堂案例——制作彩妆网店详情页主图

【案例学习目标】学习使用图层样式命令制作彩妆网店详情页主图。

【案例知识要点】使用"添加图层样式"按钮、滤镜命令和"用画笔描边路径"按钮制作出粒子光，最终效果如图8-79所示。

【效果所在位置】云盘/Ch08/效果/制作彩妆网店详情页主图.psd。

图 8-79

（1）按Ctrl+N组合键，弹出"新建文档"对话框，设置宽度为800像素，高度为800像素，分辨率为72像素/英寸，颜色模式为RGB，背景内容为白色，单击"创建"按钮，新建一个文档。

（2）新建图层并将其命名为"背景色"。将前景色设为红色（211、0、0）。按Alt+Delete组合键，用前景色填充图层，效果如图8-80所示。

（3）单击"图层"面板下方的"添加图层样式"按钮，在弹出的菜单中选择"内阴影"命令，弹出"图层样式"对话框。在"内阴影"设置界面中，将阴影颜色设为黑色，其他选项的设置如图8-81所示。单击"确定"按钮，效果如图8-82所示。

图 8-80

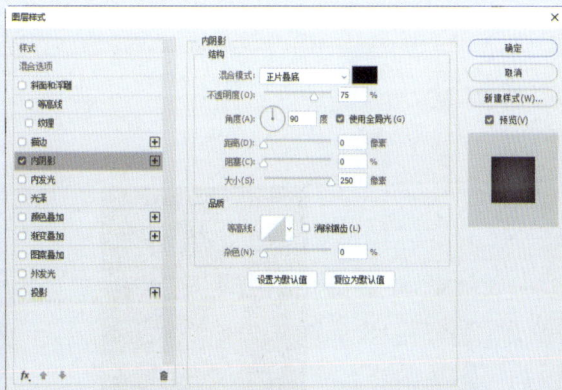

图 8-81

图 8-82

（4）新建图层并将其命名为"外光圈"。选择"椭圆选框"工具，按住Shift键的同时，在图像窗口中拖曳鼠标绘制圆形选区，如图8-83所示。选择"编辑 > 描边"命令，弹出"描边"对话框，将描边颜色设为白色，其他选项的设置如图8-84所示，单击"确定"按钮。按Ctrl+D组合键，取消选区，效果如图8-85所示。

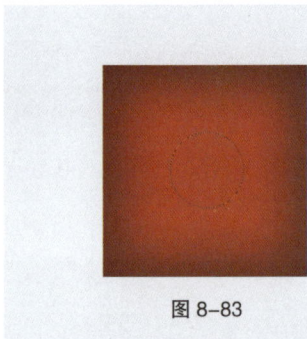

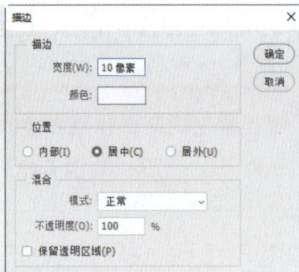

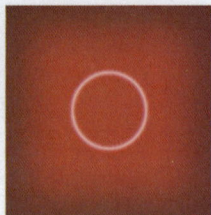

图 8-83　　　　　　　　　　　　　　图 8-84　　　　　　　　　　　　　　图 8-85

（5）选择"滤镜 > 扭曲 > 极坐标"命令，在弹出的"极坐标"对话框中进行设置，如图8-86所示。单击"确定"按钮，效果如图8-87所示。选择"图像 > 图像旋转 > 逆时针90度"命令，旋转图像，效果如图8-88所示。

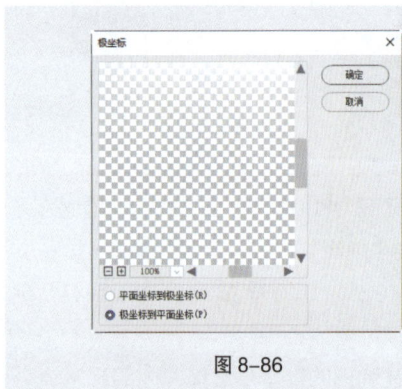

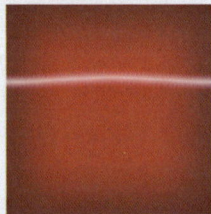

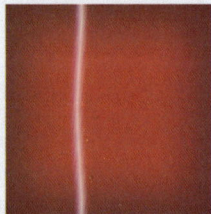

图 8-86　　　　　　　　　　　　　　图 8-87　　　　　　　　　　　　　　图 8-88

（6）选择"滤镜 > 风格化 > 风"命令，在弹出的"风"对话框中进行设置，如图8-89所示。单击"确定"按钮，效果如图8-90所示。按Ctrl+F组合键，重复使用"风"滤镜，效果如图8-91所示。

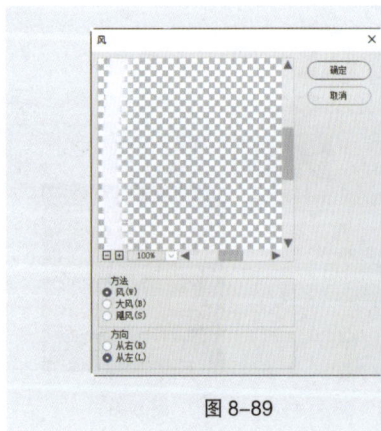

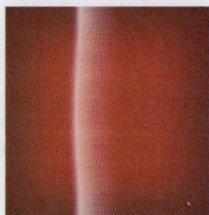

图 8-89　　　　　　　　　　　　　　图 8-90　　　　　　　　　　　　　　图 8-91

（7）选择"图像 > 图像旋转 > 顺时针90度"命令，效果如图8-92所示。选择"滤镜 > 扭曲 > 极坐标"命令，在弹出的"极坐标"对话框中进行设置，如图8-93所示。单击"确定"按钮，效果如图8-94所示。

（8）按住Ctrl键的同时，单击"图层"面板下方的"创建新图层"按钮，在"外光圈"图层下方新建图层，并将其命名为"内光圈"。选择"椭圆选框"工具，在属性栏中将"羽化"选项设为

6像素，按住Shift键的同时，在适当的位置上绘制一个圆。将前景色设为白色，按Alt+Delete组合键，用前景色填充图层，效果如图8-95所示。

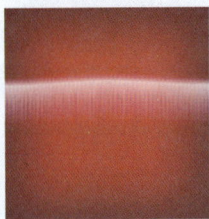
图 8-92

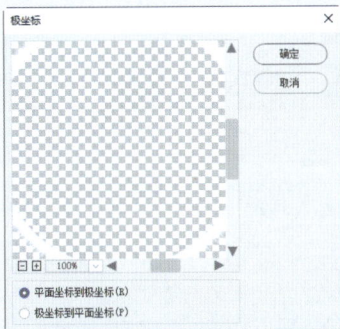
图 8-93

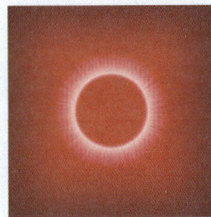
图 8-94

（9）选择"滤镜 > 模糊 > 径向模糊"命令，在弹出的"径向模糊"对话框中进行设置，如图8-96所示。单击"确定"按钮，效果如图8-97所示。

图 8-95

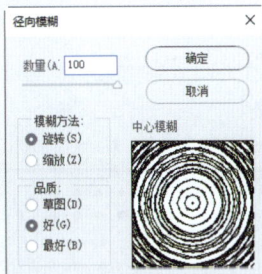
图 8-96

图 8-97

（10）在"图层"面板中，按住Shift键的同时，单击"外光圈"图层，将需要的图层同时选取。按Ctrl+E组合键，合并图层，并将其命名为"光"，如图8-98所示。

（11）单击"图层"面板下方的"添加图层样式"按钮 *fx.*，在弹出的菜单中选择"内发光"命令，弹出"图层样式"对话框。在"内发光"设置界面中，将发光颜色设为黄色（235、233、182），其他选项的设置如图8-99所示。选择"外发光"命令，切换到相应的设置界面，将发光颜色设为红色（255、0、0），其他选项的设置如图8-100所示。单击"确定"按钮，效果如图8-101所示。

图 8-98

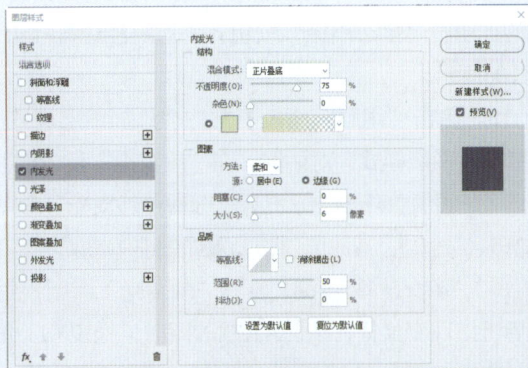
图 8-99

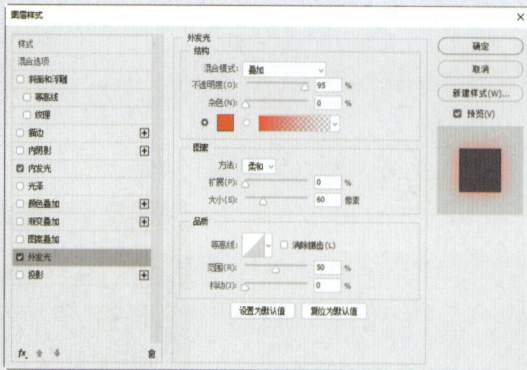

图 8-100

图 8-101

（12）新建图层并将其命名为"外发光"。选择"椭圆"工具 ⊙ ，在属性栏的"选择工具模式"选项中选择"路径"，按住Shift键的同时，在适当的位置上绘制一个圆形路径，如图8-102所示。

（13）选择"画笔"工具 ✐ ，在属性栏中单击"切换画笔面板"按钮 ☑ ，弹出"画笔设置"面板，选择"画笔笔尖形状"选项，切换到相应的界面进行设置，如图8-103所示。选择"形状动态"选项，切换到相应的界面进行设置，如图8-104所示。

图 8-102

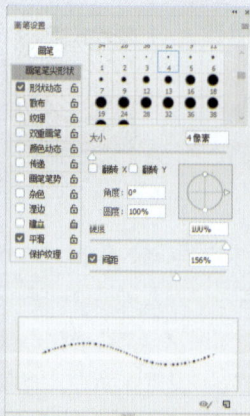

图 8-103

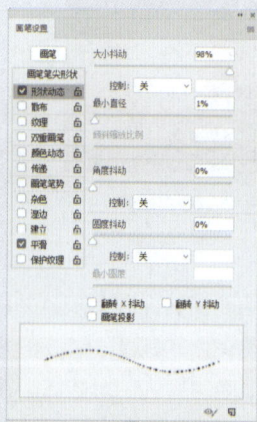

图 8-104

（14）选择"散布"选项，切换到相应的界面进行设置，如图8-105所示。单击"路径"面板下方的"用画笔描边路径"按钮 ○ ，对路径进行描边。描边后，按Delete键，删除该路径，效果如图8-106所示。

（15）单击"图层"面板下方的"添加图层样式"按钮 fx. ，在弹出的菜单中选择"内发光"命令，弹出"图层样式"对话框。在"内发光"设置界面中，将发光颜色设为橘红色（255、94、31），其他选项的设置如图8-107所示。选择"外发光"命令，切换到相应的设置界面，将发光颜色设为红色（255、0、6），其他选项的设置如图8-108所示。单击"确定"按钮，效果如图8-109所示。

（16）按Ctrl+J组合键，复制"外发光"图层，生成图层"外发光 拷贝"。按Ctrl+T组合键，在图像周围出现变换框，按住Alt键的同时，拖曳右上角的控制手柄等比例缩小图像，按Enter键确认操作，效果如图8-110所示。使用相同的方法复制多个图层并分别等比例缩小图像，效果如图8-111所示。在"图层"面板中，按住Shift键的同时，单击"外发光 拷贝2"图层，将需要的图层同时选

Photoshop CC新媒体图形图像设计与制作（全彩慕课版）（第2版）

140

取。按Ctrl+E组合键，合并图层，并将其命名为"内光"，如图8-112所示。

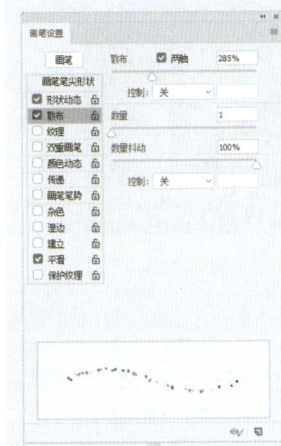
图 8-105

图 8-106

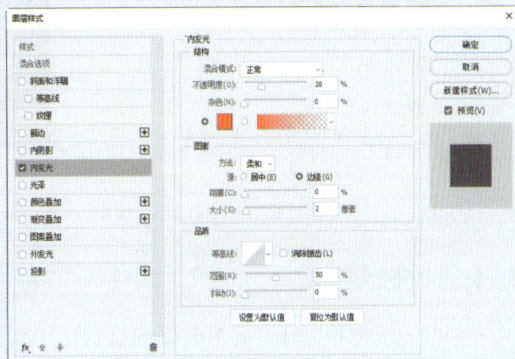
图 8-107

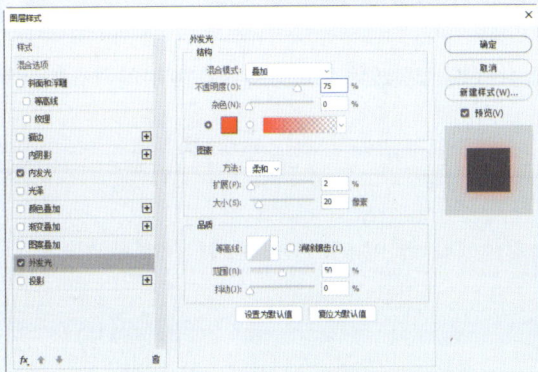
图 8-108

图 8-109

图 8-110

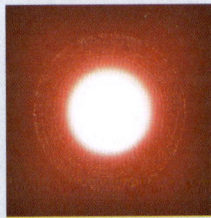
图 8-111

图 8-112

（17）按Ctrl+J组合键，复制"内光"图层。选择"滤镜 > 模糊 > 高斯模糊"命令，在弹出的"高斯模糊"对话框中进行设置，如图8-113所示。单击"确定"按钮，效果如图8-114所示。

（18）按Ctrl+O组合键，打开云盘中的"Ch08 > 素材 > 制作彩妆网店详情页主图 > 01、02"文件。选择"移动"工具 ，将01和02文件中的图像分别拖曳到新建的图像窗口中适当的位置，效果如图8-115所示，在"图层"面板中分别生成新的图层并将其命名为"化妆品"和"文字"。至此，彩妆网店详情页主图制作完成。

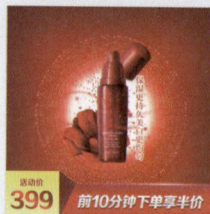

图 8-113	图 8-114	图 8-115

8.3.2　极坐标

极坐标滤镜可以用于将图像坐标从直角坐标转换为极坐标，或从极坐标转换为直角坐标。使用该滤镜能将图像中直的物体拉弯，弯的物体拉直。

8.3.3　风

风滤镜可以用于在图像中生成水平线条并模拟风吹效果。此滤镜只产生水平方向的效果，要产生其他方向的效果，需要通过旋转图像实现。

8.3.4　径向模糊

径向模糊滤镜可以用于在图像上模拟出缩放或旋转的相机拍摄产生的柔化模糊效果。

8.3.5　高斯模糊

高斯模糊滤镜可以用于在图像上产生比较强烈的模糊效果。

8.3.6　课堂案例——制作美妆护肤类公众号封面首图

【案例学习目标】学习使用液化滤镜制作美妆护肤类公众号封面首图。

【案例知识要点】使用"矩形选框"工具绘制选区，使用"变形"命令调整图像，使用液化滤镜调整脸型，最终效果如图8-116所示。

【效果所在位置】云盘/Ch08/效果/制作美妆护肤类公众号封面首图.psd。

图 8-116

（1）按Ctrl＋N组合键，弹出"新建文档"对话框，设置宽度为1175像素，高度为500像素，分辨率为72像素/英寸，颜色模式为RGB，背景内容为紫色（245、207、206），单击"创建"按钮，新建一个文档。

（2）按Ctrl＋O组合键，打开云盘中的"Ch08 ＞ 素材 ＞ 制作美妆护肤类公众号封面首图 ＞ 01"文件，如图8-117所示。将"背景"图层拖曳到面板下方的"创建新图层"按钮▣上进行复制，生成新的图层"背景 拷贝"，如图8-118所示。

图 8-117

图 8-118

（3）选择"滤镜 ＞ 液化"命令，弹出"液化"对话框。选择"脸部"工具，在预览窗口中拖曳鼠标，调整脸部宽度，如图8-119所示。

（4）选择"向前变形"工具，将"画笔大小"选项设为100，"画笔压力"选项设为30，在预览窗口中拖曳鼠标，调整右侧脸部的大小，如图8-120所示。

图 8-119

图 8-120

（5）选择"褶皱"工具，将"画笔大小"选项设为100，在预览窗口中拖曳鼠标，调整嘴唇的大小，如图8-121所示。单击"确定"按钮，效果如图8-122所示。

图 8-121

图 8-122

（6）选择"移动"工具 ⊕，将01图像拖曳到新建的图像窗口中适当的位置并调整大小，效果如图8-123所示，在"图层"面板中生成新的图层并将其命名为"人物"。

图 8-123

（7）单击"图层"面板下方的"添加图层蒙版"按钮 ▢ ，为"人物"图层添加蒙版。选择"渐变"工具 ▣ ，单击属性栏中的"点按可编辑渐变"按钮 ▰▰▰ ，弹出"渐变编辑器"对话框。将渐变色设为从黑色到白色，如图8-124所示，单击"确定"按钮。在图像窗口中从左向右拖曳鼠标，为图像设置渐变色，效果如图8-125所示。

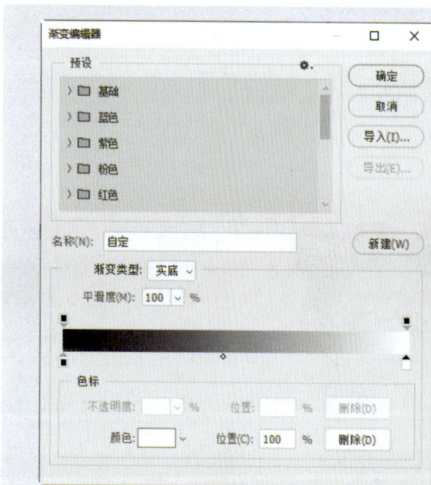

图 8-124

图 8-125

（8）按Ctrl+O组合键，打开云盘中的"Ch08 > 素材 > 制作美妆护肤类公众号封面首图 > 02、03"文件。选择"移动"工具 ⊕ ，将02和03文件中的图像分别拖曳到新建的图像窗口中适当的位置，如图8-126所示，在"图层"面板中分别生成新的图层并将其命名为"文字"和"化妆品"。至此，美妆护肤类公众号封面首图制作完成。

图 8-126

8.3.7　液化

液化滤镜命令可以用于制作各种类似液化的图像变形效果。

打开一幅图像，如图8-127所示。选择"滤镜 > 液化"命令，或按Shift+Ctrl+X组合键，弹出"液化"对话框，如图8-128所示。

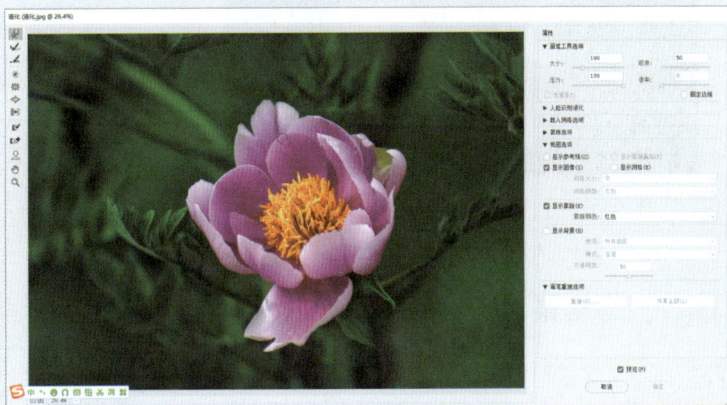

图 8-127　　　　　　　　　　　　　　　　　图 8-128

左侧的工具箱由上到下分别为"向前变形"工具🔲、"重建"工具🖌、"平滑"工具🖌、"顺时针旋转扭曲"工具🔲、"褶皱"工具🔲、"膨胀"工具🔲、"左推"工具🔲、"冻结蒙版"工具🔲、"解冻蒙版"工具🔲、"脸部"工具🔲、"抓手"工具🖐️和"缩放"工具🔍。

画笔工具选项组："大小"选项用于设定所选工具的笔触大小；"密度"选项用于设定画笔的密度；"压力"选项用于设定画笔的压力，压力越小，变形的过程越慢；"速率"选项用于设定画笔的绘制速度；"光笔压力"选项用于设定压感笔的压力。

人脸识别液化选项组：可以通过调整"人脸识别液化"区域中的滑块，对面部特征进行适当修改。

载入网格选项组：用于载入或存储网格。

蒙版选项组：用于选择通道蒙版的形式。选择"无"按钮，可以不制作蒙版；选择"全部蒙住"按钮，可以为全部区域制作蒙版；选择"全部反相"按钮，可以解冻蒙版区域并冻结其他区域。

视图选项组：勾选"显示参考线"复选框可以显示参考线；勾选"显示面部叠加"复选框可以显示面部叠加；勾选"显示图像"复选框可以显示图像；勾选"显示网格"复选框可以显示网格，"网格大小"选项用于设置网格的大小，"网格颜色"选项用于设置网格的颜色；勾选"显示蒙版"复选框，可以显示蒙版，"蒙版颜色"选项用于设置蒙版的颜色。勾选"显示背景"复选框，在"使用"选项的下拉列表中可以选择"所有图层"；在"模式"选项的下拉列表中可以选择不同的模式；在"不透明度"选项中可以设置不透明度。

画笔重建选项组："重建"按钮用于对变形的图像进行重置；"恢复全部"按钮用于将图像恢复到打开时的状态。

在对话框中对图像进行变形，如图8-129所示。单击"确定"按钮，图像效果如图8-130所示。

图 8-129　　　　　　　　　　　　　　　　图 8-130

8.3.8　课堂案例——制作文化传媒类公众号封面首图

【**案例学习目标**】学习使用通道面板制作出公众号封面首图。

【**案例知识要点**】使用"分离通道"命令和"合并通道"命令处理图像，使用"彩色半调"命令为通道添加滤镜效果，使用"色阶"命令和"曝光度"命令调整各通道颜色，最终效果如图8-131所示。

【**效果所在位置**】云盘/Ch08/效果/制作文化传媒类公众号封面首图.psd。

图 8-131

（1）按Ctrl+O组合键，打开云盘中的"Ch08 > 素材 > 制作文化传媒类公众号封面首图 > 01"文件，如图8-132所示。选择"窗口 > 通道"命令，弹出"通道"面板，如图8-133所示。

图 8-132　　　　　　　　　　　　　　　　图 8-133

（2）单击"通道"面板右上方的≡图标，在弹出的菜单中选择"分离通道"命令，将图像分离成"红""绿""蓝"3个通道文件，如图8-134所示。选择通道文件"蓝"，如图8-135所示。

（3）选择"滤镜 > 像素化 > 彩色半调"命令，在弹出的"彩色半调"对话框中进行设置，如图8-136所示。单击"确定"按钮，效果如图8-137所示。

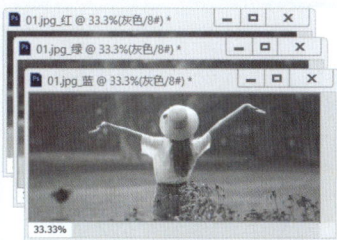

图 8-134

图 8-135

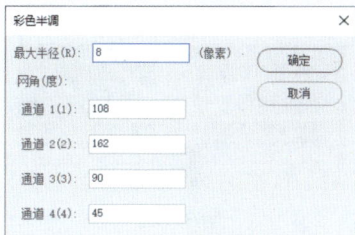

图 8-136

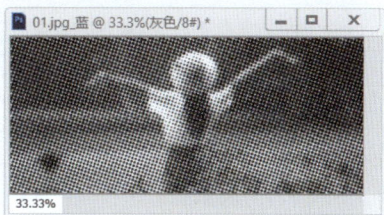

图 8-137

（4）选择通道文件"绿"。按Ctrl+L组合键，弹出"色阶"对话框，选项的设置如图8-138所示。单击"确定"按钮，效果如图8-139所示。

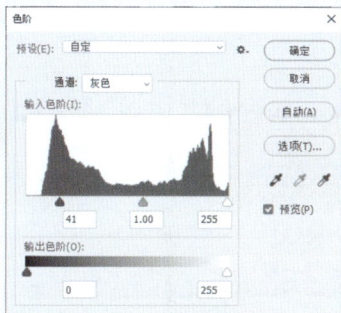

图 8-138

图 8-139

（5）选择通道文件"红"。选择"图像 > 调整 > 曝光度"命令，在弹出的"曝光度"对话框中进行设置，如图8-140所示。单击"确定"按钮，效果如图8-141所示。

图 8-140

图 8-141

（6）单击"通道"面板右上方的≡图标，在弹出的菜单中选择"合并通道"命令，在弹出的"合并通道"对话框中进行设置，如图8-142所示。单击"确定"按钮，弹出"合并RGB通道"对话框，如图8-143所示。单击"确定"按钮，合并通道，图像效果如图8-144所示。

图 8-142

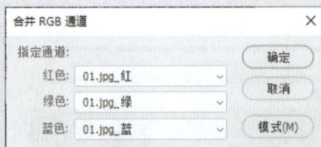

图 8-143

（7）将前景色设为白色。选择"横排文字"工具 T.，在适当的位置添加文本框，在其中输入需要的文字并选取文字，在属性栏中选择合适的字体并设置文字大小，效果如图8-145所示。在"图层"面板中生成新的文字图层。至此，文化传媒公众号封面首图制作完成。

图 8-144

图 8-145

8.3.9 光圈模糊

光圈模糊滤镜可以用于将椭圆焦点范围之外的图像模糊。

8.3.10 彩色半调

彩色半调滤镜可以用于产生彩色网点效果。

打开一幅图像，如图8-146所示。选择"滤镜 > 像素化 > 彩色半调"命令，弹出图8-147所示的"彩色半调"对话框。

图 8-146

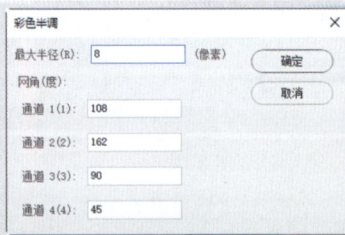

图 8-147

"最大半径"选项用于最大像素填充的设置，它控制着网格大小；"网角(度)"选项用于设定屏蔽度数，4个通道分别代表填入颜色之间的角度。

"彩色半调"对话框的设置如图8-148所示，单击"确定"按钮，效果如图8-149所示。

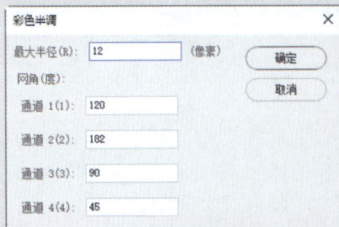

图 8-148

图 8-149

148

8.3.11　半调图案

使用半调图案滤镜即使用前景色和背景色在当前图像中产生网板图案的效果。

打开一幅图像,如图8-150所示。选择"滤镜 > 滤镜库"命令,弹出"半调图案"对话框,设置如图8-151所示。

图 8-150

图 8-151

"大小"选项用于调节网格间距的大小,此参数取值越大,产生的网格间距也越大;"对比度"选项用于调节前景色的对比度。"图案类型"选项用于选择图案的类型。

"半调图案"对话框的设置如图8-152所示,单击"确定"按钮,效果如图8-153所示。

图 8-152

图 8-153

8.3.12　镜头光晕

镜头光晕滤镜可以用于生成摄像机镜头炫光的效果,它可自动调节摄像机炫光的位置。

打开一幅图像,如图8-154所示。选择"滤镜 > 渲染 > 镜头光晕"命令,弹出图8-155所示的"镜头光晕"对话框。

在预览框中可以通过拖动十字指针来设定炫光位置。"亮度"选项用于控制斑点的亮度大小,此参数设置过高时,整个画面会变成一片白色;"镜头类型"选项组用于设定摄像机镜头的类型。

"镜头光晕"对话框的设置如图8-156所示,单击"确定"按钮,效果如图8-157所示。

图 8-154

图 8-155

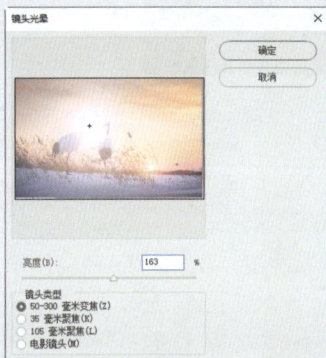

图 8-156

图 8-157

8.3.13　课堂案例——制作极限运动类公众号封面次图

【案例学习目标】学习使用极坐标命令制作震撼的视觉效果。

【案例知识要点】使用极坐标滤镜命令扭曲图像，使用"裁剪"工具裁剪图像，使用图层蒙版和"画笔"工具修饰图像，最终效果如图8-158所示。

【效果所在位置】云盘/Ch08/效果/制作极限运动类公众号封面次图.psd。

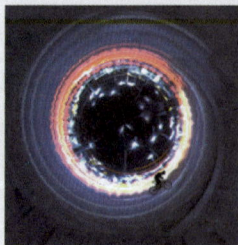

图 8-158

微课

制作极限运动类
公众号封面次图

（1）按Ctrl＋O组合键，打开云盘中的"Ch08 > 素材 > 制作极限运动类公众号封面次图 > 01"文件，如图8-159所示。将"背景"图层拖曳到面板下方的"创建新图层"按钮 回 上进行复制，生成新的图层并将其命名为"底图"，如图8-160所示。

图 8-159

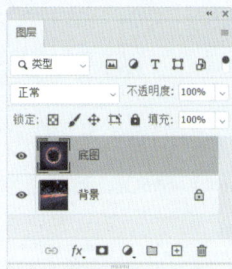

图 8-160

（2）选择"裁剪"工具 ┇ ，属性栏中的设置如图8-161所示。在图像窗口中适当的位置选取一个裁切区域，如图8-162所示。按Enter键确定操作，效果如图8-163所示。

图 8-161

图 8-162

图 8-163

（3）选择"滤镜 > 扭曲 > 极坐标"命令，在弹出的"极坐标"对话框中进行设置，如图8-164所示。单击"确定"按钮，效果如图8-165所示。

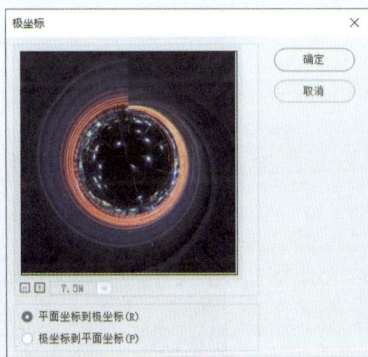

图 8-164

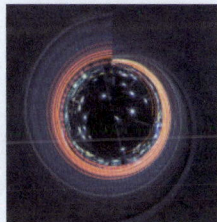

图 8-165

（4）按Ctrl+J组合键，复制"底图"图层，生成新的图层"底图 拷贝"，如图8-166所示。

（5）按Ctrl+T组合键，在图像周围出现变换框，将鼠标指针放在变换框的控制手柄外边，指针变为旋转图标 ↱，拖曳鼠标将图像旋转到适当的角度，按Enter键确定操作，效果如图8-167所示。

（6）单击"图层"面板下方的"添加图层蒙版"按钮 ▢ ，为图层添加蒙版，面板中的效果如图8-168所示，将前景色设为黑色。选择"画笔"工具 ✎ ，在属性栏中单击"画笔"选项，弹出画笔面板，在面板中选择需要的画笔形状，将"大小"选项设为10像素，如图8-169所示。在属性栏中将"不透明度"选项设为80%，在图像窗口中拖曳鼠标擦除不需要的图像，效果如图8-170所示。

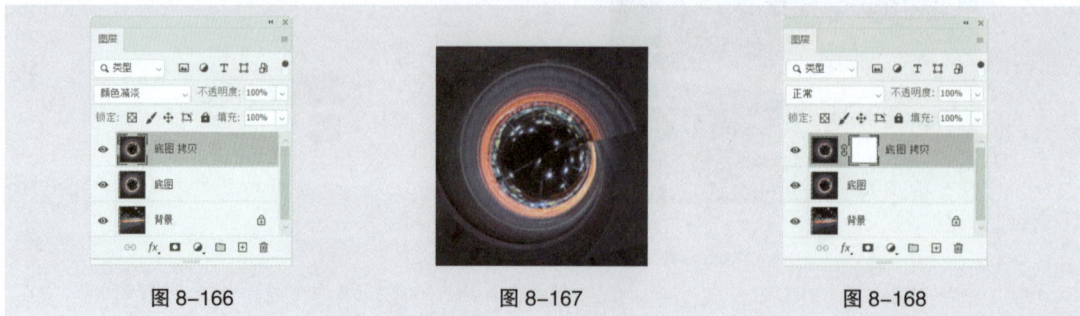

图 8-166　　　　　　　　　图 8-167　　　　　　　　　图 8-168

（7）按住Ctrl键的同时，选择"底图 拷贝"和"底图"图层。按Ctrl+E组合键，合并图层并将其命名为"底图"。按Ctrl+J组合键，复制"底图"图层，生成新的图层"底图 拷贝"，如图8-171所示。

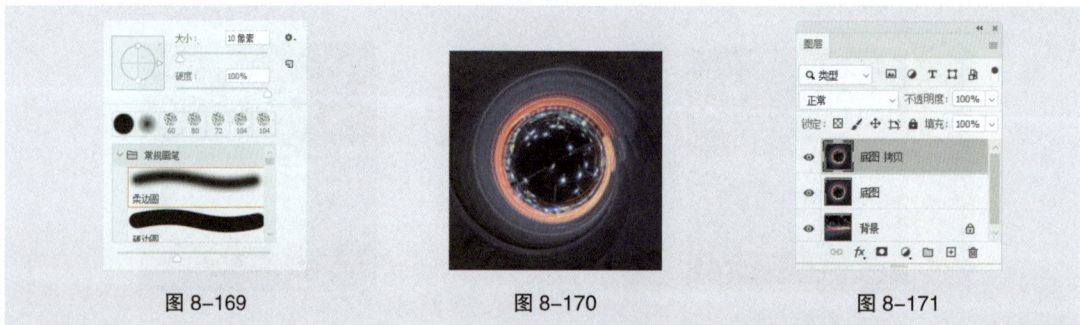

图 8-169　　　　　　　　　图 8-170　　　　　　　　　图 8-171

（8）选择"滤镜 > 扭曲 > 波浪"命令，在弹出的"波浪"对话框中进行设置，如图8-172所示。单击"确定"按钮，效果如图8-173所示。在"图层"面板上方，将"底图 拷贝"图层的混合模式选项设为"颜色减淡"，如图8-174所示，图像效果如图8-175所示。

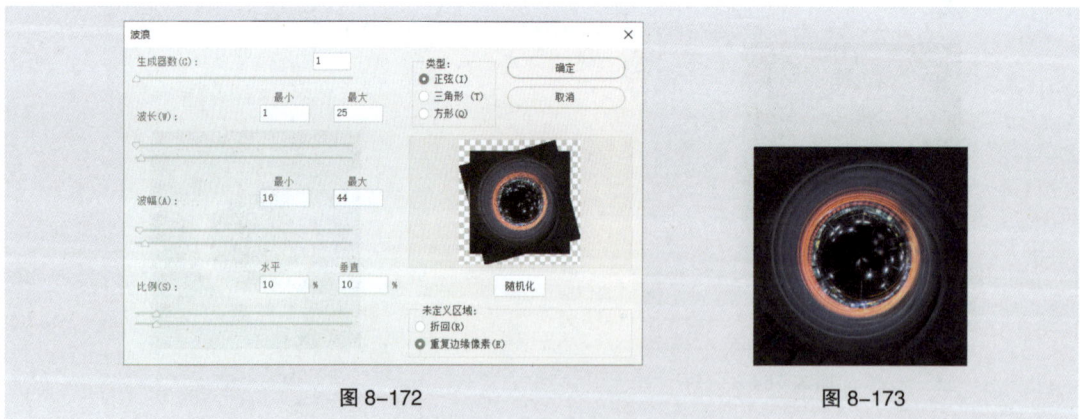

图 8-172　　　　　　　　　　　　　　　图 8-173

（9）选择"文件 > 置入嵌入对象"命令，弹出"置入嵌入的对象"对话框。选择云盘中的"Ch08 > 素材 > 制作极限运动类公众号封面次图 > 02"文件，单击"置入"按钮，将02文件中的图像置入图像窗口，将其拖曳到适当的位置并调整大小，按Enter键确定操作，效果如图8-176所示，在"图层"面板中生成新的图层并将其命名为"自行车"。至此，极限运动类公众号封面次图制作完成。

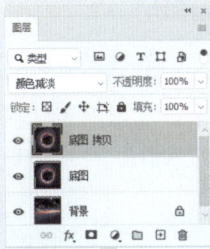
图 8-174

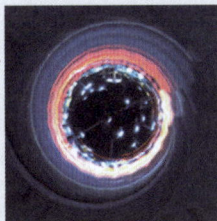
图 8-175

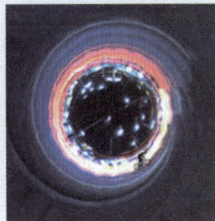
图 8-176

8.3.14 波浪

波浪滤镜是Photoshop中比较复杂的一个滤镜，它通过选择不同的波长以产生不同的波动效果。

打开一幅图像，如图8-177所示。选择"滤镜 > 扭曲 > 波浪"命令，弹出图8-178所示的"波浪"对话框。

图 8-177

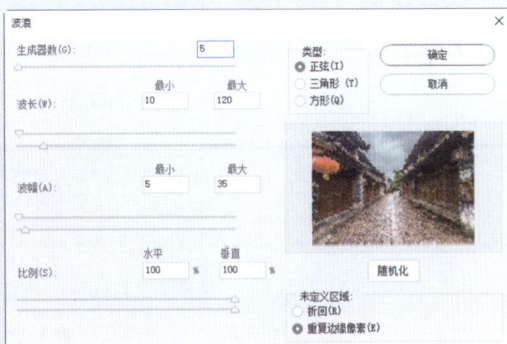
图 8-178

"生成器数"选项用于控制产生波的总数，此参数设置得越高，产生的图像越模糊。"波长"选项用于控制波峰的间距，有两个选项；"波幅"选项用于调节产生波的波幅，它与上一个参数的设置相同；"比例"选项用于决定水平、垂直方向的变形度。"类型"选项组用于规定波的形状。"未定义区域"选项组用于设定未定义区域的类型。

对话框的设置如图8-179所示，单击"确定"按钮，效果如图8-180所示。

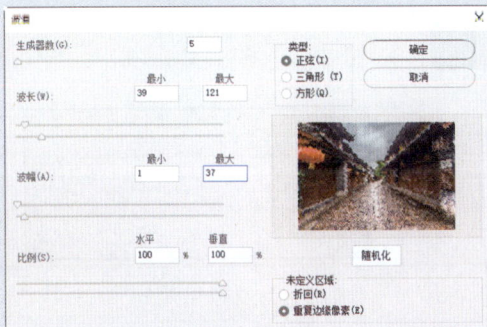
图 8-179

图 8-180

8.3.15　课堂案例——制作家用电器类公众号封面首图

【案例学习目标】学习使用"USM锐化"命令锐化图像。

【案例知识要点】使用"USM锐化"命令调整照片清晰度，最终效果如图8-181所示。

微课

制作家用电器
类公众号封面
首图

图 8-181

【效果所在位置】云盘/Ch08/效果/制作家用电器类公众号封面首图.psd。

（1）按Ctrl＋N组合键，弹出"新建文档"对话框，设置宽度为900像素，高度为383像素，分辨率为72像素/英寸，颜色模式为RGB，背景内容为白色，单击"创建"按钮，新建一个文档。

（2）按Ctrl＋O组合键，打开云盘中的"Ch08 > 素材 > 制作家用电器类公众号封面首图 > 01"文件。选择"移动"工具，将01文件中的图像拖曳到新建的图像窗口中适当的位置，效果如图8-182所示，在"图层"面板中生成新的图层并将其命名为"底图"。

图 8-182

（3）单击"图层"面板下方的"添加图层样式"按钮，在弹出的菜单中选择"描边"命令，弹出"图层样式"对话框。在"描边"设置界面中，将描边颜色设为深红色（139、0、0），其他选项的设置如图8-183所示。单击"确定"按钮，效果如图8-184所示。

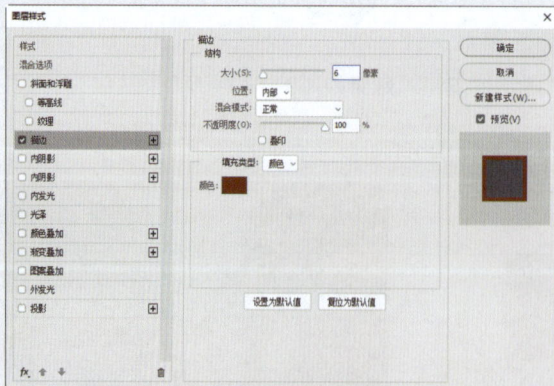
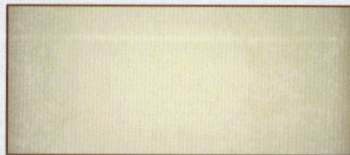

图 8-183　　　　　　　　　　　　　　　　　图 8-184

（4）按Ctrl+O组合键，打开云盘中的"Ch08 > 素材 > 制作家用电器类公众号封面首图 > 02、

03"文件。选择"移动"工具 ⊕.，将02和03文件中的图像分别拖曳到新建的图像窗口中适当的位置，效果如图8-185所示。在"图层"面板中分别生成新的图层并将其命名为"边框"和"热水壶"，如图8-186所示。

（5）选中"热水壶"图层，选择"滤镜 > 锐化 > USM锐化"命令，在弹出的"USM锐化"对话框中进行设置，如图8-187所示。单击"确定"按钮，效果如图8-188所示。

图 8-185   图 8-186   图 8-187

（6）按Ctrl+O组合键，打开云盘中的"Ch08 > 素材 > 制作家用电器类公众号封面首图 > 04"文件。选择"移动"工具 ⊕.，将04文件中的图像拖曳到新建的图像窗口中适当的位置，如图8-189所示，在"图层"面板中生成新的图层并将其命名为"文字"。至此，家用电器类公众号封面首图制作完成。

图 8-188   图 8-189

8.3.16　USM 锐化

USM锐化滤镜可以用于产生边缘轮廓锐化的效果。

打开一幅图像，如图8-190所示。选择"滤镜 > 锐化 > USM锐化"命令，弹出图8-191所示的"USM锐化"对话框。在该对话框中可以设置锐化的数量、半径和阈值，对图像进行的设置如图8-192所示。单击"确定"按钮，效果如图8-193所示。

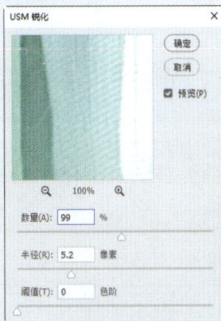

图 8-190   图 8-191   图 8-192   图 8-193

8.3.17　添加杂色

添加杂色滤镜可以用于在处理的图像中增加一些细小的颗粒状像素。

打开一幅图像，如图8-194所示。选择"滤镜 > 杂色 > 添加杂色"命令，弹出图8-195所示的"添加杂色"对话框。

图 8-194　　　　　　　　　　　　图 8-195

"数量"选项用于控制增加噪波的数量，参数值越大，效果越明显。"分布"选项组用于选择干扰属性："平均分布"项为统一属性，"高斯分布"项为高斯模式。"单色"选项用于控制单色噪波的色素。

"添加杂色"对话框的设置如图8-196所示，单击"确定"按钮，效果如图8-197所示。

图 8-196　　　　　　　　　　　　图 8-197

8.3.18　课堂案例——制作汽车销售网站首页 Banner

【案例学习目标】学习使用"USM锐化"命令锐化图像。

【案例知识要点】使用"置入嵌入对象"命令置入图片，使用"横排文字"工具添加文字，使用"添加图层样式"命令为图像添加效果，使用"矩形选框"工具绘制基本形状，使用"创建剪贴蒙版"命令调整图片显示区域。使用"USM锐化"命令调整照片清晰度，最终效果如图8-198所示。

图 8-198

【效果所在位置】云盘/Ch08/效果/制作汽车销售网站首页Banner.psd。

1. 底图制作

（1）按Ctrl+N组合键，弹出"新建文档"对话框，设置宽度为30厘米，高度为15厘米，分辨率为300像素/英寸，背景内容为白色，如图8-199所示。单击"创建"按钮，新建一个文件。

图 8-199

（2）选择"文件 > 置入嵌入对象"命令，弹出"置入嵌入的对象"对话框。选择云盘中的"Ch08 > 制作汽车销售网站首页Banner> 素材 > 01"文件，单击"置入"按钮，置入图像，将其拖曳到适当的位置，按Enter键确定操作，效果如图8-200所示。在"图层"面板中生成新的图层并将其命名为"城市"，如图8-201所示。

图 8-200   图 8-201

（3）选择"文件 > 置入嵌入对象"命令，弹出"置入嵌入的对象"对话框。选择云盘中的"Ch08 > 制作汽车销售网站首页Banner> 素材 > 02"文件，单击"置入"按钮，置入图像，将其拖曳到适当的位置，按Enter键确定操作，效果如图8-202所示。在"图层"面板中生成新的图层并将其命名为"道路",如图8-203所示。

图 8-202　　　　　　　　　　　　　　　　　图 8-203

（4）单击"图层"面板下方的"创建新图层"按钮，在"图层"面板生成新的图层并将其命名为"渐变"，如图8-204所示。

（5）将前景色设为黑色。选择"矩形选框"工具，在图像窗口中适当的位置绘制矩形选区，按Alt＋Delete组合键填充前景色，按Ctrl＋D组合键取消选区，效果如图8-205所示。单击"图层"面板下方的"添加图层蒙版"按钮，为"渐变"图层添加图层蒙版。选择"渐变"工具，单击属性栏中的"点按可编辑渐变"按钮，弹出"渐变编辑器"对话框，将渐变设为从黑色到白色，如图8-206所示，单击"确定"按钮。选择"径向渐变"按钮，在图像下方从下向上拖曳鼠标，为图像部分区域设置渐变色，效果如图8-207所示。

图 8-204　　　　　　　　　　　　　　　　　图 8-205

图 8-206　　　　　　　　　　　　　　　　　图 8-207

2. 制作汽车效果

（1）选择"文件 ＞ 置入嵌入对象"命令，弹出"置入嵌入的对象"对话框。选择云盘中的"Ch08 ＞ 制作汽车销售网站首页Banner＞ 素材 ＞ 03"文件，单击"置入"按钮，置入图像，将其拖曳到适当的位置，按Enter键确定操作，效果如图8-208所示，在"图层"面板中生成新的图层并将其命名为"汽车1"。单击鼠标右键，在弹出的快捷菜单里选择"栅格化图层"，面板中的效果如图8-209所示。

图 8-208

图 8-209

（2）选择"缩放"工具 <img>，适当放大视图。选择"多边形套索"工具 <img>，在适当的位置绘制选区，如图8-210所示。按Ctrl＋J组合键复制图像，在"图层"面板中生成新的图层并将其命名为"镀铬条"，如图8-211所示。

图 8-210

图 8-211

（3）选择"图像 > 调整 > 亮度/对比度"命令，在弹出的"亮度/对比度"对话框中进行设置，如图8-212所示。单击"确定"按钮，效果如图8-213所示。

图 8-212

图 8-213

（4）选择"缩放"工具 <img>，适当放大视图。选择"多边形套索"工具 <img>，在适当的位置绘制选区，如图8-214所示。按Ctrl＋J组合键复制图像，在"图层"面板中生成新的图层并将其命名为"前车窗"，如图8-215所示。

图 8-214

图 8-215

（5）选择"前车窗"图层，选择"图像 > 调整 > 色阶"命令，在弹出的"色阶"对话框中进行设置，如图8-216所示。按Enter键确定操作，效果如图8-217所示。选中"汽车1"图层，使用相同方法制作"侧车窗1""侧车窗2"效果，在"图层"面板中生成新的图层的效果如图8-218所示，图像效果如图8-219所示。

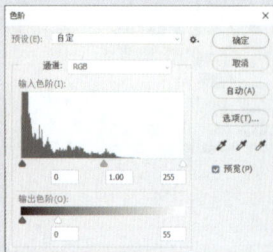

<table>
<tr><td>图 8-216</td><td>图 8-217</td><td>图 8-218</td></tr>
</table>

（6）选中"汽车1"图层，单击"图层"面板下方的"创建新图层"按钮，新建图层，在"图层"面板中生成新的图层并将其命名为"阴影"，如图8-220所示。

（7）选择"钢笔"工具，在适当的位置绘制阴影路径，按Ctrl + Enter组合键将路径转换为选区，按Alt + Delete组合键填充前景色，按Ctrl + D组合键取消选区，如图8-221所示。

<table>
<tr><td>图 8-219</td><td>图 8-220</td><td>图 8-221</td></tr>
</table>

（8）选择"滤镜 > 模糊 > 高斯模糊"命令，在弹出的"高斯模糊"对话框中进行设置，如图8-222所示。按Enter键确定操作，效果如图8-223所示。选择"移动"工具，调整阴影位置到适当的位置，效果如图8-224所示。

<table>
<tr><td>图 8-222</td><td>图 8-223</td><td>图 8-224</td></tr>
</table>

（9）使用上述方法制作其他阴影效果，在"图层"面板中生成新的图层并将其命名为"阴影1""阴影2""阴影3"，如图8-225所示，效果如图8-226所示。在"图层"面板中选中图层"镀铬条"，按住Shift键的同时，选中"阴影"图层，按Ctrl + G组合键进行编组，并将该组命名为"汽车1"，如图8-227所示。

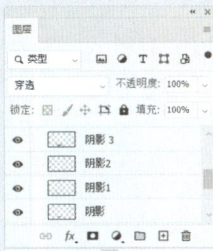

图 8-225　　　　　　　　　　图 8-226　　　　　　　　　　图 8-227

（10）选择"文件 > 置入嵌入对象"命令，弹出"置入嵌入的对象"对话框。选择云盘中的"Ch08 > 制作汽车销售网站首页Banner> 素材 > 04"文件，单击"置入"按钮，置入图像，将其拖曳到适当的位置，按Enter键确定操作，效果如图8-228所示。在"图层"面板中生成新的图层并将其命名为"汽车2"，如图8-229所示。按照相同的步骤，添加"汽车2"的效果，图层面板如图8-230所示，效果如图8-231所示。

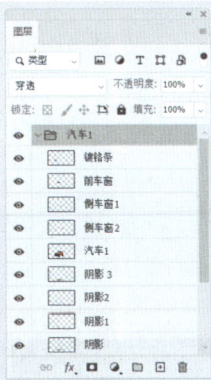

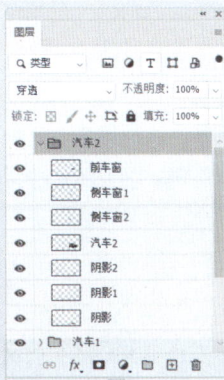

图 8-228　　　　　　图 8-229　　　　　　　　　图 8-230　　　　　　图 8-231

3. 添加标题文字和标志

（1）选择"横排文字"工具 T.，在适当的位置添加文本框，在其中输入需要的文字，在"字符"面板中进行设置，如图8-232所示。按Enter键确定操作，效果如图8-233所示。选取需要的文字，在"字符"面板中进行设置，如图8-234所示。按Enter键确定操作，效果如图8-235所示。

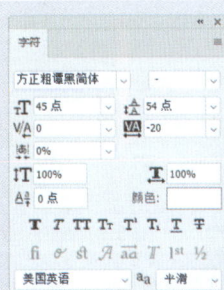

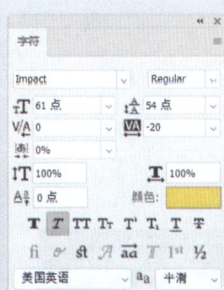

图 8-232　　　　　　图 8-233　　　　　　　　　图 8-234　　　　　　图 8-235

（2）在菜单栏中选择"窗口 > 形状"命令，弹出"形状"面板，单击右侧的≡图标，在弹出的菜单中选择"旧版形状及其他"命令，如图8-236所示。

（3）选择"自定义形状"工具 ⬟，单击属性栏中形状的"下拉按钮" ⬚，在弹出的面板中展开"旧版形状及其他 > 所有旧版默认形状 > 箭头"，并选中需要的形状，如图8-237所示。在属性栏中选择"形状"，在页面中拖曳鼠标绘制形状。双击图层缩略图，在"拾色器"面板中将"颜色"设为黄色（255、220、27），按Enter键确定操作，效果如图8-238所示。

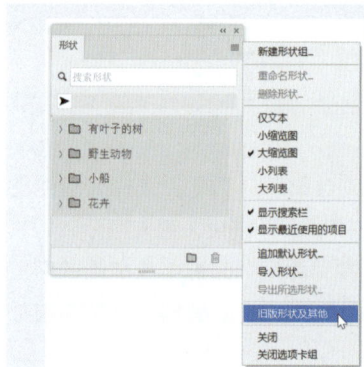
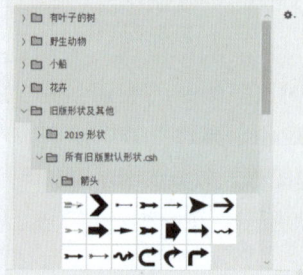

图 8-236　　　　　　　　　　图 8-237　　　　　　　　　　图 8-238

（4）选择"横排文字"工具 T，在适当的位置添加文本框，在其中输入需要的文字，在"字符"面板中进行设置，如图8-239所示。按Enter键确定操作，效果如图8-240所示。选取需要的文字，在"字符"面板中进行设置，如图8-241所示。按Enter键确定操作，效果如图8-242所示。

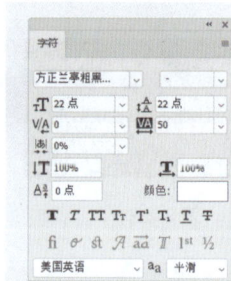

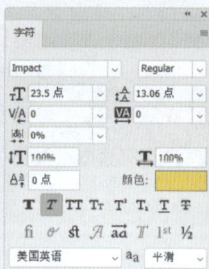

图 8-239　　　　　　图 8-240　　　　　　图 8-241　　　　　　图 8-242

（5）选择"文件 > 置入嵌入对象"命令，弹出"置入嵌入的对象"对话框。选择云盘中的"Ch08 > 制作汽车销售网站首页Banner> 素材 > 05"文件，单击"置入"按钮，置入图像，将其拖曳到适当的位置，按Enter键确定操作，效果如图8-243所示。在"图层"面板中生成新的图层并将其命名为"标"，如图8-244所示。

图 8-243　　　　　　　　　　　　图 8-244

8.3.19 高反差保留

高反差保留滤镜可以用于删除图像中亮度逐渐变化的部分，并保留色彩变化最大的部分。

8.4 课堂练习——制作家电网站主页 Banner

【练习知识要点】使用"圆角矩形"工具绘制装饰图形，使用图层样式修饰图形和文字，使用"横排文字"工具添加文字信息，最终效果如图8-245所示。

【效果所在位置】云盘/Ch08/效果/制作家电网站主页Banner.psd。

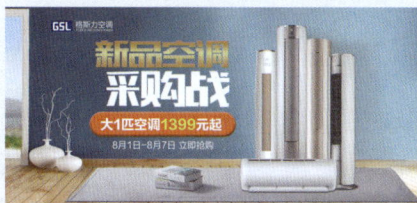

图 8-245

8.5 课后习题——制作音乐 App 引导页

【习题知识要点】使用"椭圆"工具绘制装饰图形，使用"添加智能锐化"命令和"高斯模糊"命令调整图片，使用"剪贴蒙版"命令调整图片显示区域，使用"横排文字"工具添加文字信息，最终效果如图8-246所示。

【效果所在位置】云盘/Ch08/效果/制作音乐App引导页.psd。

图 8-246

商业案例

▶ 本章介绍

本章结合多个新媒体应用领域商业案例的实际应用，通过项目背景、项目要求、项目设计和项目制作进一步详解Photoshop强大的应用功能和制作技巧。通过本章的学习，学生可以掌握商业项目的设计理念和制作重点，提高实战技巧。

学习目标

- 掌握Photoshop CC在不同的新媒体领域的应用技巧。

技能目标

- 掌握中式茶叶官网首页的制作方法。
- 掌握食品餐饮网店主图的制作方法。
- 掌握餐饮App引导页的制作方法。
- 掌握服装饰品App首页Banner的制作方法。
- 掌握旅游出行类公众号推广海报的制作方法。
- 掌握传统文化宣传海报的制作方法。
- 掌握食品餐饮行业产品营销H5页面的制作方法。

素养目标

- 培养学生举一反三的能力。
- 提高学生学以致用的能力。
- 培养学生的商业设计思维。

9.1 制作中式茶叶官网首页

9.1.1 项目背景

1. 客户名称

中式茶叶。

2. 客户需求

微课
制作中式茶叶官网首页 1

微课
制作中式茶叶官网首页 2

微课
制作中式茶叶官网首页 3

微课
制作中式茶叶官网首页 4

中式茶叶是一个以"用心做好茶"为经营理念的茶叶生产、销售企业。本项目是为该企业设计制作官网首页，要求使用简洁的形式展现品牌及产品特点，使顾客对茶文化产生兴趣。

9.1.2 项目要求

（1）使用浅色的背景突出宣传主题。

（2）采用茶园实景图片和水墨画风格图片结合的展示方式，既突出企业业务，又渲染意境。

（3）对茶的不同品种进行展示说明，普及茶文化。

（4）企业联系方式清晰明了。

（5）页面规格均为1920像素（宽）×3478像素（高），分辨率为72像素/英寸。

9.1.3 项目设计

本项目原型图如图9-1所示，效果图如图9-2所示。

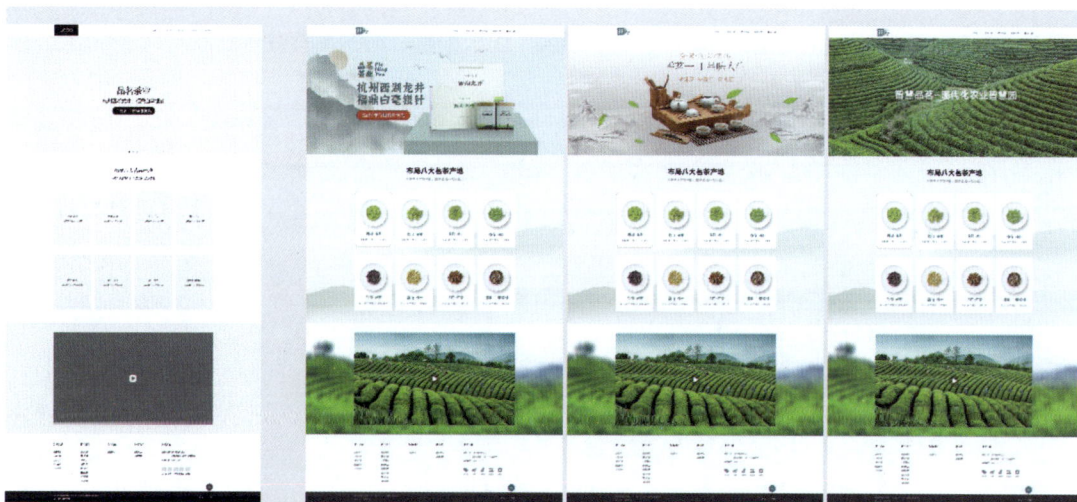

图 9-1   图 9-2

9.1.4 项目要点

使用"新建参考线"命令建立参考线，使用"置入嵌入对象"命令置入图像，使用"横排文字"工具添加文字，使用"矩形"工具、"圆角矩形"工具绘制基本形状。

9.1.5 项目制作

1. 制作导航栏

（1）按Ctrl+N组合键，弹出"新建文档"对话框，设置宽度为1920像素，高度为3478像素，分辨率为72像素/英寸，背景内容为白色，如图9-3所示，单击"创建"按钮，新建一个文件。

（2）选择"视图 > 新建参考线版面"命令，弹出"新建参考线版面"对话框，勾选"列"复选框，设置"数字"为12列，"宽度"为78像素，"装订线"为24像素，如图9-4所示。单击"确定"按钮，完成参考线版面的创建。

Photoshop CC新媒体图形图像设计与制作（全彩慕课版）（第2版）

166

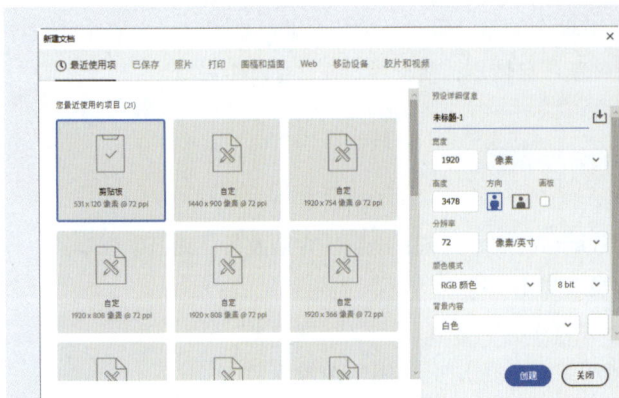

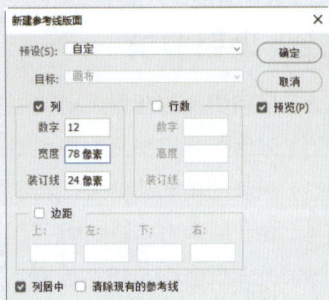

图 9-3 图 9-4

（3）选择"文件 > 置入嵌入对象"命令，弹出"置入嵌入的对象"对话框。选择云盘中的"Ch09 > 制作中式茶叶网站首页 > 素材 > 01"文件，单击"置入"按钮，将图像置入图像窗口中，按Enter键确定操作，效果如图9-5所示，在"图层"面板中生成新的图层并将其命名为"原型"。单击"锁定全部"按钮，锁定图层，如图9-6所示。

（4）选择"视图 > 新建参考线"命令，弹出"新建参考线"对话框，在距离上方页边距80像素的位置新建一条水平参考线，设置如图9-7所示。单击"确定"按钮，完成参考线的创建。

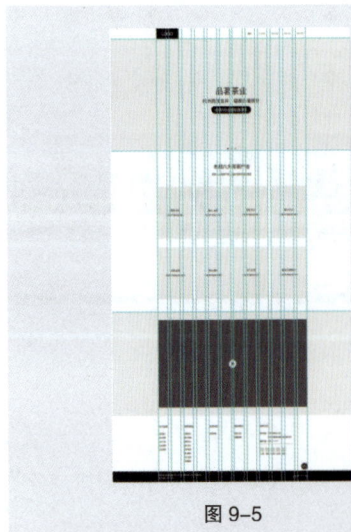

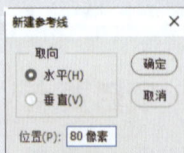

图 9-5 图 9-6 图 9-7

（5）按Ctrl + O组合键，打开云盘中的"Ch09 > 制作中式茶叶网站首页 > 素材 > 02"文件，如

图9-8所示。在"图层"面板中的"导航"图层组上单击鼠标右键，在弹出的快捷菜单中选择"复制组"命令，在弹出的"复制组"对话框中将"目标"选项组中的"文档"设为"未标题-1"，如图9-9所示。单击"确定"按钮，复制组到新建的图像窗口中。

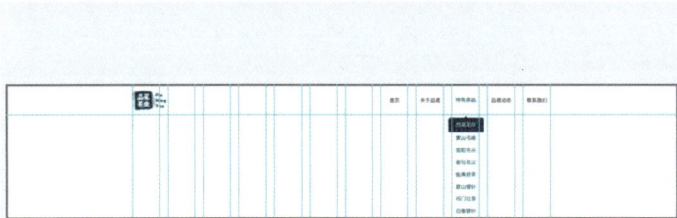

图9-8

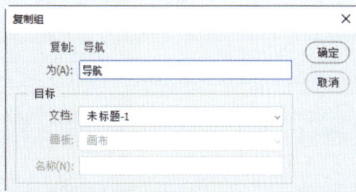

图9-9

（6）返回到新建的图像窗口中。在"图层"面板中，展开"导航"图层组，选择"二级导航"图层组，按Delete键将其删除，效果如图9-10所示。选择"特色茶品"文字图层，在"属性"面板中将"颜色"设为深灰色（51、51、51），按Enter键确定操作，效果如图9-11所示。

图 9-10

图 9-11

（7）在"图层"面板中，选择"首页"文字图层。在"属性"面板中将"颜色"设为蓝绿色（14、99、110），如图9-12所示。按Enter键确定操作，效果如图9-13所示。

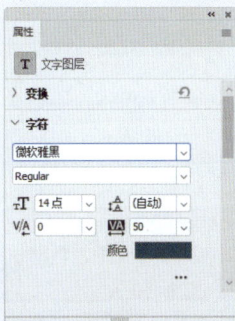

图 9-12

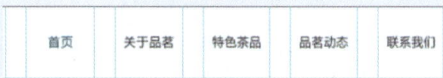

图 9-13

2. 制作轮播海报

（1）选择"视图 > 新建参考线"命令，弹出"新建参考线"对话框，在距离上方参考线860像素的位置新建一条水平参考线，设置如图9-14所示。单击"确定"按钮，完成参考线的创建，折叠"导航"图层组。

（2）选择"矩形"工具 ▢，在属性栏的"选择工具模式"选项中选择"形状"，将"填充"颜色设为淡蓝色（223、233、237），"描边"颜色设为无。在图像窗口中绘制一个宽为1920像素、高为860像素的矩形，效果如图9-15所示，在"图层"面板中生成新的形状图层"矩形 1"。

（3）选择"文件 > 置入嵌入对象"命令，弹出"置入嵌入的对象"对话框。选择云盘中的"Ch09 > 制作中式茶叶网站首页 > 素材 > 03"文件，单击"置入"按钮，将03文件中的图像置入图像窗口中，在属性栏中设置其大小及位置，如图9-16所示。按Enter键确定操作，在"图层"面板中生成新的图层并将其命名为"山水画1"。按Ctrl+Alt+G组合键，为图层创建剪贴蒙版，效果如图9-17所示。

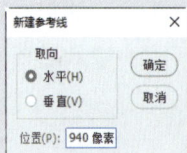

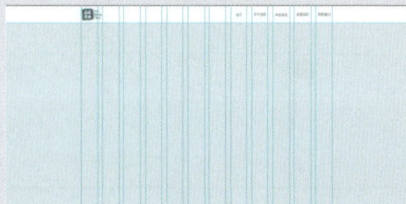

图 9-14　　　　　　　　　　　　　　　图 9-15

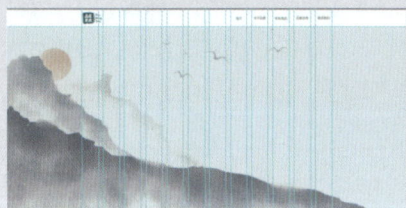

图 9-16　　　　　　　　　　　　　　　图 9-17

（4）单击"图层"面板下方的"创建新的填充或调整图层"按钮，在弹出的菜单中选择"色彩平衡"命令，在"图层"面板中生成"色彩平衡1"图层，同时在弹出的面板中进行设置，如图9-18所示。按Enter键确定操作，效果如图9-19所示。

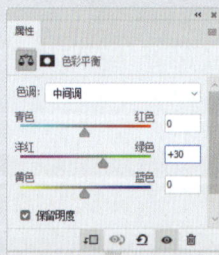

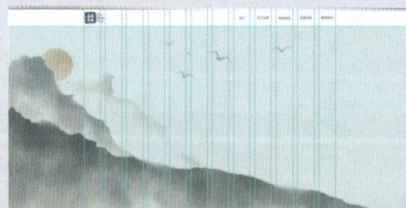

图 9-18　　　　　　　　　　　　　　　图 9-19

（5）选择"横排文字"工具，在适当的位置添加文本框，在其中输入需要的文字并选取文字。选择"窗口 > 字符"命令，打开"字符"面板，在"字符"面板中将"颜色"设为蓝绿色（14、99、110），其他选项的设置如图9-20所示。按Enter键确定操作，效果如图9-21所示，在"图层"面板中生成新的文字图层。

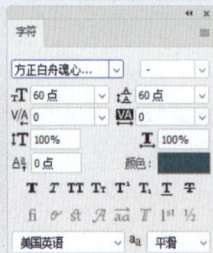

图 9-20　　　　　　　　　　　　　　　图 9-21

（6）选择"文件 > 置入嵌入对象"命令，弹出"置入嵌入的对象"对话框。选择云盘中的"Ch09 > 制作中式茶叶网站首页 > 素材 > 04"文件，单击"置入"按钮，将04文件中的图像置入图像窗口中，在属性栏中设置其大小及位置，如图9-22所示。按Enter键确定操作，在"图层"面板中生成新的图层并将其命名为"山"。按Ctrl+Alt+G组合键，为图层创建剪贴蒙版，效果如图9-23所示。

图 9-22　　　　　　　　　　　　　　　　　　　图 9-23

（7）按Ctrl+J组合键，复制"山"图层。按Ctrl+T组合键，在图像周围出现变换框，在属性栏中设置其大小及位置，如图9-24所示，按Enter键确定操作。按Ctrl+Alt+G组合键，为图层创建剪贴蒙版，效果如图9-25所示。

图 9-24　　　　　　　　　　　　　　　　　　　图 9-25

（8）选择"横排文字"工具 T.，在适当的位置添加文本框，在其中输入需要的文字并选取文字。在"字符"面板中将"颜色"设为蓝绿色（14、99、110），其他选项的设置如图9-26所示。按Enter键确定操作，效果如图9-27所示，在"图层"面板中生成新的文字图层。

图 9-26　　　　　　　　　　　　　　　　　　　图 9-27

（9）继续在适当的位置添加文本框，在其中输入需要的文字并选取文字。在"字符"面板中将"颜色"设为蓝绿色（14、99、110），其他选项的设置如图9-28所示。按Enter键确定操作，效果如图9-29所示，在"图层"面板中生成新的文字图层。

（10）单击"图层"面板下方的"添加图层样式"按钮 fx，在弹出的菜单中选择"描边"命令，弹出"图层样式"对话框。在"描边"设置界面中将描边颜色设为暗黄色（234、198、168），其他选项的设置如图9-30所示。选择"内阴影"选项，切换到相应的设置界面中进行设置，如图9-31所示，单击"确定"按钮。

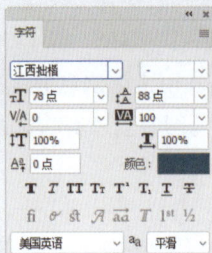

图 9-28

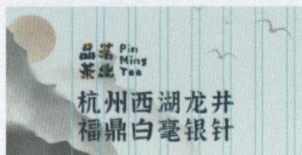

图 9-29

图 9-30

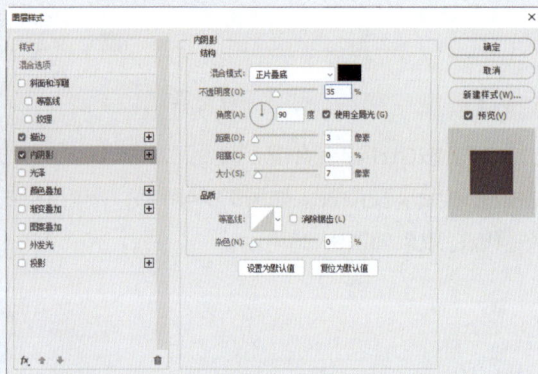

图 9-31

（11）选择"圆角矩形"工具 ⬜ ，在属性栏中将"填充"颜色设为大红色（197、24、30），"描边"颜色设为无，"半径"选项设为29像素。在图像窗口中适当的位置绘制一个宽为400像素、高为72像素的圆角矩形，效果如图9-32所示，在"图层"面板中生成新的形状图层"圆角矩形 1"。

（12）选择"横排文字"工具 T. ，在适当的位置添加文本框，在其中输入需要的文字并选取文字。在"字符"面板中将"颜色"设为白色，其他选项的设置如图9-33所示。按Enter键确定操作，效果如图9-34所示，在"图层"面板中生成新的文字图层。

图 9-32

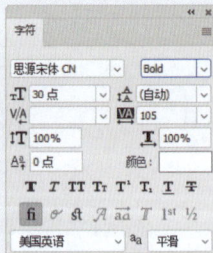

图 9-33

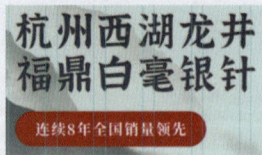

图 9-34

（13）选择"矩形"工具 ⬜ ，在属性栏中将"填充"颜色设为淡绿色（174、203、194），"描边"颜色设为无。在图像窗口中适当的位置绘制一个宽为1000像素、高为208像素的矩形，效果如图9-35所示，在"图层"面板中生成新的形状图层"矩形 2"。

（14）按Ctrl+T组合键，在图像周围出现变换框，单击鼠标右键，在弹出的快捷菜单中选择"透视"命令。向左侧拖曳右上角的控制手柄到35°的位置，效果如图9-36所示。按Enter键确定操作，在弹出的"转变为常规路径"对话框中，单击"是"按钮，变换路径。

图 9-35

图 9-36

（15）选择"矩形"工具 □，在图像窗口中适当的位置绘制一个宽为1000像素、高为100像素的矩形，在"属性"面板中将"填充"颜色设为灰绿色（139、169、160），"描边"颜色设为无，效果如图9-37所示，在"图层"面板中生成新的形状图层"矩形 3"，图像效果如图9-38所示。

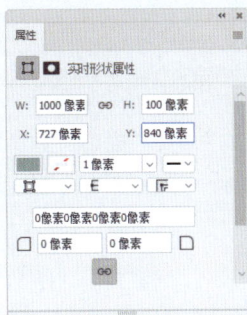

图 9-37

图 9-38

（16）选择"文件 > 置入嵌入对象"命令，弹出"置入嵌入的对象"对话框。选择云盘中的"Ch09 > 制作中式茶叶网站首页 > 素材 > 05"文件，单击"置入"按钮，将05文件中的图像置入图像窗口中，在属性栏中设置其大小及位置，如图9-39所示。按Enter键确定操作，在"图层"面板中生成新的图层并将其命名为"西湖龙井"，效果如图9-40所示。

（17）在属性栏中将"填充"颜色设为灰蓝色（108、134、135），"描边"颜色设为无。在图像窗口中适当的位置绘制一个宽为279像素、高为94像素的矩形，效果如图9-41所示，在"图层"面板中生成新的形状图层"矩形 4"。

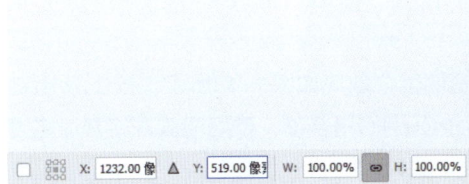

图 9-39

图 9-40

图 0 41

（18）在"图层"面板中，单击"图层"面板下方的"添加图层样式"按钮 fx，在弹出的菜单中选择"渐变叠加"命令，弹出"图层样式"对话框。在"渐变叠加"设置界面中单击"点按可编辑渐变"按钮 ，弹出"渐变编辑器"对话框，设置两个位置点颜色的RGB值分别为0（108、134、135）、100（174、203、194），如图9-42所示。单击"确定"按钮，返回"图层样式"对话框，"渐变叠加"设置界面的选项设置如图9-43所示，单击"确定"按钮。

（19）使用相同的方法，在适当的位置绘制矩形并为其添加"渐变叠加"效果，效果如图9-44所示。在"图层"面板中选择"西湖龙井"图层，将其拖曳到"矩形 5"图层的上方，如图9-45所示。

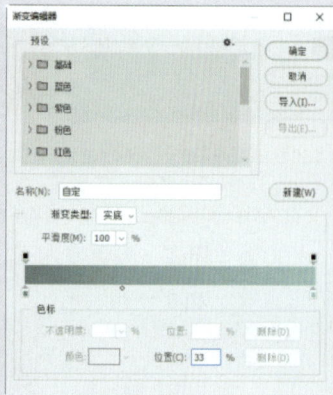

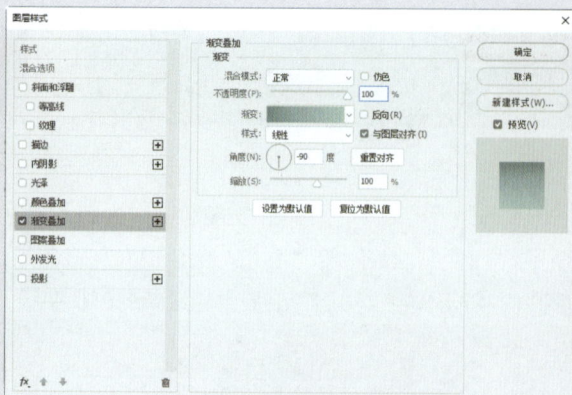

图 9-42　　　　　　　　　　　　　　　　　　　图 9-43

（20）选择"椭圆"工具 ○，在属性栏中将"填充"颜色设为白色，"描边"颜色设为无。按住Shift键的同时，在图像窗口中距离下方参考线12像素的位置绘制一个直径为10像素的圆，效果如图9-46所示，在"图层"面板中生成新的形状图层"椭圆 1"。

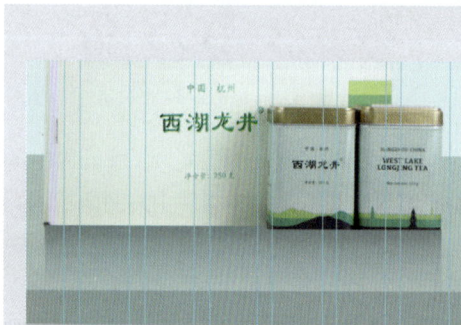

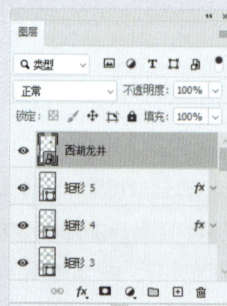

图 9-44　　　　　　　　　　　图 9-45　　　　　　　　　　　图 9-46

（21）按Ctrl+J组合键，复制"椭圆 1"图层。按Ctrl+T组合键，在图像周围出现变换框，在属性栏中将"X"坐标加30像素确定位置，按Enter键确定操作，在"图层"面板中将"不透明度"选项设为30%，效果如图9-47所示。

（22）使用相同的方法复制"椭圆 1"图层并修改不透明度，效果如图9-48所示。按住Shift键的同时，单击"矩形 1"图层，将需要的图层同时选取，按Ctrl+G组合键，群组图层并将其命名为"轮播海报1"，如图9-49所示。

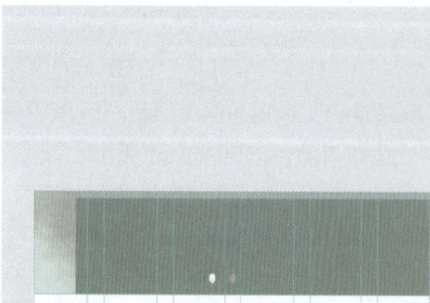

图 9-47　　　　　　　　　　　图 9-48　　　　　　　　　　　图 9-49

（23）使用上述方法分别制作"轮播海报2""轮播海报3"图层组，效果分别如图9-50和图9-51所示。

图 9-50

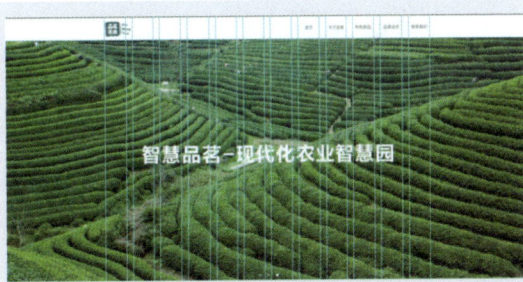

图 9-51

3. 制作内容区

（1）选择"视图 > 新建参考线"命令，弹出"新建参考线"对话框，在距离上方参考线1232像素的位置新建一条水平参考线，设置如图9-52所示。单击"确定"按钮，完成参考线的创建。

（2）选择"矩形"工具 □，在属性栏中将"填充"颜色设为浅灰色（246、246、246），"描边"颜色设为无。在图像窗口中绘制一个宽为1920像素、高为2092像素的矩形，效果如图9-53所示，在"图层"面板中生成新的形状图层"矩形8"。

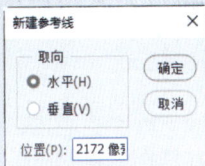

图 9-52

图 9-53

（3）选择"文件 > 置入嵌入对象"命令，弹出"置入嵌入的对象"对话框。选择云盘中的"Ch09 > 制作中式茶叶网站首页 > 素材 > 15"文件，单击"置入"按钮，将15文件中的图像置入图像窗口中，在属性栏中设置其大小及位置，如图9-54所示。按Enter键确定操作，效果如图9-55所示，在"图层"面板中生成新的图层并将其命名为"山2"。

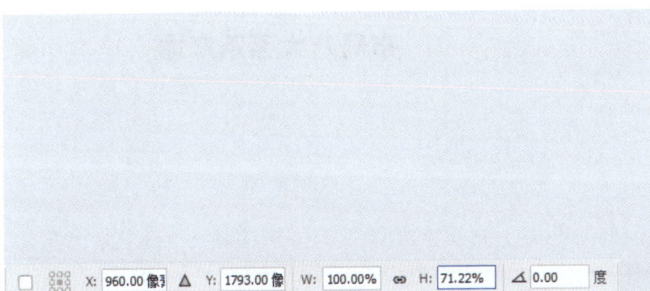

图 9-54

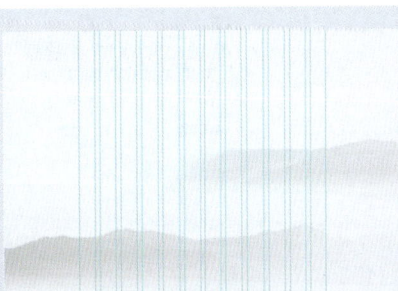

图 9-55

（4）单击"图层"面板下方的"创建新的填充或调整图层"按钮 ●，在弹出的菜单中选择"色彩平衡"命令，在"图层"面板中生成"色彩平衡2"图层，同时在弹出的面板中进行设置，如图9-56所示。按Enter键确定操作，效果如图9-57所示。

图 9-56

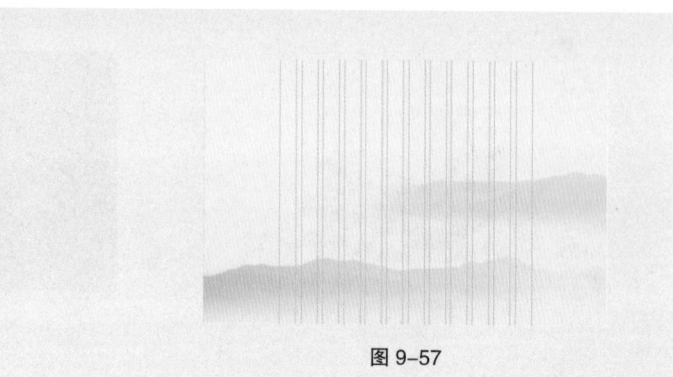

图 9-57

（5）选择"横排文字"工具 T，在距离上方参考线96像素的位置添加文本框，在其中输入需要的文字并选取文字。在"字符"面板中将"颜色"设为深灰色（21、20、22），其他选项的设置如图9-58所示。按Enter键确定操作，效果如图9-59所示，在"图层"面板中生成新的文字图层。

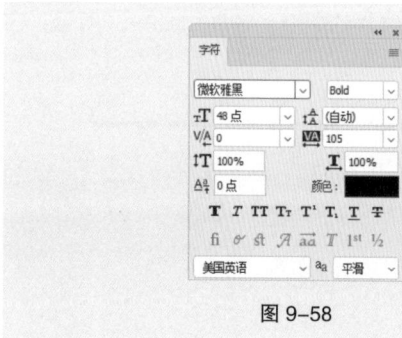

图 9-58

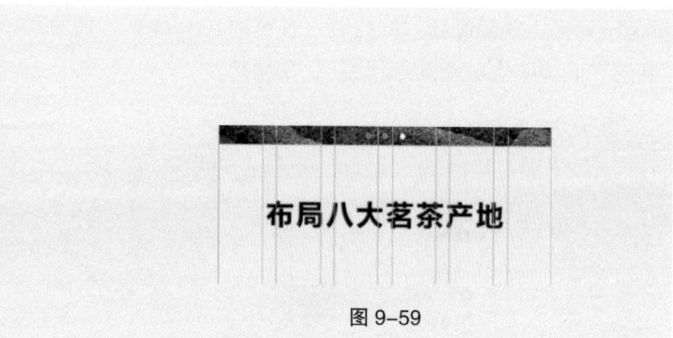

图 9-59

（6）在距离上方文字24像素的位置添加文本框，在其中输入需要的文字并选取文字。在"字符"面板中将"颜色"设为灰色（154、155、156），其他选项的设置如图9-60所示。按Enter键确定操作，效果如图9-61所示，在"图层"面板中生成新的文字图层。

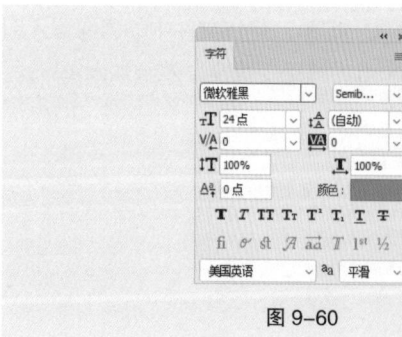

图 9-60

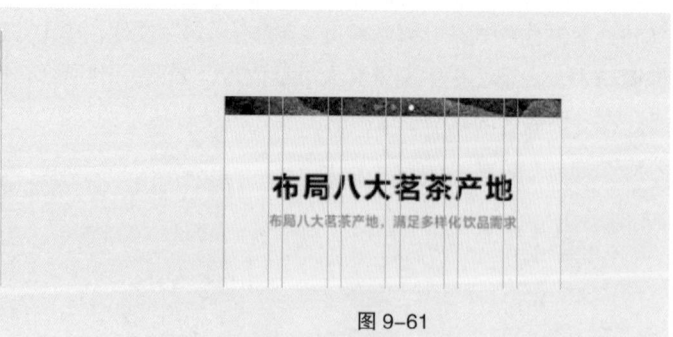

图 9-61

（7）选择"矩形"工具 □，在图像窗口中距离上方文字80像素的位置绘制一个宽为314像素、高为432像素的矩形，在"图层"面板中生成新的形状图层"矩形9"。在"属性"面板中将"填充"颜色设为白色，"描边"颜色设为中黄色（234、198、168），"描边"粗细设为4像素，如图9-62所示。按Enter键确定操作，效果如图9-63所示。

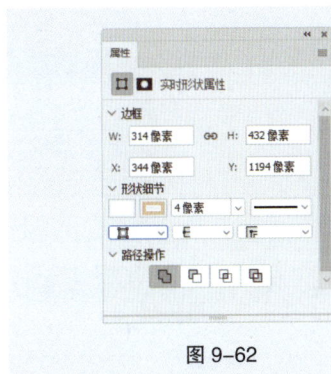

图 9-62

图 9-63

（8）选择"椭圆"工具 ◯.，按住Alt键的同时，在图像窗口中适当的位置按住鼠标左键不放，按住Shift键的同时拖曳鼠标绘制一个圆。在"属性"面板中设置其大小及位置，如图9-64所示，效果如图9-65所示。

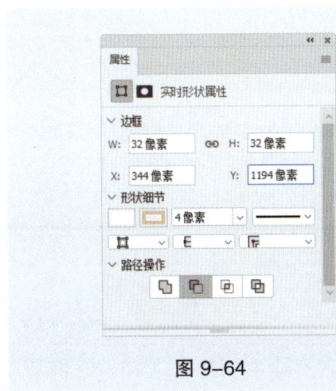

图 9-64

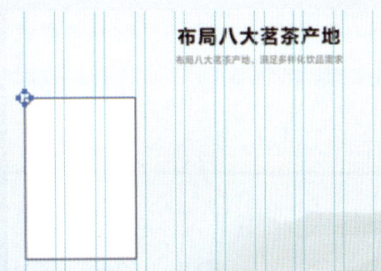

图 9-65

（9）选择"路径选择"工具 ▶.，按住Alt+Shift组合键的同时，在图像窗口中向右250像素的位置复制圆，效果如图9-66所示。使用相同方法复制圆减去顶层形状，效果如图9-67所示。

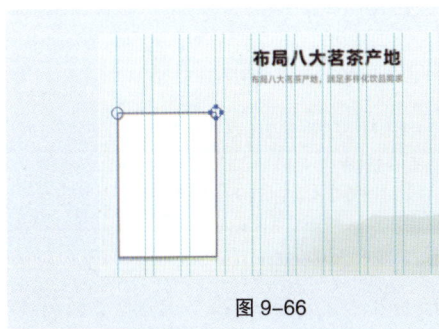

图 9-66

图 9-67

（10）选择"文件 > 置入嵌入对象"命令，弹出"置入嵌入的对象"对话框。选择云盘中的"Ch09 > 制作中式茶叶网站首页 > 素材 > 16"文件，单击"置入"按钮，将16文件中的图像置入图像窗口中，在属性栏中设置其大小及位置，如图9-68所示。按Enter键确定操作，效果如图9-69所示，在"图层"面板中生成新的图层并将其命名为"盘子"。

（11）单击"图层"面板下方的"添加图层样式"按钮 fx，在弹出的菜单中选择"投影"命令，在弹出的"图层样式"对话框中进行设置，如图9-70所示。单击"确定"按钮，效果如图9-71所示。

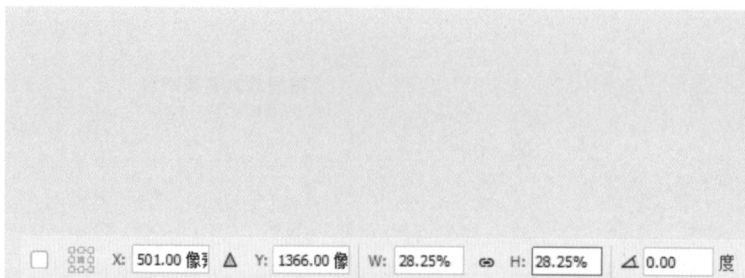

X: 501.00 像7　△　Y: 1366.00 像7　W: 28.25%　GD　H: 28.25%　⊿ 0.00　度

图 9-68

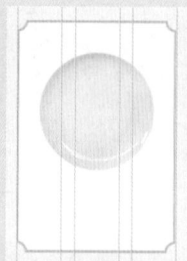

图 9-69

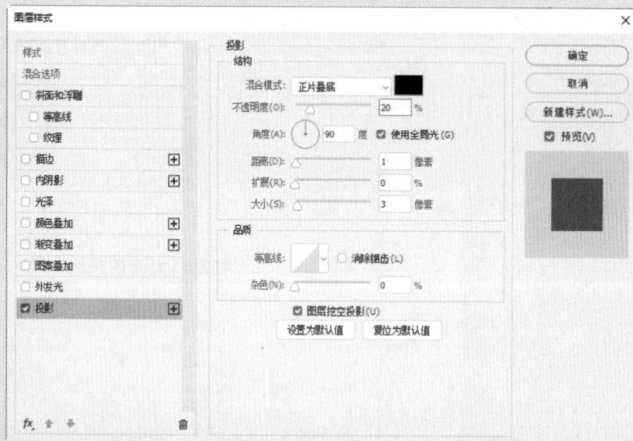

图 9-70

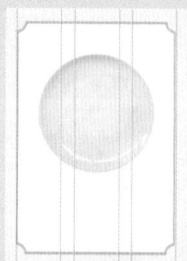

图 9-71

（12）选择"椭圆"工具○，在属性栏中将"填充"颜色设为灰色（153、153、153），"描边"颜色设为无。按住Shift键的同时，在图像窗口中绘制一个与盘子大小相等的圆，在"图层"面板中生成新的形状图层并将其命名为"投影"。按Ctrl+T组合键，在图像周围出现变换框，在属性栏中设置其大小及位置，如图9-72所示。按Enter键确定操作，效果如图9-73所示。

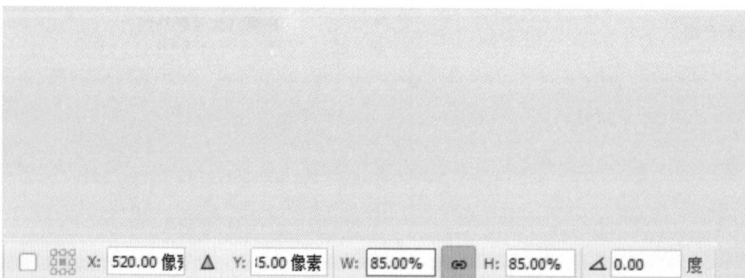

X: 520.00 像7　△　Y: 15.00 像素　W: 85.00%　GD　H: 85.00%　⊿ 0.00　度

图 9-72

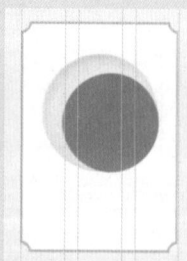

图 9-73

（13）在"属性"面板中单击"蒙版"选项，切换到相应的面板中进行设置，如图9-74所示，按Enter键确定操作。在"图层"面板中将"盘子"图层拖曳到"投影"图层的上方，效果如图9-75所示。

（14）单击"图层"面板下方的"创建新的填充或调整图层"按钮○，在弹出的菜单中选择"亮度/对比度"命令，在"图层"面板中生成"亮度/对比度 1"图层，同时在弹出的面板中进行设置，如图9-76所示。按Enter键确定操作，效果如图9-77所示。

图 9-74

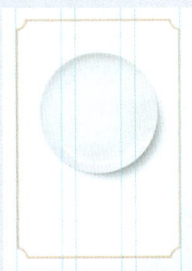
图 9-75

图 9-76

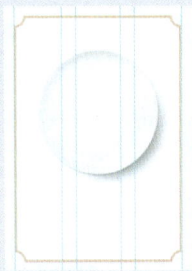
图 9-77

（15）按Ctrl+O组合键，打开云盘中的"Ch09 > 制作中式茶叶网站首页 > 素材 > 17"文件。在"图层"面板中双击"背景"图层，在弹出的"新建图层"对话框中单击"确定"按钮，如图9-78所示，将"背景"图层转换为普通图层。选择"快速选择"工具，在图像窗口中拖曳鼠标绘制选区，如图9-79所示。

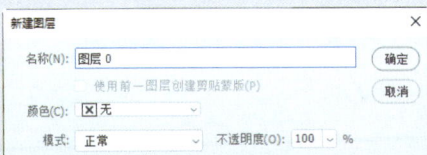
图 9-78

图 9-79

（16）按Alt+Ctrl+R组合键，弹出"属性"面板，将"羽化"选项设为0.8像素，其他选项的设置如图9-80所示。单击"确定"按钮，在图像窗口中生成选区。按Ctrl+Shift+I组合键，反选选区，效果如图9-81所示。按Delete键将不需要的部分删除，按Ctrl+D组合键，取消选区，效果如图9-82所示。

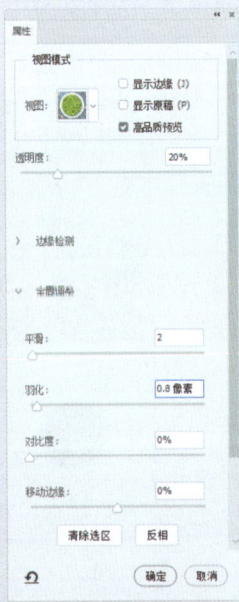
图 9-80

图 9-81

图 9-82

（17）选择"图像 > 裁切"命令，在弹出的"裁切"对话框中进行设置，如图9-83所示。单击"确定"按钮，效果如图9-84所示。按Ctrl+S组合键，弹出"存储为"对话框，将其命名为"18"，保存为PNG格式，单击"保存"按钮，弹出"PNG格式选项"对话框，如图9-85所示。单击"确定"按钮，将图像保存。

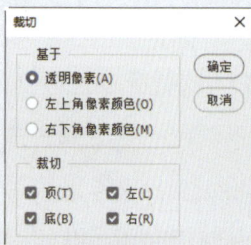  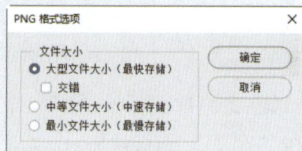

图 9-83　　　　　　　　　　图 9-84　　　　　　　　　　图 9-85

（18）返回新建的图像窗口中。选择"文件 > 置入嵌入对象"命令，弹出"置入嵌入的对象"对话框。选择云盘中的"Ch09 > 制作中式茶叶网站首页 > 素材 > 18"文件，单击"置入"按钮，将18文件中的图像置入图像窗口中，在属性栏中设置其大小及位置，如图9-86所示。按Enter键确定操作，效果如图9-87所示，在"图层"面板中生成新的图层并将其命名为"西湖龙井"。

图 9-86　　　　　　　　　　　　　　　　　　　　　图 9-87

（19）单击"图层"面板下方的"添加图层样式"按钮 fx，在弹出的菜单中选择"投影"命令，在弹出的"图层样式"对话框中进行设置，如图9-88所示。单击"确定"按钮，效果如图9-89所示。

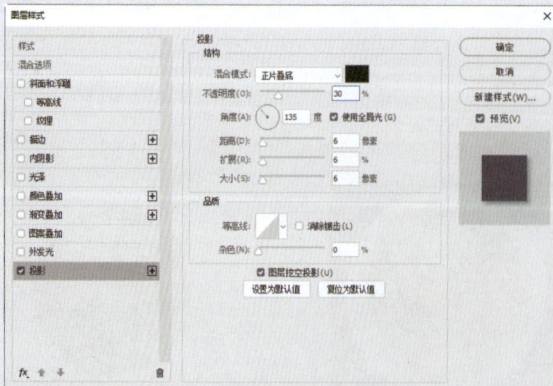 

图 9-88　　　　　　　　　　　　　　　　　图 9-89

（20）选择"横排文字"工具 T.，在适当的位置添加文本框，在其中输入需要的文字并选取文字。在"字符"面板中将"颜色"设为蓝绿色（21、99、109），其他选项的设置如图9-90所示。按Enter键确定操作，在"图层"面板中生成新的文字图层。

（21）按住Ctrl键的同时，单击"矩形 9"图层将其选取。选择"移动"工具 ⊕.，在属性栏的"对齐方式"中单击"水平居中对齐"按钮 ⯐，效果如图9-91所示。

（22）使用相同方法输入其他文字并将它们对齐，效果如图9-92所示。按住Shift键的同时，单击"矩形 9"图层，将需要的图层同时选取，按Ctrl+G组合键，群组图层并将其命名为"西湖·龙井"，如图9-93所示。

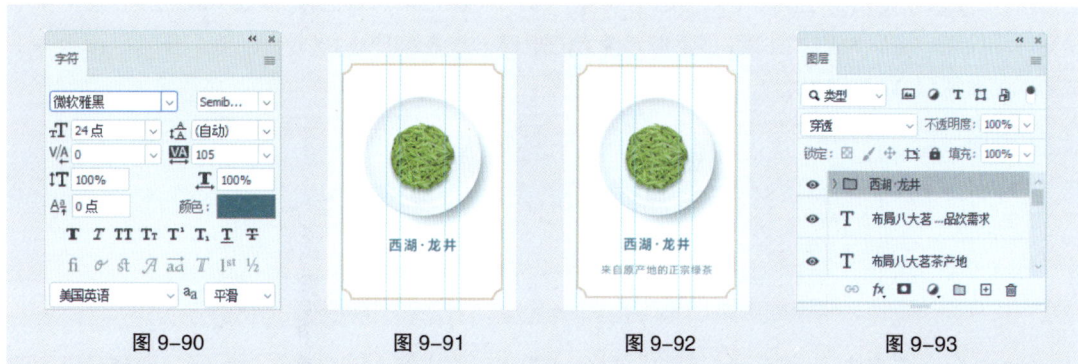

图 9-90　　　　图 9-91　　　　图 9-92　　　　图 9-93

（23）按Ctrl+J组合键，复制"西湖·龙井"图层组并将其命名为"黄山·毛峰"。按Ctrl+T组合键，在图像周围出现变换框。在属性栏中将"X"坐标加306像素确定位置，按Enter键确定操作，效果如图9-94所示。

（24）在"图层"面板中展开"黄山·毛峰"图层组，选择"矩形 9"图层。选择"路径选择"工具 ▶.，选择左上角圆形路径，按Delete键，弹出"转变为常规路径"对话框，单击"是"按钮，转变路径并将其删除，效果如图9-95所示。

（25）使用相同方法删除其他圆形路径。在属性面板中将"描边"颜色设为无，效果如图9-96所示。选中"西湖龙井"图层，按Delete键将其删除。使用上述方法抠图、置入图像并添加阴影效果，效果如图9-97所示。

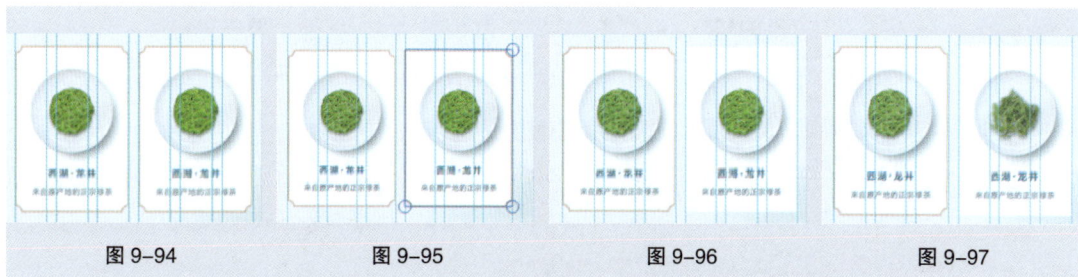

图 9-94　　　　　图 9-95　　　　　图 9-96　　　　　图 9-97

（26）选择"横排文字"工具 T.，在图像窗口中选中并修改文字，效果如图9-98所示。折叠"黄山·毛峰"图层组，使用上述的方法复制组、置入图像并修改文字，效果如图9-99所示。按住Shift键的同时，在"图层"面板中单击"矩形 8"图层，将需要的图层同时选取，按Ctrl+G组合键，群组图层并将其命名为"八大茗茶"，如图9-100所示。

（27）选择"视图 > 新建参考线"命令，弹出"新建参考线"对话框，在距离上方页边距2972像素的位置新建一条水平参考线，设置如图9-101所示。单击"确定"按钮，完成参考线的创建。

图 9-98

图 9-99

图 9-100

（28）选择"矩形"工具 □，在属性栏中将"填充"颜色设为白色，"描边"颜色设为无。在图像窗口中绘制一个宽为1920像素、高为800像素的矩形，效果如图9-102所示，在"图层"面板中生成新的形状图层"矩形 10"。

图 9-101

图 9-102

（29）选择"文件 > 置入嵌入对象"命令，弹出"置入嵌入的对象"对话框。选择云盘中的"Ch09 > 制作中式茶叶网站首页 > 素材 > 33"文件，单击"置入"按钮，将33文件中的图像置入图像窗口中，在属性栏中设置其大小及位置，如图9-103所示。按Enter键确定操作，在"图层"面板中生成新的图层并将其命名为"茶园 1"。按Ctrl+Alt+G组合键，为该图层创建剪贴蒙版，效果如图9-104所示。

图 9-103

图 9-104

（30）选择"滤镜 > 模糊 > 高斯模糊"命令，在弹出的"高斯模糊"对话框中进行设置，如图9-105所示。单击"确定"按钮，效果如图9-106所示。

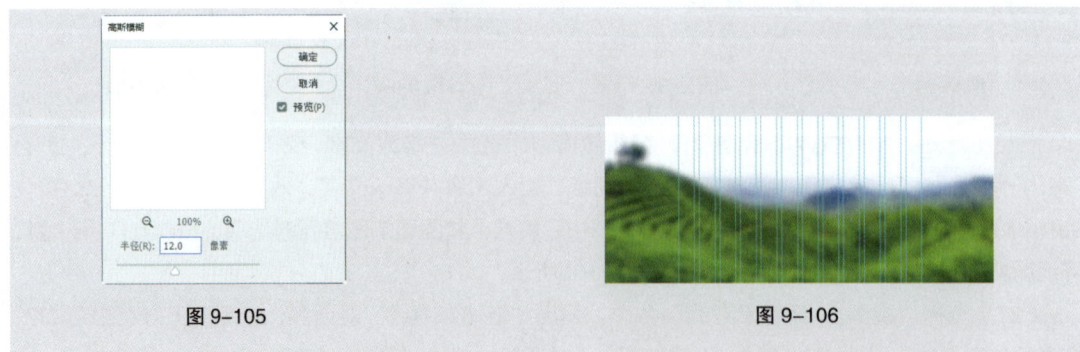

图 9-105

图 9-106

（31）单击"图层"面板下方的"创建新的填充或调整图层"按钮 ◐，在弹出的菜单中选择"色彩平衡"命令。在"图层"面板中生成"色彩平衡 4"图层，同时在弹出的面板中进行设置，如图9-107所示。按Enter键确定操作，效果如图9-108所示。

（32）选择"矩形"工具 ▢，在图像窗口中距离上方参考线64像素的位置上绘制一个宽为1200像素、高为672像素的矩形，效果如图9-109所示，在"图层"面板中生成新的形状图层"矩形 11"。

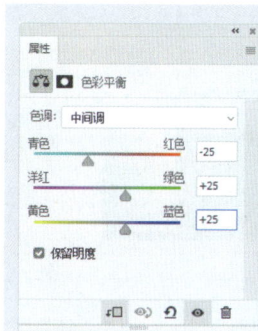

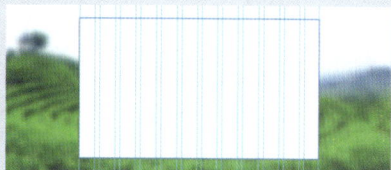

图 9-107　　　　　　　　　图 9-108　　　　　　　　　图 9-109

（33）选择"文件 > 置入嵌入对象"命令，弹出"置入嵌入的对象"对话框。选择云盘中的"Ch09 > 制作中式茶叶网站首页 > 素材 > 34"文件，单击"置入"按钮，将34文件中的图像置入图像窗口中，在属性栏中设置其大小及位置，如图9-110所示。按Enter键确定操作，在"图层"面板中生成新的图层并将其命名为"茶园 2"。按Ctrl+Alt+G组合键，为该图层创建剪贴蒙版，效果如图9-111所示。

图 9-110　　　　　　　　　　　　　　图 9-111

（34）单击"图层"面板下方的"创建新的填充或调整图层"按钮 ◐，在弹出的菜单中选择"亮度/对比度"命令，在"图层"面板中生成"亮度/对比度 3"图层，同时在弹出的面板中进行设置，如图9-112所示。按Enter键确定操作，效果如图9-113所示。

图 9-112　　　　　　　　　　　图 9-113

（35）单击"图层"面板下方的"创建新的填充或调整图层"按钮 ◐，在弹出的菜单中选择"色彩平衡"命令，在"图层"面板中生成"色彩平衡 5"图层，同时在弹出的面板中进行设置，如图9-114所示。按Enter键确定操作，效果如图9-115所示。

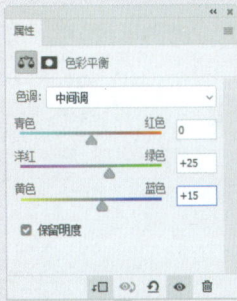

图 9-114

图 9-115

（36）选择"椭圆"工具 ◯，在属性栏中将"填充"颜色设为深灰色（21、20、22），"描边"颜色设为无。按住Shift键的同时，在图像窗口中绘制一个直径为80像素的圆，在"图层"面板中生成新的形状图层"椭圆 2"，在"属性"面板中将图层的"不透明度"选项设为40%。

（37）按住Ctrl键的同时，单击"矩形 11"图层，将其同时选取。选择"移动"工具 ✛，在属性栏的"对齐方式"中单击"水平居中对齐"按钮 ▮ 和"垂直居中对齐"按钮 ▮▮，效果如图9-116所示。

（38）选择"多边形"工具 ◯，在属性栏中将"边数"设为3，单击"设置其他形状和路径选项"按钮 ✿，在弹出的面板中将"半径"设为24像素，其他选项的设置如图9-117所示。

图 9-116

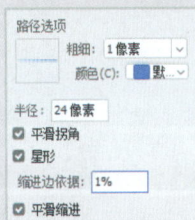

图 9-117

（39）按住Shift键的同时，在图像窗口中适当的位置绘制一个圆角三角形，在"图层"面板中生成新的形状图层"多边形 1"。在属性栏中将"填充"颜色设为白色，效果如图9-118所示。按住Shift键的同时，单击"矩形 10"图层，将需要的图层同时选取，按Ctrl+G组合键，群组图层并将其命名为"视频"，如图9-119所示。

图 9-118

图 9-119

4. 制作页尾

（1）选择"视图 > 新建参考线"命令，弹出"新建参考线"对话框，在距离上方参考线1226像素的位置新建一条水平参考线，设置如图9-120所示。单击"确定"按钮，完成参考线的创建。

（2）选择"矩形"工具 ▢，在属性栏中将"填充"颜色设为白色，"描边"颜色设为无。在图像窗口中绘制一个宽为1920像素、高为426像素的矩形，效果如图9-121所示，在"图层"面板中生成新的形状图层"矩形 12"。

图 9-120

图 9-121

（3）选择"横排文字"工具 T，在距离上方参考线68像素的位置添加文本框，在其中输入需要的文字并选取文字。在"字符"面板中将"颜色"设为深灰色（34、34、34），其他选项的设置如图9-122所示，按Enter键确定操作，在"图层"面板中生成新的文字图层。选取需要的文字，在"字符"面板中进行设置，如图9-123所示。按Enter键确定操作，效果如图9-124所示。

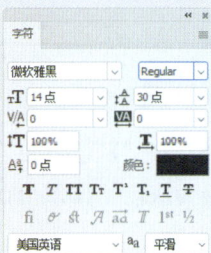
图 9-122

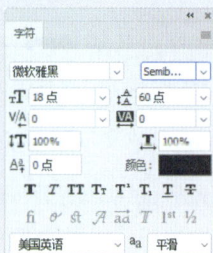
图 9-123

图 9-124

（4）按Ctrl+J组合键，复制文字图层。按Ctrl+T组合键，在图像周围出现变换框。在属性栏中将"X"坐标加204像素确定位置，按Enter键确定操作，效果如图9-125所示。分别选择并修改文字，效果如图9-126所示。

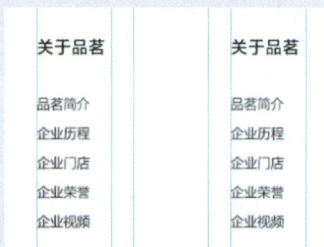
图 9-125

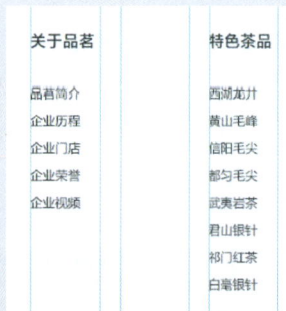
图 9-126

（5）使用相同方法复制并修改文字，效果如图9-127所示。选择"直线"工具 ╱，在属性栏中将"填充"颜色设为灰色（180、180、180），"描边"颜色设为无，"粗细"选项设为2像素。按住

Shift键的同时，在图像窗口中距离上方文字16像素的位置拖曳鼠标绘制一条长为380像素的直线段，效果如图9-128所示，在"图层"面板中生成新的形状图层"形状 1"。

图 9-127   图 9-128

（6）选择"文件 > 置入嵌入对象"命令，弹出"置入嵌入的对象"对话框。选择云盘中的"Ch09 > 制作中式茶叶网站首页 > 素材 > 35"文件，单击"置入"按钮，将35文件中的图像置入图像窗口中，在属性栏中设置其大小及位置，如图9-129所示。按Enter键确定操作，效果如图9-130所示，在"图层"面板中生成新的图层并将其命名为"公众号"。

图 9-129   图 9-130

（7）单击"图层"面板下方的"添加图层样式"按钮 *fx*，在弹出的菜单中选择"颜色叠加"命令，弹出"图层样式"对话框。在"颜色叠加"设置界面中，将叠加颜色设为灰色（102、102、102），其他选项的设置如图9-131所示。单击"确定"按钮，效果如图9-132所示。

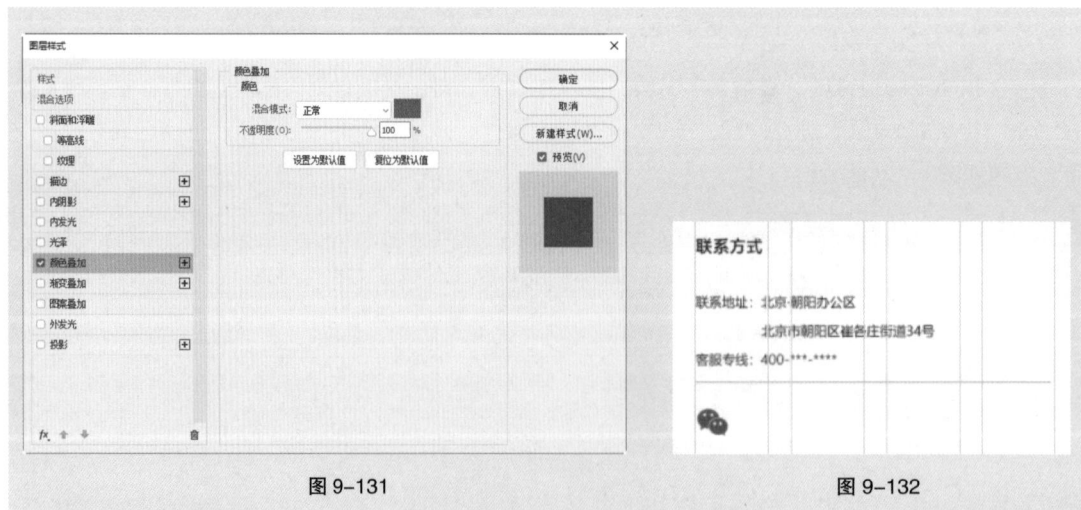

图 9-131   图 9-132

（8）选择"横排文字"工具 **T.**，在"属性"栏中单击"居中对齐文本"按钮 ≡，在距离上方图标12像素的位置添加文本框，在其中输入需要的文字并选取文字。在"字符"面板中将"颜色"设为灰色（102、102、102），其他选项的设置如图9-133所示。按Enter键确定操作，效果如图9-134所示，在"图层"面板中生成新的文字图层。

（9）按住Shift键的同时，单击"公众号"图层，将需要的图层同时选取。按Ctrl+J组合键，复制图层。按Ctrl+T组合键，在图像周围出现变换框。在属性栏中将"X"坐标加64像素确定位置，按Enter键确定操作，效果如图9-135所示。选择"公众号 拷贝"图层，按Delete键将其删除。使用上述方法置入图标、重命名并添加"颜色叠加"效果，效果如图9-136所示。

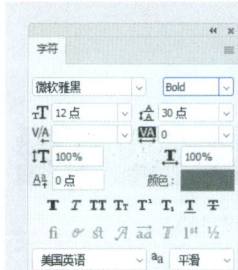
图 9-133

图 9-134

图 9-135

图 9-136

（10）选择"公众号 拷贝 2"文字图层，选择"横排文字"工具 T.，选取并修改文字。由于图标具有不规则性，将文字向左平移1像素，平衡视觉效果，如图9-137所示。使用相同方法复制文字图层、置入图标并修改文字，效果如图9-138所示。

图 9-137

图 9-138

（11）按住Shift键的同时，在"图层"面板中单击"矩形12"图层，将需要的图层同时选取。按Ctrl+G组合键，群组图层并将其命名为"页尾"，如图9-139所示。

（12）选择"矩形"工具 □.，在属性栏中将"填充"颜色设为深灰色（34、34、34），"描边"颜色设为无。在图像窗口中绘制一个宽为1920像素、高为80像素的矩形，效果如图9-140所示，在"图层"面板中生成新的形状图层"矩形 13"。

图 9-139

图 9-140

（13）选择"横排文字"工具 T.，在"属性"栏中单击"左对齐文本"按钮 ，在图像窗口中适当的位置添加文本框，在其中输入需要的文字并选取文字。在"字符"面板中将"颜色"设为灰色（107、107、107），其他选项的设置如图9-141所示。按Enter键确定操作，在"图层"面板中生成新的文字图层。按住Shift键的同时，单击"矩形 13"图层将其选取。选择"移动"工具 ，在属性栏的"对齐方式"中单击"垂直居中对齐"按钮 ⊪，效果如图9-142所示。使用相同方法输入其他文字，效果如图9-143所示。

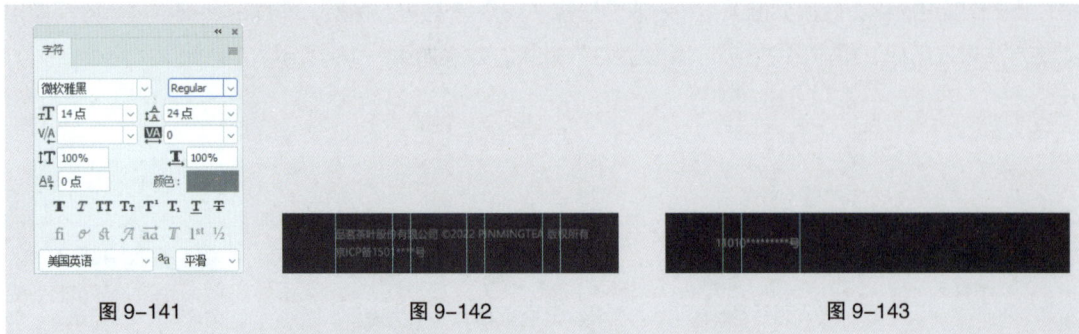

图 9-141   图 9-142   图 9-143

（14）选择"椭圆"工具，在属性栏中将"填充"颜色设为蓝绿色（21、99、109），"描边"颜色设为无。按住Shift键的同时，在图像窗口中距离下方参考线12像素的位置绘制一个直径为50像素的圆。在"图层"面板中生成新的形状图层"椭圆 3"，效果如图9-144所示。

（15）选择"文件 > 置入嵌入对象"命令，弹出"置入嵌入的对象"对话框。选择云盘中的"Ch09 > 制作中式茶叶网站首页 > 素材 > 40"文件，单击"置入"按钮，将图标置入图像窗口中，在属性栏中设置其大小及位置，如图9-145所示。按Enter键确定操作，效果如图9-146所示，在"图层"面板中生成新的图层并将其命名为"向上"。

图 9-144   图 9-145   图 9-146

（16）单击"图层"面板下方的"添加图层样式"按钮 fx，在弹出的菜单中选择"颜色叠加"命令，弹出"图层样式"对话框。在"颜色叠加"设置界面中，将叠加颜色设为白色，其他选项的设置如图9-147所示。单击"确定"按钮，效果如图9-148所示。按住Shift键的同时，在"图层"面板中单击"矩形13"图层，将需要的图层同时选取。按Ctrl+G组合键，群组图层并将其命名为"底部"，如图9-149所示。至此，食品餐饮网店主图效果制作完成。

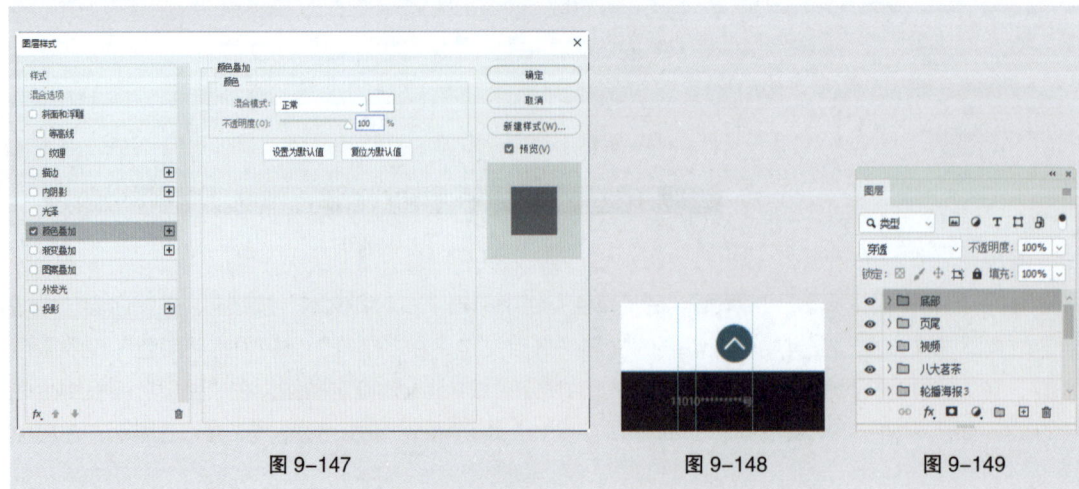

图 9-147   图 9-148   图 9-149

9.2 制作食品餐饮网店主图

9.2.1 项目背景

微课
制作食品餐饮
网店主图 1

微课
制作食品餐饮
网店主图 2

微课
制作食品餐饮
网店主图 3

1. 客户名称

珍有味。

2. 客户需求

珍有味是一家以研发、生产和销售糯米食品为主的公司，主营产品有粽子、月饼、汤圆等，正值端午节来临之际，该公司推出嘉兴肉粽。本项目是为其网店设计制作主图，要求重点进行产品展示，并突出优惠信息。

9.2.2 项目要求

（1）使用浅色的水墨画风格背景烘托传统节日气氛。

（2）前景中部重点展示产品，色泽饱满，令人垂涎欲滴，促进销售。

（3）在产品图片的上方和下方放置宣传文字及优惠信息，吸引人们关注。

（4）页面规格均为800像素（宽）×800像素（高），分辨率为72像素/英寸。

9.2.3 项目设计

本项目设计效果如图9-150所示。

底图制作　　　　　　主体物添加　　　　　　最终效果

图 9-150

9.2.4 项目要点

使用"置入嵌入对象"命令置入图像，使用"横排文字"工具添加文字，使用"添加图层样式"命令为图像添加效果，使用"矩形"工具、"圆角矩形"工具绘制基本形状，使用"创建剪贴蒙版"命令调整图片显示区域。

9.2.5 项目制作

1. 底图制作

（1）按Ctrl+N组合键，弹出"新建文档"对话框，设置宽度为800像素，高度为800像素，分辨率为72像素/英寸，背景内容为白色，如图9-151所示。单击"创建"按钮，新建一个文件。

（2）选择"文件 > 置入嵌入对象"命令，弹出"置入嵌入的对象"对话框。选择云盘中的"Ch09 > 制作食品餐饮网店主图效果 > 素材 > 01"文件，单击"置入"按钮，置入01文件中的图像，将其拖曳到适当的位置，按Enter键确定操作，效果如图9-152所示，在"图层"面板中生成新的图层并将其命名为"背景"。

图 9-151

图 9-152

（3）单击"图层"面板下方的"创建新的填充或调整图层"按钮 ，在弹出的菜单中选择"色彩平衡"命令，在"图层"面板中生成"色彩平衡1"图层，同时在弹出的面板中进行设置，如图9-153所示。按Enter键确定操作，效果如图9-154所示。

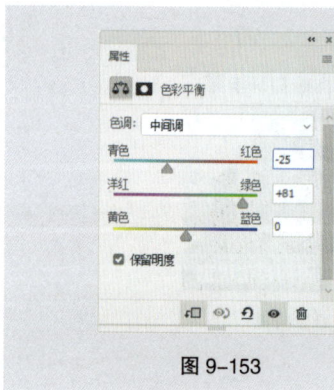

图 9-153

图 9-154

2. 主体物添加

（1）选择"文件 > 置入嵌入对象"命令，弹出"置入嵌入的对象"对话框。选择云盘中的"Ch09 > 制作食品餐饮网店主图效果 > 素材 > 02"文件，单击"置入"按钮，置入02文件中的图像，将其拖曳到适当的位置，按Enter键确定操作，效果如图9-155所示，在"图层"面板中生成新的图层并将其命名为"粽叶"。

（2）按Ctrl+J组合键，复制"粽叶"图层，在"图层"面板中生成"粽叶 拷贝"图层。按Ctrl+T组合键，在图像周围出现变换框，在属性栏中将"旋转角度"设为-15°，按Enter键确定操作，效果如图9-156所示。

（3）选择"文件 > 置入嵌入对象"命令，弹出"置入嵌入的对象"对话框。选择云盘中的"Ch09 > 制作食品餐饮网店主图效果 > 素材 > 03"文件，单击"置入"按钮，置入图像，将其拖曳到适当的位置，按Enter键确定操作，效果如图9-157所示，在"图层"面板中生成新的图层并将其命名为"粽子"。

图 9-155

图 9-156

图 9-157

（4）选择"椭圆"工具 ◯，在属性栏的"选择工具模式"选项中选择"形状"，将"填充"颜色设为深灰色（0、16、14），"描边"颜色设为无。在图像窗口中绘制一个椭圆，效果如图9-158所示，在"图层"面板中生成新的形状图层并将其命名为"投影"。

（5）在"图层"面板中将"不透明度"选项设为80%，如图9-159所示。在"属性"面板中单击"蒙版"选项，切换到相应的面板中进行设置，如图9-160所示。

图 9-158

图 9-159

图 9-160

（6）在"图层"面板中，将"粽子"图层拖曳到"投影"图层的上方，如图9-161所示，效果如图9-162所示。按住Shift键的同时，单击"背景"图层，将需要的图层同时选取，按Ctrl+G组合键，群组图层并将其命名为"商品"，如图9-163所示。

图 9-161

图 9-162

图 9-163

3. 最终效果

（1）选择"横排文字"工具 T，在图像窗口中添加文本框，在其中输入需要的文字并选取文字。选择"窗口 > 字符"命令，打开"字符"面板，在面板中将"颜色"设为墨绿色（2、64、56），其他选项的设置如图9-164所示。按Enter键确定操作，效果如图9-165所示，在"图层"面板中生成新的文字图层。

（2）单击"图层"面板下方的"添加图层样式"按钮 *fx.*，在弹出的菜单中选择"描边"命令，弹出"图层样式"对话框。在"描边"设置界面中将描边颜色设为白色，其他选项的设置如图9-166所示。

图 9-164

图 9-165

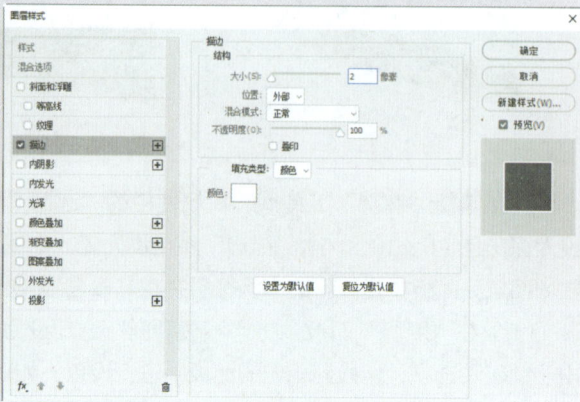
图 9-166

（3）选择对话框左侧的"渐变叠加"选项，切换到相应的设置界面，单击"点按可编辑渐变"按钮 ，弹出"渐变编辑器"对话框，设置两个位置点颜色的RGB值分别为0（2、64、56）、100（34、169、139），如图9-167所示。单击"确定"按钮，返回"图层样式"对话框，"渐变叠加"设置界面选项的设置如图9-168所示。单击"确定"按钮，为文字添加效果。

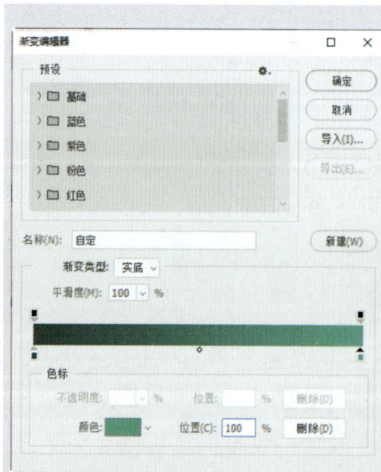
图 9-167

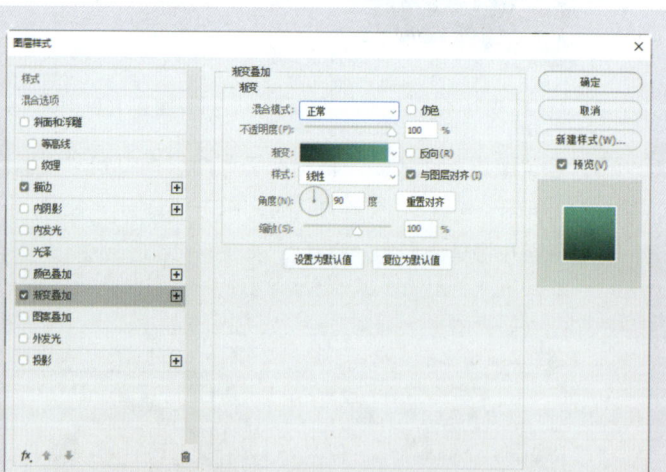
图 9-168

（4）选择"圆角矩形"工具 ，在属性栏中将"填充"颜色设为深绿色（19、101、66），"描边"颜色设为无，"半径"选项设为12像素。在图像窗口中适当的位置绘制一个圆角矩形，效果如图9-169所示，在"图层"面板中生成新的形状图层"圆角矩形 1"。

（5）再次在图像窗口中适当的位置绘制一个圆角矩形。在"属性"面板中设置其大小及位置，如图9-170所示。按Enter键确定操作，效果如图9-171所示。

图 9-169

图 9-170

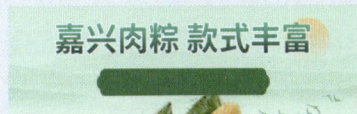

图 9-171

（6）单击"图层"面板下方的"添加图层样式"按钮 *fx*，在弹出的菜单中选择"斜面和浮雕"命令，在弹出的"图层样式"对话框中进行设置，如图9-172所示。

（7）选择对话框左侧的"等高线"选项，切换到相应的设置界面，单击"等高线"选项，弹出"等高线编辑器"对话框。在等高线上单击，添加3个控制点，分别将"输入""输出"选项设为37和29、59和45、70和70，选中上方的控制点，将"输入""输出"选项设为75和100，如图9-173所示。

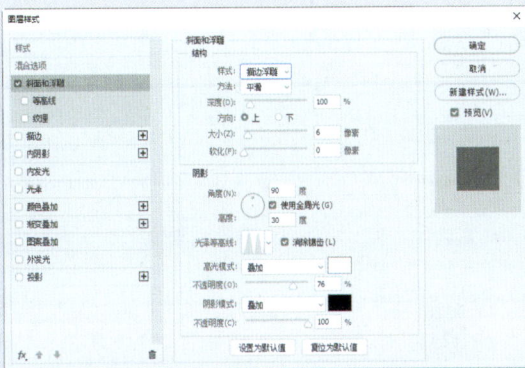

图 9-172

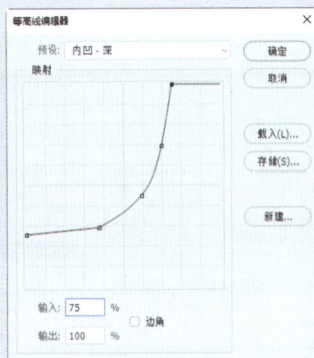

图 9-173

（8）单击"确定"按钮，返回"图层样式"对话框，其他选项的设置如图9-174所示。选择对话框左侧的"描边"选项，切换到相应的设置界面，将描边颜色设为中黄色（237、213、182），其他选项的设置如图9-175所示。

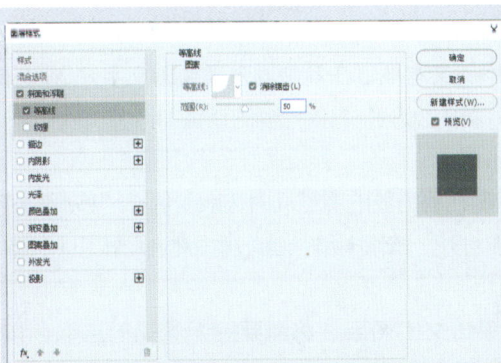

图 9-174

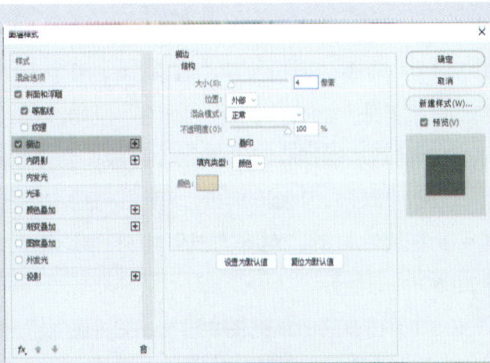

图 9-175

（9）选择对话框左侧的"内阴影"选项，切换到相应的设置界面，将内阴影颜色设为黑色，其他选项的设置如图9-176所示。选择对话框左侧的"渐变叠加"选项，切换到相应的设置界面，单击"点按可编辑渐变"按钮 ，弹出"渐变编辑器"对话框，设置两个位置点颜色的RGB值分别为0（2、64、56）、100（34、169、139），如图9-177所示。

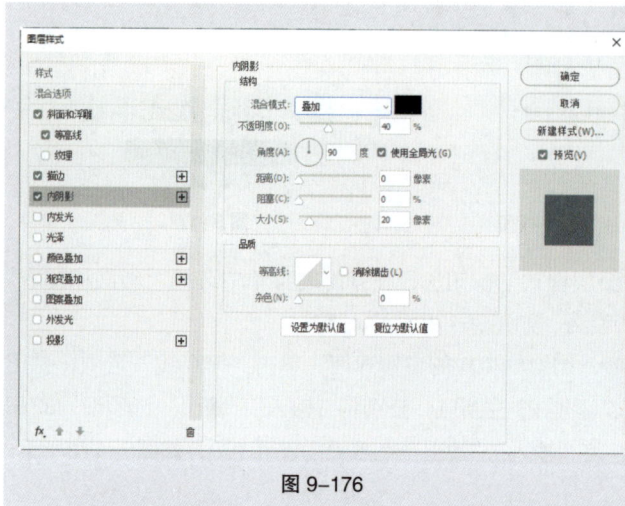
图 9-176

图 9-177

（10）单击"确定"按钮，返回"图层样式"对话框，其他选项的设置如图9-178所示。单击"确定"按钮，效果如图9-179所示。

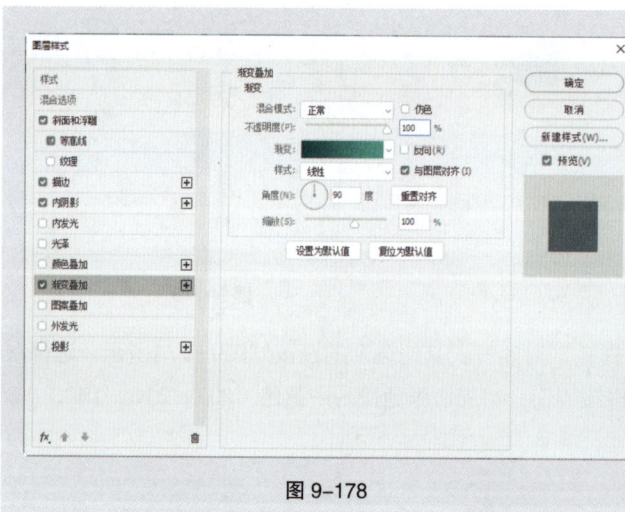
图 9-178

图 9-179

（11）选择"横排文字"工具 T，在图像窗口中添加文本框，在其中输入需要的文字并选取文字。在"字符"面板中，将"颜色"设为浅橘色（255、232、208），其他选项的设置如图9-180所示。按Enter键确定操作，在"图层"面板中生成新的文字图层。

（12）按住Shift键的同时，单击"圆角矩形1"图层，将需要的图层同时选取。选择"移动"工具 ，在属性栏的"对齐方式"中分别单击"水平居中对齐"按钮 和"垂直居中对齐"按钮 ，效果如图9-181所示。

（13）按住Shift键的同时，在"图层"面板中单击文字图层，将需要的图层同时选取。按Ctrl+G组合键，群组图层并将其命名为"卖点"，如图9-182所示。

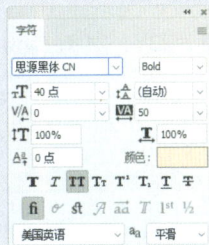
图9-180

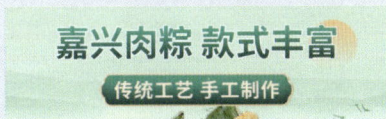
图9-181

图9-182

（14）选择"圆角矩形"工具 ▢，在图像窗口中适当的位置绘制一个圆角矩形，在"图层"面板中生成新的形状图层"圆角矩形 2"。在"属性"面板中将"填充"颜色设为淡橘色（255、247、240），"描边"颜色设为无，其他选项的设置如图9-183所示，效果如图9-184所示。

（15）选择"直接选择"工具 ▷，在图像窗口中选择圆角矩形右下角的锚点，按住Shift键的同时向右水平拖曳锚点到适当的位置，效果如图9-185所示。

图9-183

图9-184

图9-185

（16）单击"图层"面板下方的"添加图层样式"按钮 ƒx，在弹出的菜单中选择"斜面和浮雕"命令，在弹出的"图层样式"对话框中进行设置，如图9-186所示。

（17）选择对话框左侧的"等高线"选项，切换到相应的设置界面，单击"等高线"选项，弹出"等高线编辑器"对话框。在等高线上单击，添加3个控制点，分别将"输入""输出"选项设为37和29、59和45、70和70，选中上方的控制点，将"输入""输出"选项设为75和100，如图9-187所示。

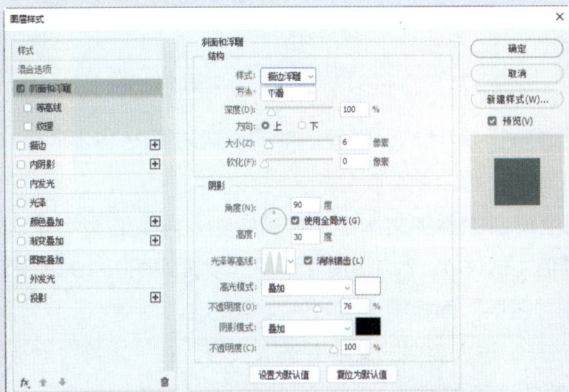
图9-186

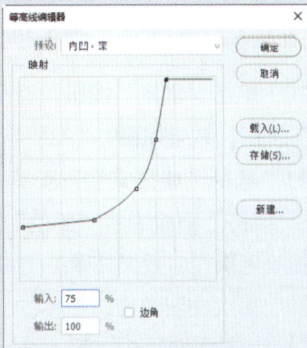
图9-187

（18）单击"确定"按钮，返回"图层样式"对话框，其他选项的设置如图9-188所示。选择对话框左侧的"描边"选项，切换到相应的设置界面，将描边颜色设为中黄色（237、213、182），其他选项的设置如图9-189所示。

图 9-188

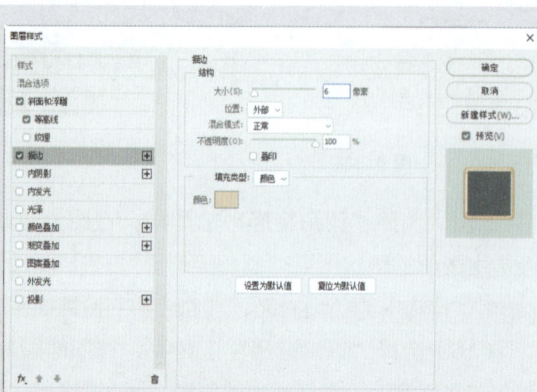
图 9-189

（19）选择对话框左侧的"内阴影"选项，切换到相应的设置界面，将内阴影颜色设为黑色，其他选项的设置如图9-190所示。选择对话框左侧的"渐变叠加"选项，切换到相应的设置界面，单击"点按可编辑渐变"按钮，弹出"渐变编辑器"对话框，设置两个位置点颜色的RGB值分别为0（255、221、187）、100（255、147、140），如图9-191所示。

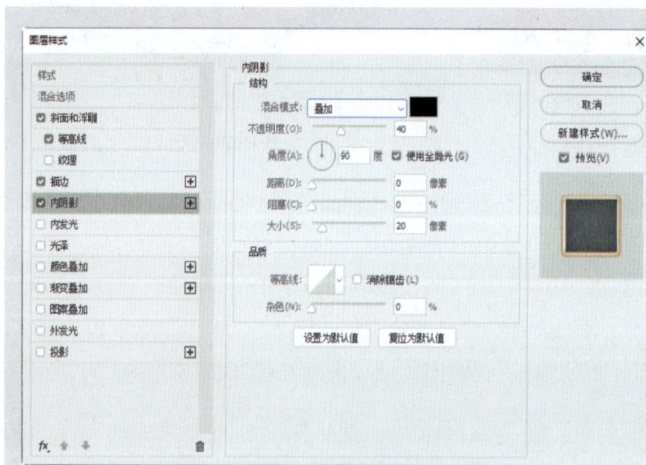
图 9-190

图 9-191

（20）单击"确定"按钮，返回到"图层样式"对话框，其他选项的设置如图9-192所示。单击"确定"按钮，效果如图9-193所示。

（21）选择"横排文字"工具 T，在图像窗口中添加文本框，在其中输入需要的文字并选取文字。在"字符"面板中将"颜色"设为深绿色（5、94、77），其他选项的设置如图9-194所示。按Enter键确定操作，效果如图9-195所示，在"图层"面板中生成新的文字图层。

（22）再次在图像窗口中添加文本框，在其中输入需要的文字并选取文字。在"字符"面板中将"颜色"设为深绿色（5、94、77），其他选项的设置如图9-196所示。按Enter键确定操作，效果如图9-197所示，在"图层"面板中生成新的文字图层。

图 9-192

图 9-193

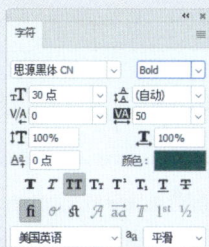

图 9-194

图 9-195

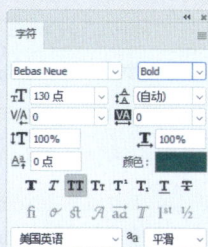

图 9-196

图 9-197

（23）选择"文件 > 置入嵌入对象"命令，弹出"置入嵌入的对象"对话框。选择云盘中的"Ch09 > 制作食品餐饮网店主图效果 > 素材 > 04"文件，单击"置入"按钮，置入04文件中的图像，将其拖曳到适当的位置，按Enter键确定操作，效果如图9-198所示，在"图层"面板中生成新的图层并将其命名为"丝绸"。

（24）按Ctrl+Alt+G组合键，为图层创建剪贴蒙版。在"图层"面板中将图层的混合模式设为"柔光"，如图9-199所示，效果如图9-200所示。

图 9-198

图 9-199

图 9-200

（25）选择"横排文字"工具，在图像窗口中添加文本框，在其中输入需要的文字并选取文字。在"字符"面板中将"颜色"设为深绿色（5、94、77），其他选项的设置如图9-201所示。按Enter键确定操作，效果如图9-202所示，在"图层"面板中生成新的文字图层。

（26）选择"卖点"图层组，如图9-203所示。选择"矩形"工具，在属性栏中将"填充"颜色设为墨绿色（2、64、56），"描边"颜色设为无，在图像窗口中绘制一个矩形，效果如图9-204所示，在"图层"面板中生成新的形状图层"矩形1"。

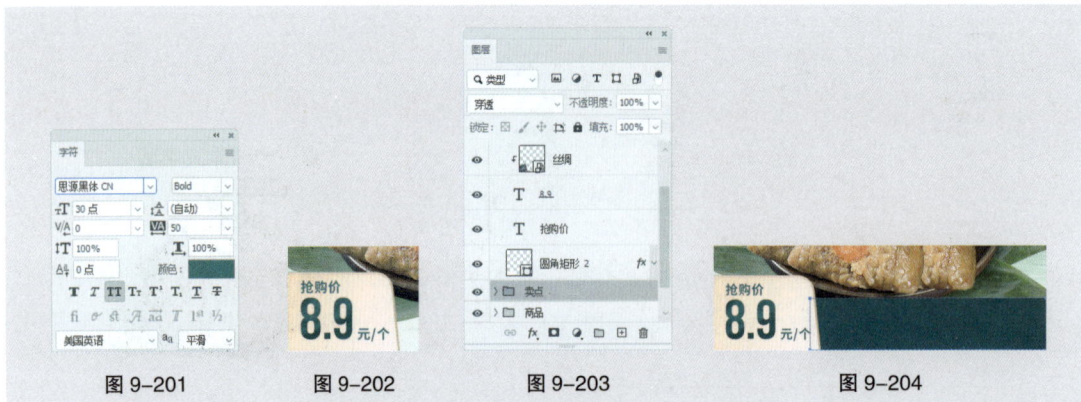

图 9-201　　　　　　图 9-202　　　　　　图 9-203　　　　　　图 9-204

（27）单击"图层"面板下方的"添加图层样式"按钮 fx ，在弹出的菜单中选择"斜面和浮雕"命令，在弹出的"图层样式"对话框中进行设置，如图9-205所示。

（28）选择对话框左侧的"等高线"选项，切换到相应的设置界面，单击"等高线"选项，弹出"等高线编辑器"对话框。在等高线上单击，添加3个控制点，分别将"输入""输出"选项设为37和29、59和45、70和70，选中上方的控制点，将"输入""输出"选项设为75和100，如图9-206所示。

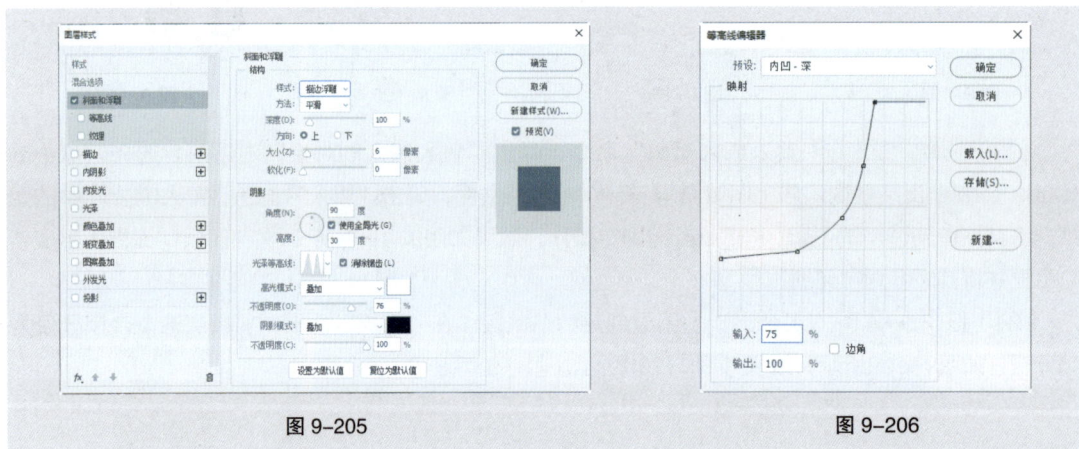

图 9-205　　　　　　　　　　　　　　　　　图 9-206

（29）单击"确定"按钮，返回到"图层样式"对话框，其他选项的设置如图9-207所示。选择对话框左侧的"描边"选项，切换到相应的设置界面，将描边颜色设为中黄色（237、213、182），其他选项的设置如图9-208所示。

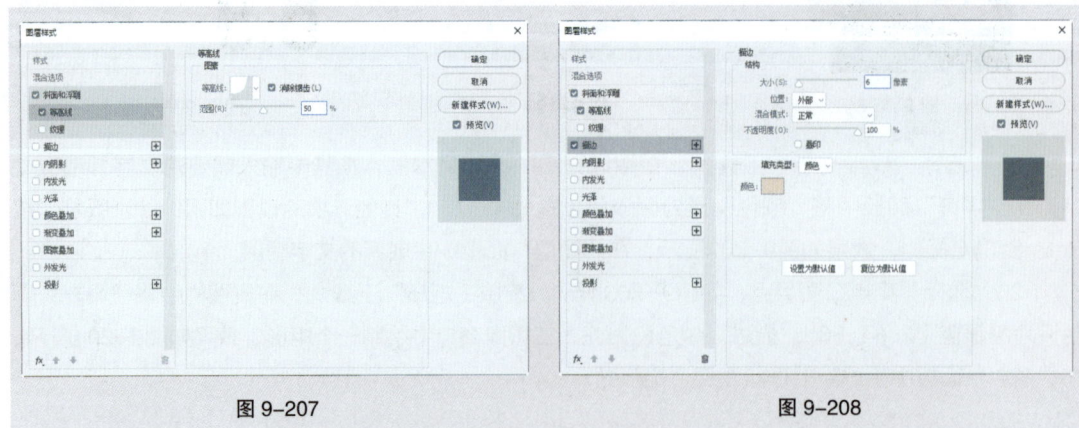

图 9-207　　　　　　　　　　　　　　　　　图 9-208

Photoshop CC新媒体图形图像设计与制作（全彩慕课版）（第2版）

（30）选择对话框左侧的"内阴影"选项，切换到相应的设置界面，将内阴影颜色设为黑色，其他选项的设置如图9-209所示。选择对话框左侧的"渐变叠加"选项，切换到相应的设置界面，单击"点按可编辑渐变"按钮 ![按钮]，弹出"渐变编辑器"对话框，设置两个位置点颜色的RGB值分别为0（2、64、56）、100（34、169、139），如图9-210所示。

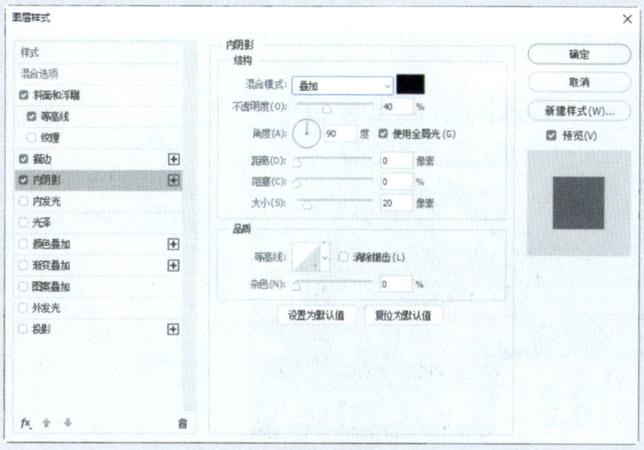

图 9-209

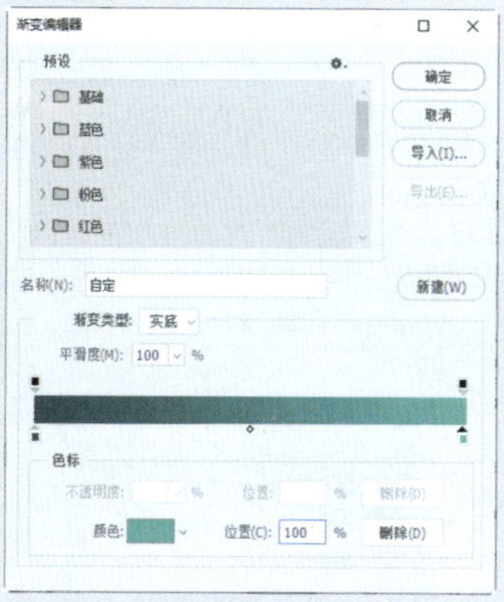

图 9-210

（31）单击"确定"按钮，返回到"图层样式"对话框，其他选项的设置如图9-211所示。单击"确定"按钮，效果如图9-212所示。

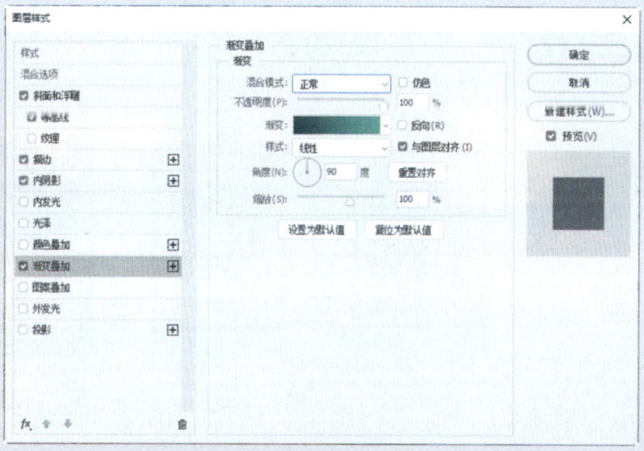

图 9-211

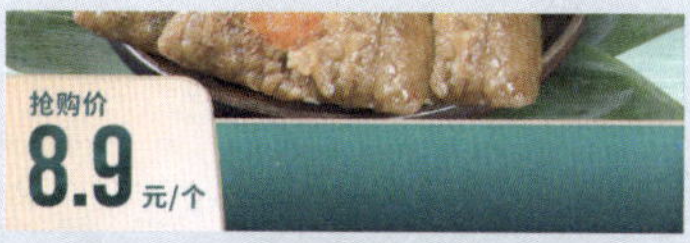

图 9-212

（32）选择"横排文字"工具 T，在图像窗口中添加文本框，在其中输入需要的文字并选取文字。在"字符"面板中将"颜色"设为浅橘色（255、232、208），其他选项的设置如图9-213所示。按Enter键确定操作，效果如图9-214所示，在"图层"面板中生成新的文字图层。

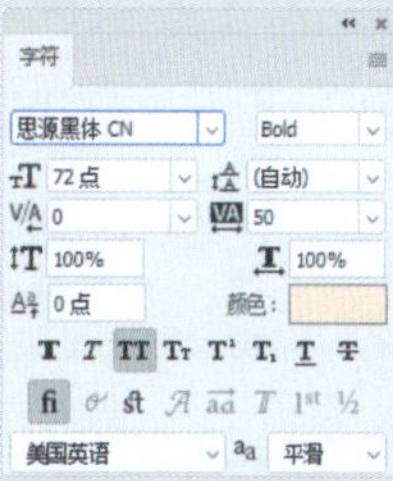

图 9-213

图 9-214

（33）选择"元/个"文字图层，按住Shift键的同时，单击"矩形 1"图层，将需要的图层同时选取。按Ctrl+G组合键，群组图层并将其命名为"价格"，如图9-215所示。选择"文件 > 导出 > 存储为Web所用格式(旧版)"命令，在弹出的"存储为Web所用格式"对话框中进行设置，如图9-216所示。单击"存储"按钮，导出效果图。至此，食品餐饮网店主图效果制作完成。

图 9-215

图 9-216

9.3　制作餐饮 App 引导页

9.3.1　项目背景

1. 客户名称

美食来了。

2. 客户需求

美食来了是一家餐饮企业，现该公司推出订餐App，可进行水果、蔬菜、蛋糕等的配送。本项目是为该App制作引导页，要求风格现代、清新，内容符合餐饮企业的特色。

9.3.2　项目要求

（1）采用白色的背景色，风格简洁，便于浏览。

（2）以卡通食物元素搭配文字，突出App业务特色。

（3）整体色调清爽明快，令观者愉悦。

（4）页面规格均为750像素（宽）×1624像素（高），分辨率为72像素/英寸。

9.3.3　项目设计

本项目设计效果如图9-217所示。

建立参考线　　　　　　　添加主体物　　　　　　　添加文案　　　　　　　最终效果

图 9-217

9.3.4　项目要点

使用"圆角矩形"工具和"椭圆形"工具绘制图形，使用图层样式制作图形效果，使用"横排文字"工具和"字符"面板输入并调整文字。

9.3.5　项目制作

（1）按Ctrl+N组合键，弹出"新建文档"对话框，设置宽度为750像素，高度为1624像素，分辨率为72像素/英寸，背景内容为白色，如图9-218所示。单击"创建"按钮，新建一个文档。

（2）选择"视图 > 新建参考线版面"命令，弹出"新建参考线版面"对话框，设置如图9-219所示。单击"确定"按钮，完成参考线的创建，效果如图9-220所示。

（3）选择"文件 > 置入嵌入对象"命令，弹出"置入嵌入的对象"对话框。选择云盘中的"Ch09 > 制作餐饮App引导页 > 制作餐饮类App引导页1 > 素材 > 01"文件，单击"置入"按钮，置入01文件中的图像，将其拖曳到适当的位置并调整大小，按Enter键确定操作，效果如图9-221所示。在"图层"面板中生成新的图层并将其命名为"状态栏"，效果如图9-222所示。

图 9-218

图 9-219

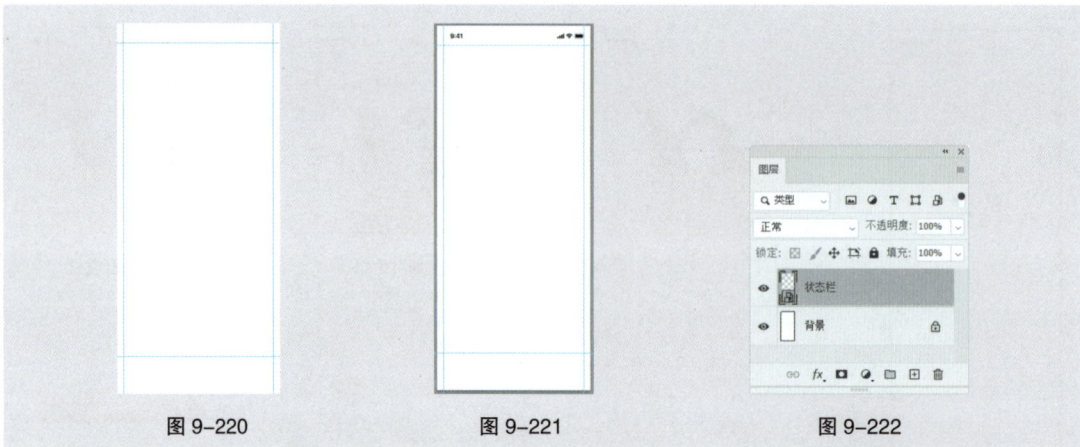

图 9-220　　　　　　　　　　图 9-221　　　　　　　　　　图 9-222

（4）选择"视图 > 新建参考线"命令，弹出"新建参考线"对话框，设置如图9-223所示。单击"确定"按钮，完成参考线的创建，效果如图9-224所示。

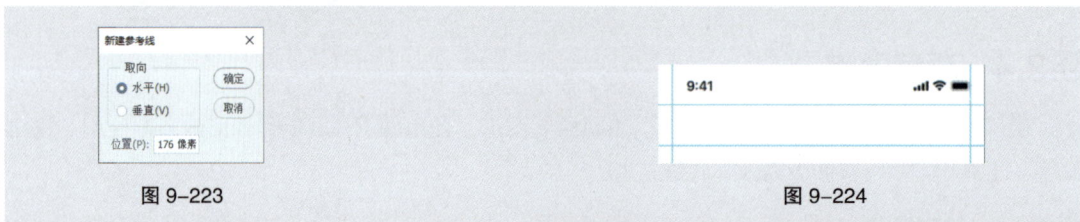

图 9-223　　　　　　　　　　　　　　　　　　　　图 9-224

（5）选择"横排文字"工具 T，在适当的位置添加文本框，在其中输入需要的文字并选取文字，在"字符"面板中，将"颜色"设为橘色（255、130、43），其他选项的设置如图9-225所示。按Enter键确定操作，效果如图9-226所示，在"图层"面板中生成新的文字图层并将其命名为"跳过"，效果如图9-227所示。

（6）选择"文件 > 置入嵌入对象"命令，弹出"置入嵌入的对象"对话框。选择云盘中的"Ch09 > 制作餐饮App引导页 > 制作餐饮类App引导页1 > 素材 > 02"文件，单击"置入"按钮，置入02文件中的图像，将其拖曳到适当的位置，按Enter键确定操作，效果如图9-228所示。在"图层"面板中生成新的图层并将其命名为"跳过"，效果如图9-229所示。按住Shift键的同时将文本图层同时选取，按Ctrl＋G组合键，群组图层并将其命名为"跳过"，效果如图9-230所示。

图 9-225　　　　　　　　　　图 9-226　　　　　　　　　　图 9-227

图 9-228

图 9-229

图 9-230

（7）选择"文件 > 置入嵌入对象"命令，弹出"置入嵌入的对象"对话框。选择云盘中的"Ch09 > 制作餐饮App引导页 > 制作餐饮类App引导页1 > 素材 > 03"文件，单击"置入"按钮，置入03文件中的图像，将其拖曳到适当的位置并调整大小，按Enter键确定操作，如图9-231所示。在"图层"面板中生成新的图层并将其命名为"食材"，效果如图9-232所示。

图 9-231

图 9-232

（8）选择"横排文字"工具 T，在适当的位置添加文本框，在其中输入需要的文字并选取文字。在"字符"面板中，将"颜色"设为深灰色（51、51、51），其他选项的设置如图9-233所示，效果如图9-234所示。在适当的位置拖曳鼠标生成文本框，在文本框中输入需要的文字并选取文字，使用相同方法在"字符"面板中进行设置，如图9-235所示，效果如图9-236所示。

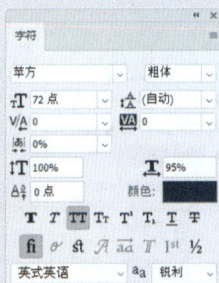

图 9-233

图 9-234

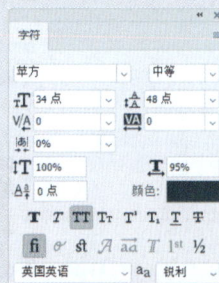

图 9-235

图 9-236

（9）选择"圆角矩形"工具 ，在图像窗口中适当的位置绘制圆角矩形，在"属性"面板中将"填充"颜色设为橙色（255、130、43），将"描边"粗细设为1像素，其他选项的设置如图9-237所示，效果如图9-238所示。用相同的方法在图像窗口中绘制圆角矩形，在"属性"面板中进行设置，如图9-239所示，效果如图9-240所示。

图 9-237

精选当季新鲜的原料, 提供新鲜美味的食
物和饮品

图 9-238

图 9-239

精选当季新鲜的原料, 提供新鲜美味的食
物和饮品

图 9-240

（10）选择"移动"工具 ，按住Alt+Shift组合键的同时水平向右拖曳形状到适当的位置，在"属性"面板中将"颜色"设为浅灰色（184，184，184），其他选项的设置如图9-241所示。在"图层"面板中生成新的形状图层"圆角矩形 2拷贝"，如图9-242所示。按住Shift键的同时，单击"圆角矩形 1"图层，将需要的图层同时选取。按住Ctrl+G组合键群组图层，并将其命名为"滑块"，效果如图9-243所示。

图 9-241

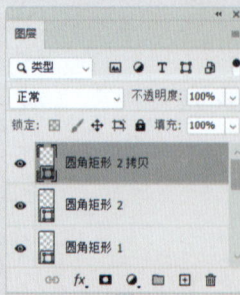

图 9-242

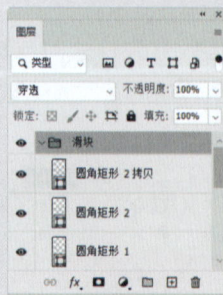

图 9-243

（11）选择"圆角矩形"工具 □，在图像窗口中适当的位置绘制圆角矩形，在"属性"面板中将"填充"颜色设为橙色（255、130、43），将"描边"粗细设为1像素，其他选项的设置如图9-244所示。在"图层"面板中生成新的"圆角矩形3"图层，效果如图9-245所示。

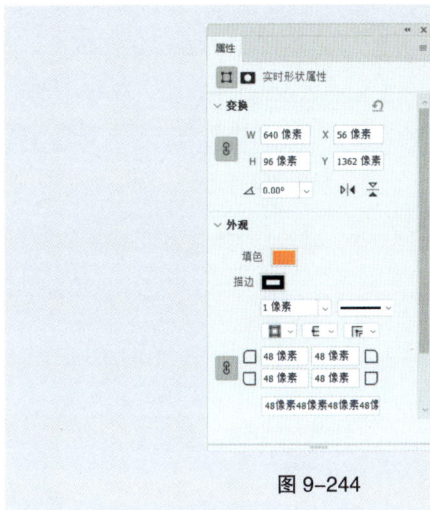

图 9-244　　　　　　　　　图 9-245

（12）选择"横排文字"工具 T，在适当的位置添加文本框，在其中输入需要的文字并选取文字，在"属性"面板中将"填充"颜色设为白色（255、255、255），其他选项的设置如图9-246所示，效果如图9-247所示。按住Shift键的同时，单击"圆角矩形3"图层，将需要的图层同时选取。按住Ctrl＋G组合键群组图层，并将其命名为"开始按钮"，效果如图9-248所示。

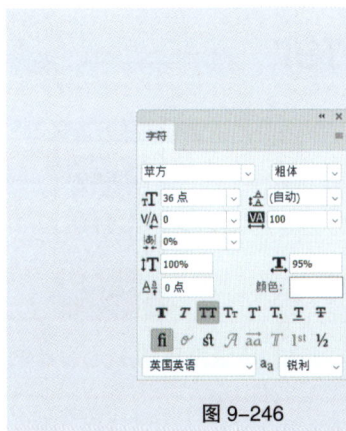

图 9-246　　　　　　　图 9-247　　　　　　　图 9-248

（13）选择"文件 > 置入嵌入对象"命令，弹出"置入嵌入的对象"对话框。选择云盘中的"Ch09 > 制作餐饮App引导页 > 制作餐饮类App引导页1 > 素材 > 04"文件，单击"置入"按钮，置入04文件中的图像，将其拖曳到适当的位置，按Enter键确定操作，如图9-249所示。在"图层"面板中生成新的图层并将其命名为"Home Indicator"，效果如图9-250所示。

（14）按Ctrl+S组合键，弹出"另存为"对话框，将其命名为"制作餐饮App引导页1"，保存为PSD格式。单击"保存"按钮，弹出"Photoshop 格式选项"对话框，单击"确定"按钮，将文件保存。

（15）用相同的方法制作其他页面，效果如图9-251和图9-252所示。至此，餐饮类App引导页制作完成。

图 9-249　　　　　　　　　　　图 9-250

图 9-251　　　　　　　　　　　图 9-252

9.4　制作服装饰品 App 首页 Banner

9.4.1　项目背景

1．客户名称

霓裳服饰店。

2．客户需求

微课

制作服装饰
品 App 首页
Banner

霓裳服饰店是一家女士服饰专卖店，经营时尚女装及配饰。本项目是为该服饰店的App设计制作首页Banner，要求重点宣传春装上新活动，风格年轻、时尚。

9.4.2　项目要求

（1）采用蓝色、粉色拼接的背景色，营造青春、浪漫氛围。

（2）以春装模特图片为Banner主要元素，突出宣传主题。

（3）以简洁的文字介绍店铺优惠信息，令人一目了然。

（4）页面规格为750像素（宽）×200像素（高），分辨率72像素/英寸。

9.4.3　项目设计

本项目设计效果如图9-253所示。

置入背景图片

添加背景装饰

添加文字信息

最终效果

图 9-253

9.4.4　项目要点

使用"横排文字"工具添加文字信息，使用"椭圆"工具、"矩形"工具和"直线"工具添加装饰图形，使用"置入"命令置入图像。

9.4.5　项目制作

（1）按Ctrl＋O组合键，打开云盘中的"Ch09 > 素材 > 制作服装饰品App首页Banner > 01"文件，如图9-254所示。

（2）选择"矩形"工具 ▢，在属性栏中的"选择工具模式"选项中选择"形状"，将"填充"颜色设为白色，"描边"颜色设为无。在图像窗口中适当的位置绘制矩形，如图9-255所示，在"图层"面板中生成新的形状图层"矩形1"。

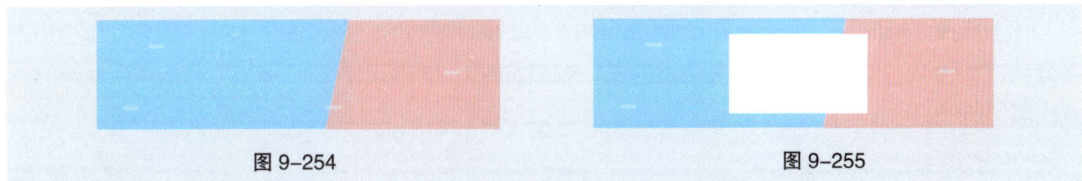

图 9-254

图 9-255

（3）选择"横排文字"工具 T，在适当的位置添加文本框，在其中输入需要的文字并选取文字。选择"窗口 > 字符"命令，弹出"字符"面板，在面板中将"颜色"设为深蓝色（3、94、151），其他选项的设置如图9-256所示，按Enter键确定操作。用相同的方法再次输入文字并选取文字，"字符"面板中的设置如图9-257所示，效果如图9-258所示，在"图层"面板中分别生成新的文字图层。

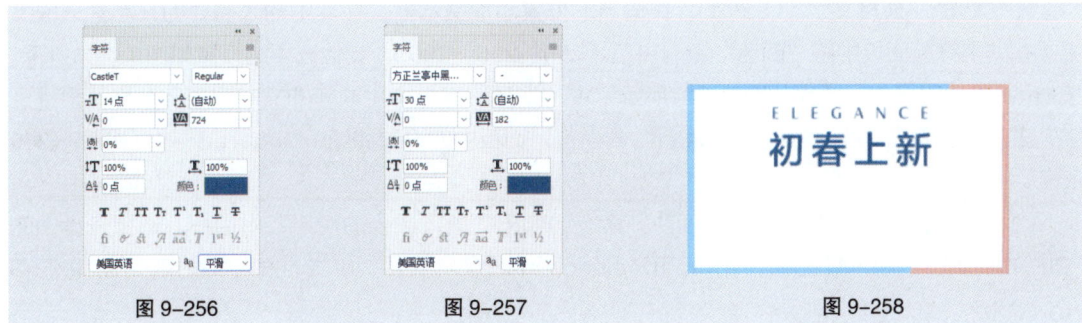

图 9-256

图 9-257

ELEGANCE

初春上新

图 9-258

（4）选择"椭圆"工具○，在属性栏中将"填充"颜色设为深蓝色（3、94、151），"描边"颜色设为无。按住Shift键的同时，在图像窗口中拖曳鼠标绘制圆，效果如图9-259所示，在"图层"面板中生成新的形状图层"椭圆1"。

（5）选择"横排文字"工具T，在适当的位置添加文本框，在其中输入需要的文字并选取文字。在"字符"面板中将"颜色"设为白色（255、255、255），其他选项的设置如图9-260所示，按Enter键确定操作。用相同的方法再次输入文字并选取文字，在"字符"面板中的设置如图9-261所示，效果如图9-262所示，在"图层"面板中分别生成新的文字图层。

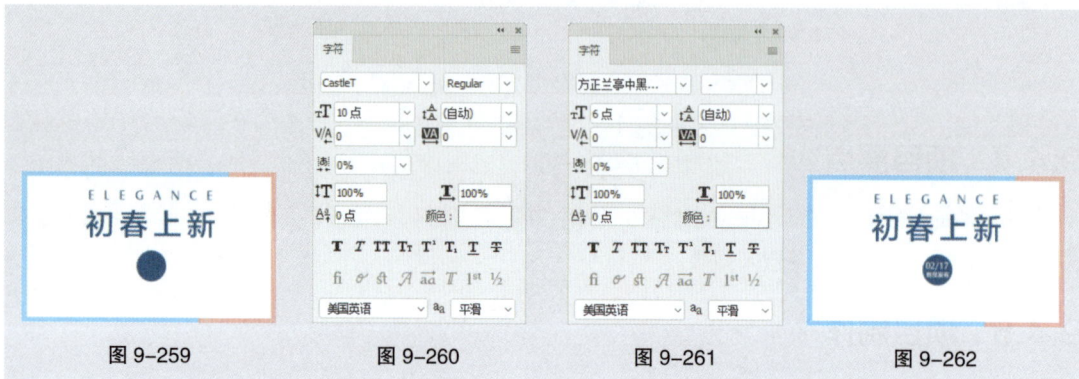

图 9-259　　　　　　图 9-260　　　　　　图 9-261　　　　　　图 9-262

（6）选择"直线"工具∕，在属性栏中将"填充"颜色设为无，"描边"颜色设为深蓝色（3、94、151），"粗细"选项设为1像素。在图像窗口中拖曳鼠标绘制直线，效果如图9-263所示，在"图层"面板中生成新的形状图层并将其命名为"直线"。

（7）选择"路径选择"工具▶，选取直线。按住Alt+Shift组合键的同时，水平向右拖曳鼠标，复制直线，效果如图9-264所示。

（8）选择"矩形"工具□，在图像窗口中拖曳鼠标绘制矩形。在属性栏中将"填充"颜色设为深蓝色（3、94、151），"描边"颜色设为无，效果如图9-265所示，在"图层"面板中生成新的形状图层"矩形2"。

图 9-263　　　　　　　　　图 9-264　　　　　　　　　图 9-265

（9）选择"横排文字"工具T，在适当的位置添加文本框，在其中输入需要的文字并选取文字。在"字符"面板中将"颜色"设为白色（255、255、255），其他选项的设置如图9-266所示。按Enter键确定操作，效果如图9-267所示，在"图层"面板中生成新的文字图层。选择"横排文字"工具T，选取文字"48小时内88折"，"字符"面板中的设置如图9-268所示，效果如图9-269所示。

（10）选择"文件 > 置入嵌入图片"命令，弹出"置入嵌入的图片"对话框。选择云盘中的"Ch09 > 素材 > 制作服装饰品App首页Banner > 02、03"文件，单击"置入"按钮，分别将02和

03文件中的图像置入图像窗口中，并拖曳到适当的位置，按Enter键确定操作，效果如图9-270所示，在"图层"面板中分别生成新的图层并将其命名为"人物1""人物2"。至此，服装饰品App首页Banner制作完成。

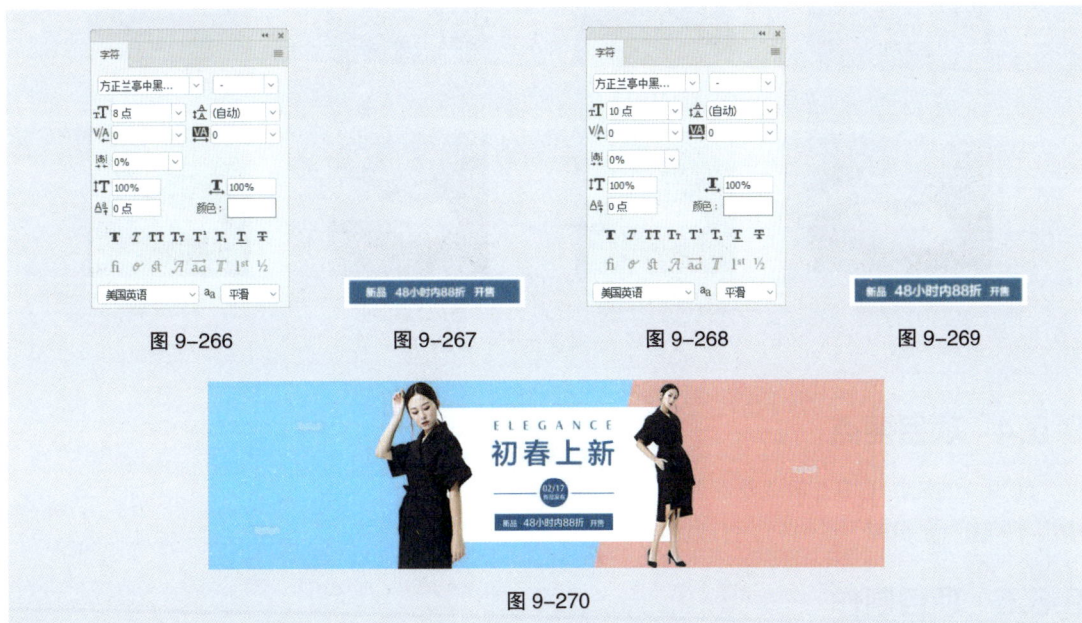

图 9-266   图 9-267   图 9-268   图 9-269

图 9-270

9.5　制作旅游出行类公众号推广海报

制作旅游出行
类公众号推广
海报

9.5.1　项目背景

1. 客户名称

红阳阳旅行社。

2. 客户需求

红阳阳旅行社是一家承办各类旅行活动（包括车辆出租、带团旅行等）的旅行社。本项目是为该旅行社公众号推出的暑期旅行活动设计制作推广海报，要求海报以自然美景元素为主，突出暑期活动信息。

9.5.2　项目要求

（1）背景使用群山的夏日美景图片，令人心旷神怡；前景使用行驶中的列车图片，动静结合，提高视觉冲击力。

（2）色彩搭配清新、自然，令人萌发出游的想法。

（3）宣传文字清晰，活动内容突出，能达到吸引游客的目的。

（4）页面规格均为750像素（宽）×1181像素（高），分辨率为72像素/英寸。

9.5.3 项目设计

本项目设计效果如图9-271所示。

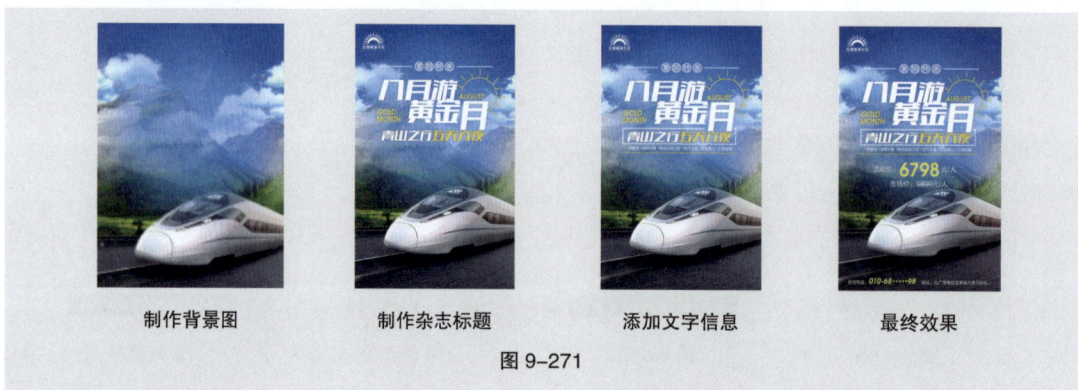

| 制作背景图 | 制作杂志标题 | 添加文字信息 | 最终效果 |

图 9-271

9.5.4 项目要点

使用"创建新的填充或调整图层"按钮调整图像色调，使用"横排文字"工具添加文字信息，使用"矩形"工具和"直线"工具添加装饰图形，使用"添加图层样式"按钮给文字添加特殊效果。

9.5.5 项目制作

1. 制作背景图

（1）按Ctrl+N组合键，弹出"新建文档"对话框，设置宽度为750像素，高度为1181像素，分辨率为72像素/英寸，背景内容为白色，新建一个文档。

（2）按Ctrl+O组合键，打开云盘中的"Ch09 > 素材 > 制作旅游出行类公众号推广海报 > 01、02、03"文件。选择"移动"工具，分别将01~03文件中的图像拖曳到新建的图像窗口中适当的位置，并调整其大小，效果如图9-272所示。在"图层"面板中分别生成新的图层并将其命名为"天空""大山""火车"，如图9-273所示。

图 9-272

图 9-273

（3）选择"大山"图层，单击"图层"面板下方的"添加图层蒙版"按钮，为图层添加蒙版，如图9-274所示，将前景色设为黑色。选择"画笔"工具，在属性栏中单击"画笔"选项，弹出画笔面板，在面板中选择需要的画笔形状，将"大小"选项设为100像素，如图9-275所示。在图像窗口中拖曳鼠标擦除不需要的图像，效果如图9-276所示。

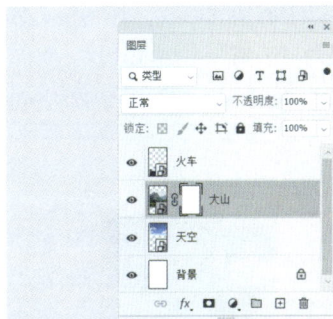
图 9-274

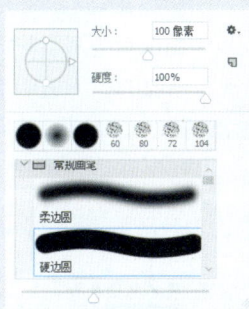
图 9-275

图 9-276

（4）选择"天空"图层。单击"图层"面板下方的"创建新的填充或调整图层"按钮 ，在弹出的菜单中选择"曲线"命令，在"图层"面板中生成"曲线 1"图层，同时弹出"曲线"面板。选择"绿"通道，切换到相应的面板，在曲线上单击，添加控制点，将"输入"选项设为125，"输出"选项设为181，如图9-277所示。选择"蓝"通道，切换到相应的面板，在曲线上单击，添加控制点，将"输入"选项设为125，"输出"选项设为152，如图9-278所示。按Enter键确定操作，效果如图9-279所示。

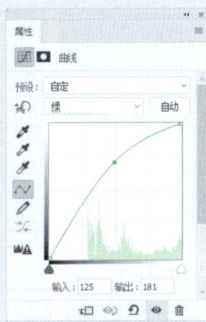
图 9-277

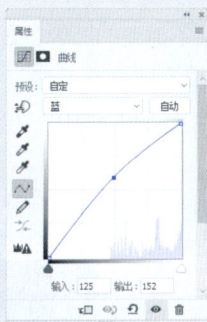
图 9-278

图 9-279

（5）选择"大山"图层。单击"图层"面板下方的"创建新的填充或调整图层"按钮 ，在弹出的菜单中选择"色相/饱和度"命令，在"图层"面板中生成"色相/饱和度 1"图层，同时弹出"色相/饱和度"面板，选项的设置如图9-280所示。按Enter键确定操作，效果如图9-281所示。

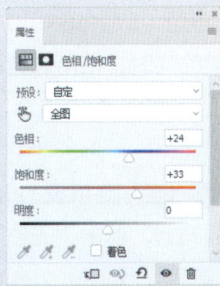
图 9-280

图 9-281

（6）按Ctrl＋O组合键，打开云盘中的"Ch09＞素材＞制作旅游出行类公众号推广海报＞04"文件。选择"移动"工具 ，将04文件中的图像拖曳到新建的图像窗口中适当的位置，并调整其大小，效果如图9-282所示，在"图层"面板中生成新的图层并将其命名为"云雾"。

（7）在"图层"面板上方，将"云雾"图层的"不透明度"选项设为85％，如图9-283所示。按Enter键确定操作，图像效果如图9-284所示。

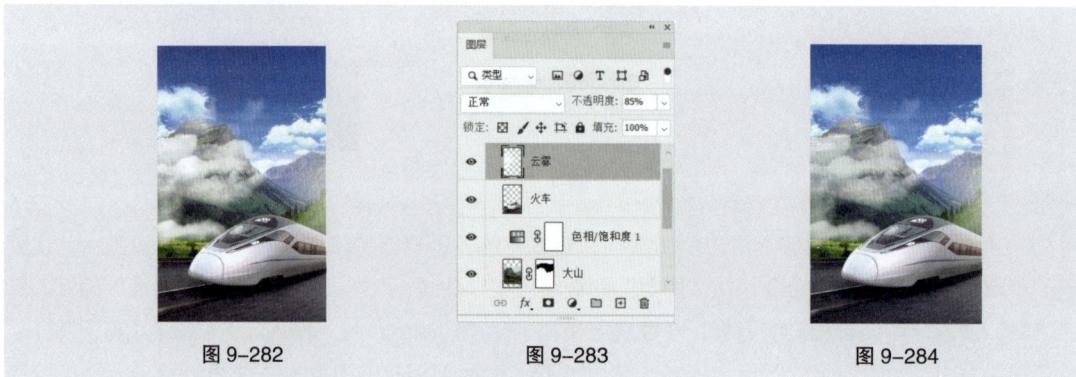

图 9-282　　　　　　图 9-283　　　　　　图 9-284

（8）单击"图层"面板下方的"添加图层蒙版"按钮 ，为图层添加蒙版，如图9-285所示，将前景色设为黑色。选择"画笔"工具 ，在属性栏中单击"画笔"选项，弹出画笔面板。在面板中选择需要的画笔形状，将"大小"选项设为100像素，如图9-286所示。在属性栏中将"不透明度"选项设为50％，在图像窗口中拖曳鼠标擦除不需要的图像，效果如图9-287所示。

（9）单击"图层"面板下方的"创建新的填充或调整图层"按钮 ，在弹出的菜单中选择"色阶"命令。在"图层"面板中生成"色阶1"图层，同时弹出"色阶"面板，设置如图9-288所示。按Enter键确定操作，图像效果如图9-289所示。

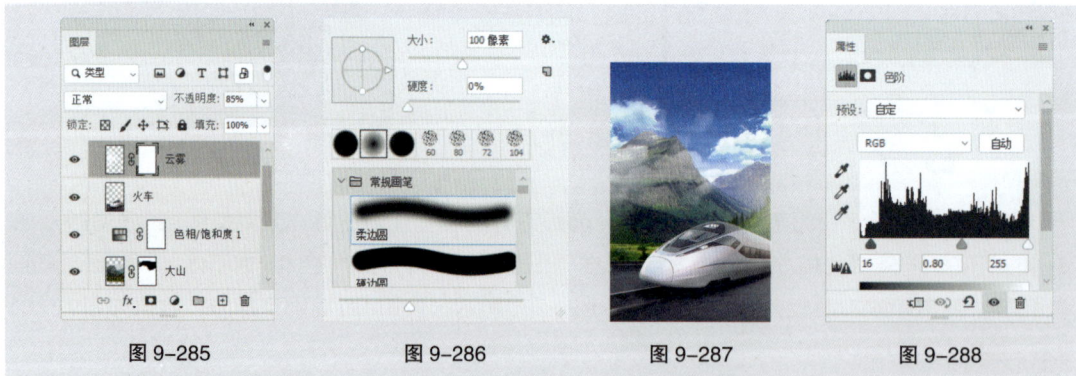

图 9-285　　　　　图 9-286　　　　　图 9-287　　　　　图 9-288

（10）新建图层并将其命名为"润色"，将前景色设为蓝色（57、150、254）。选择"椭圆选框"工具 ，在属性栏中将"羽化"选项设为50，按住Shift键的同时，在图像窗口中绘制圆形选区，如图9-290所示。按Alt＋Delete组合键，用前景色填充选区。按Ctrl＋D组合键，取消选区，效果如图9-291所示。

（11）在"图层"面板上方，将"润色"图层的"不透明度"选项设为60％，如图9-292所示。按Enter键确定操作，效果如图9-293所示。按住Shift键的同时，单击"天空"图层，将需要的图层同时选取。按Ctrl＋G组合键，群组图层并将其命名为"背景图"，如图9-294所示。

图 9-289

图 9-290

图 9-291

图 9-292

图 9-293

图 9-294

2. 添加文字内容及装饰图形

（1）按Ctrl＋O组合键，打开云盘中的"Ch09 > 素材 > 制作旅游出行类公众号推广海报 > 05、06"文件。选择"移动"工具 ⊕，分别将05和06文件中的图像拖曳到新建的图像窗口中适当的位置，并调整其大小，效果如图9-295所示，在"图层"面板中分别生成新的图层并将其命名为"标志""暑期特惠"。

（2）选择"横排文字"工具 T.，在适当的位置添加文本框，在其中输入需要的文字并选取文字。选择"窗口 > 字符"命令，弹出"字符"面板，在面板中将"颜色"设为白色（255、255、255），其他选项的设置如图9-296所示。按Enter键确定操作，效果如图9-297所示，在"图层"面板中生成新的文字图层。

图 9-295

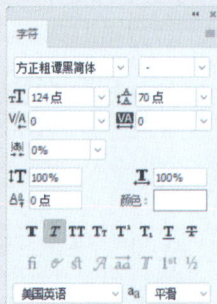

图 9-296

图 9-297

（3）选择"横排文字"工具 T.，选取文字"黄金"，在"字符"面板中设置"基线偏移"为-30点，如图9-298所示。按Enter键确定操作，效果如图9-299所示。选取文字"月"，在"字符"面板中设置"基线偏移"为-60点，如图9-300所示。按Enter键确定操作，效果如图9-301所示。

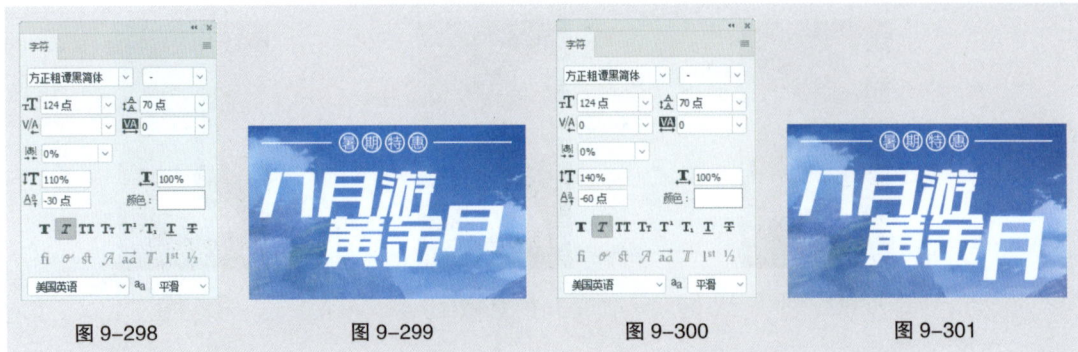

图 9-298　　　　　　图 9-299　　　　　　图 9-300　　　　　　图 9-301

（4）选择"文件 > 置入嵌入图片"命令，弹出"置入嵌入的图片"对话框。选择云盘中的"Ch09> 素材 > 制作旅游出行类公众号推广海报 > 07"文件，单击"置入"按钮，将07文件中的图像置入图像窗口中，并拖曳到适当的位置，按Enter键确定操作，效果如图9-302所示，在"图层"面板中生成新的图层并将其命名为"太阳"。

（5）选择"横排文字"工具 **T.**，在适当的位置添加文本框，在其中输入需要的文字并选取文字。在"字符"面板中将"颜色"设为黄色（255、236、0），其他选项的设置如图9-303所示。按Enter键确定操作，效果如图9-304所示。用相同的方法再次输入文字并选取文字，在"字符"面板中进行设置，如图9-305所示。按Enter键确定操作，效果如图9-306所示，在"图层"面板中分别生成新的文字图层。

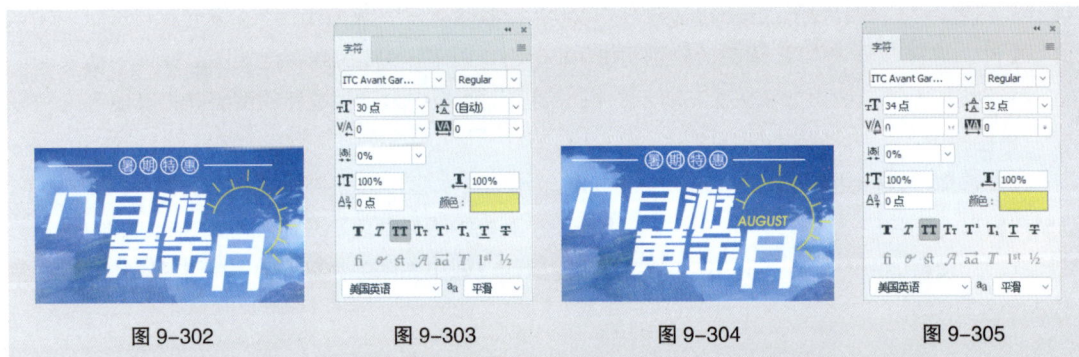

图 9-302　　　　　　图 9-303　　　　　　图 9-304　　　　　　图 9-305

（6）选择"横排文字"工具 **T.**，在适当的位置添加文本框，在其中输入需要的文字并选取文字。在"字符"面板中将"颜色"设为白色（255、255、255），其他选项的设置如图9-307所示。按Enter键确定操作，效果如图9-308所示，在"图层"面板生成新的文字图层。选取文字"五天六夜"，在"字符"面板中将"颜色"设为黄色（255、216、0），效果如图9-309所示。

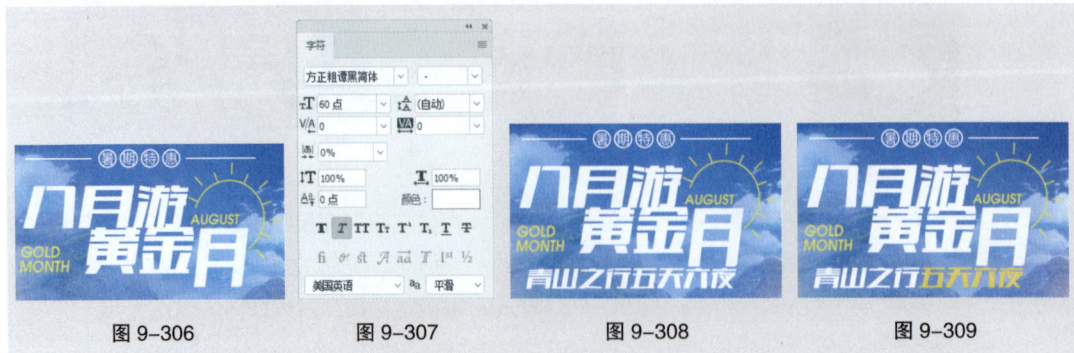

图 9-306　　　　　　图 9-307　　　　　　图 9-308　　　　　　图 9-309

（7）按住Shift键的同时，单击"八月游 黄金月"图层，将需要的图层同时选取。按Ctrl+G组合键，群组图层并将其命名为"标题"，如图9-310所示。

（8）单击"图层"面板下方的"添加图层样式"按钮 *fx*，在弹出的菜单中选择"投影"命令，弹出"图层样式"对话框。在"投影"设置界面中，将投影颜色设为黑色，其他选项的设置如图9-311所示。单击"确定"按钮，效果如图9-312所示。

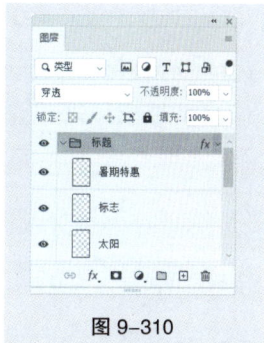

图 9-310

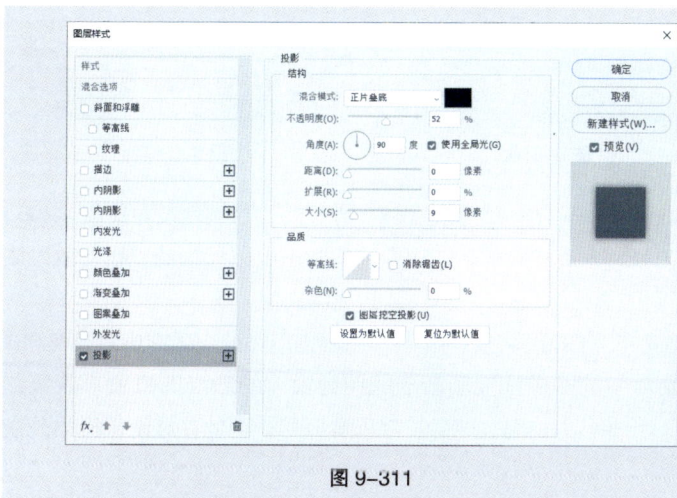

图 9-311

图 9-312

（9）选择"矩形"工具 □，在属性栏的"选择工具模式"选项中选择"形状"，将"填充"颜色设为无，"描边"颜色设为白色（255、255、255），"粗细"选项设为4像素。在图像窗口中适当的位置绘制矩形，效果如图9-313所示，在"图层"面板中生成新的形状图层并将其命名为"矩形框"，如图9-314所示。在"矩形框"图层上单击鼠标右键，在弹出的快捷菜单里选择"栅格化图层"命令。

图 9-313

图 9-314

（10）选择"矩形选框"工具 □，在图像窗口中绘制矩形选区，如图9-315所示。按Delete键，删除选区中的图像。按Ctrl+D组合键，取消选区，效果如图9-316所示。

（11）选择"横排文字"工具 T，在适当的位置添加文本框，在其中输入需要的文字并选取文字。在"字符"面板中将"颜色"设为白色（255、255、255），其他选项的设置如图9-317所示。按Enter键确定操作，效果如图9-318所示，在"图层"面板生成新的文字图层。选取文字"+"，在

"字符"面板中将"颜色"设为黄色（255、236、0），效果如图9-319所示。

图9-315

图9-316

图9-317

图9-318

图9-319

（12）选择"直线"工具 ，在属性栏中将"填充"颜色设为无，"描边"颜色设为黄色（255、236、0），"粗细"选项设为2像素。按住Shift键的同时，在图像窗口中拖曳鼠标绘制直线，效果如图9-320所示，在"图层"面板中生成新的形状图层并将其命名为"直线1"。

（13）按Ctrl+O组合键，打开云盘中的"Ch09 > 素材 > 制作旅游出行类公众号推广海报 > 08"文件。选择"移动"工具 ，将08文件中的图像拖曳到新建的图像窗口中适当的位置，效果如图9-321所示，在"图层"面板中生成新的图层并将其命名为"活动信息"。至此，旅游出行类公众号推广海报制作完成。

图9-320

图9-321

9.6 制作传统文化宣传海报

9.6.1 项目背景

1. 客户名称

北莞市展览馆。

微课

制作传统文化
宣传海报

2. 客户需求

古琴具有独特的艺术魅力、厚重的文史底蕴，是我国传统文化中的瑰宝。本项目是为即将举办的古琴展览会设计制作宣传海报，要求设计能体现出古琴古香古色的特点和声韵之美。

9.6.2 项目要求

（1）使用水墨画风格的背景烘托古琴的韵味。

（2）前景展示古琴图片，突出本次展览会的主题。

（3）文字的设计和编排雅致，展览信息清晰。

（4）页面规格均为21.6厘米（宽）×29.1厘米（高），分辨率为150像素/英寸。

9.6.3 项目设计

本项目设计效果如图9-322所示。

编辑背景图片　　　　　添加主体物　　　　　最终效果

图 9-322

9.6.4 项目要点

使用"创建新的填充或调整图层"按钮调整图像色调，使用"横排文字"工具添加文字信息，使用"矩形"工具和"直线"工具添加装饰图形，使用"添加图层样式"按钮给文字添加特殊效果。

9.6.5 项目制作

（1）按Ctrl+N组合键，弹出"新建文档"对话框，设置宽度为21.6厘米，高度为29.1厘米，分辨率为150像素/英寸，颜色模式为RGB，背景内容为灰色（222、222、222），单击"创建"按钮，新建一个文件，如图9-323所示。

（2）按Ctrl+O组合键，打开云盘中的"Ch09 > 素材 > 制作传统文化宣传海报 > 01、02、03"文件。选择"移动"工具 ⊕.，分别将各文件中的图像拖曳到新建图像窗口中适当的位置，效果如图9-324所示。在"图层"面板中分别生成新的图层并将其命名为"山""线条1""线条2"，如图9-325所示。

图 9-323　　　　　　　　　图 9-324　　　　　　　　　图 9-325

（3）选择"移动"工具⊕，按住Alt键的同时，拖曳图像到适当的位置，复制图像，效果如图9-326所示。按Ctrl+O组合键，打开云盘中的"Ch09 > 素材 > 制作传统文化宣传海报 > 04"文件。选择"移动"工具⊕，将04文件中的图像拖曳到新建图像窗口中适当的位置，效果如图9-327所示。在"图层"面板中生成新的图层并将其命名为"古琴"。

（4）单击"图层"面板下方的"创建新的填充或调整图层"按钮，在弹出的菜单中选择"色相/饱和度"命令，在"图层"面板中生成"色相/饱和度 1"图层，同时弹出"色相/饱和度"面板。单击"此调整影响下面的所有图层"按钮，使其显示为"此调整剪切到此图层"按钮，其他选项的设置如图9-328所示。按Enter键确定操作，图像效果如图9-329所示。

图 9-326　　　　　　　　　图 9-327　　　　　　　　　图 9-328

（5）单击"图层"面板下方的"创建新的填充或调整图层"按钮，在弹出的菜单中选择"色阶"命令，在"图层"面板中生成"色阶 1"图层，同时弹出"色阶"面板。单击"此调整影响下面的所有图层"按钮，使其显示为"此调整剪切到此图层"按钮，其他选项的设置如图9-330所示。按Enter键确定操作，图像效果如图9-331所示。

图 9-329　　　　　　　　　图 9-330　　　　　　　　　图 9-331

（6）在"图层"面板中，在按住Shift键的同时，将"色阶 1"图层和"古琴"图层之间的所有图层同时选取，如图9-332所示。按Ctrl+J组合键，复制选中的图层，生成新的图层，如图9-333所示。

（7）按Ctrl+T组合键，在图像周围出现变换框。单击属性栏中的"保持长宽比"按钮 ∞，按住Alt键的同时，拖曳右上角的控制手柄等比例缩小图像，并拖曳图像到适当的位置，效果如图9-334所示。

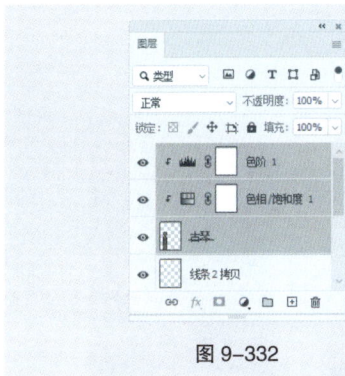

图 9-332

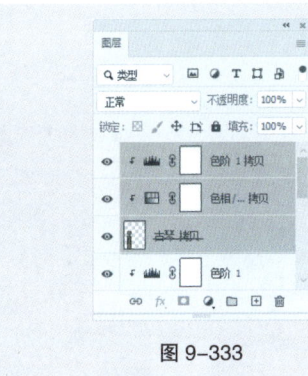

图 9-333

图 9-334

（8）按Ctrl+O组合键，打开云盘中的"Ch09 > 素材 > 制作传统文化宣传海报 > 05"文件。选择"移动"工具 ⊕，将05文件中的图像拖曳到新建的图像窗口中适当的位置，如图9-335所示，在"图层"面板中生成新的图层并将其命名为"标题"，如图9-336所示。至此，传统文化宣传海报制作完成。

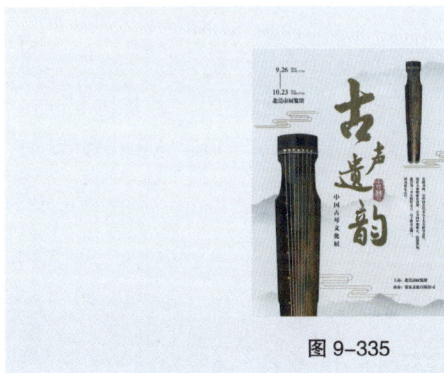

图 9-335

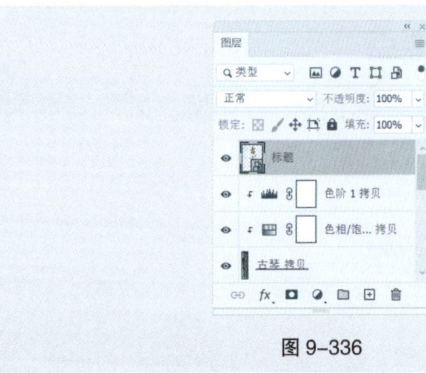

图 9-336

9.7 制作零食产品营销 H5 页面

9.7.1 项目背景

1. 客户名称

食味轩食品有限公司。

2. 客户需求

食味轩食品有限公司是一家休闲零食零售企业，主营产品覆盖坚果、糕点、豆制品等。春节即将来临，本项目是为其设计制作一个营销H5页面，要求在展示销售活动的同时，充分体现企业对消费者的新年祝福与问候。

微课

制作零食产品
营销 H5 页面

9.7.2 项目要求

（1）页面以传统民俗风格为主，烘托春节的喜庆、热闹。

（2）大范围运用红色，营造节日氛围，送上美好祝福。

（3）文字简洁，突出年货销售主题。

（4）页面规格均为750像素（宽）×1206像素（高），分辨率为72像素/英寸。

9.7.3 项目设计

本项目设计效果如图9-337所示。

制作底图　　　　添加标题　　　　添加装饰　　　　最终效果

图 9-337

9.7.4 项目要点

使用"置入嵌入对象"命令置入图像，使用"横排文字"工具添加文字，使用"添加图层样式"命令为图像添加效果，使用"矩形"工具、"圆角矩形"工具绘制基本形状，使用"创建剪贴蒙版"命令调整图像显示区域。

9.7.5 项目制作

1. 制作底图

（1）按Ctrl+N组合键，弹出"新建文档"对话框，设置宽度为750像素，高度为1206像素，分辨率为72像素/英寸，背景内容为白色，如图9-338所示。单击"创建"按钮，新建一个文件。

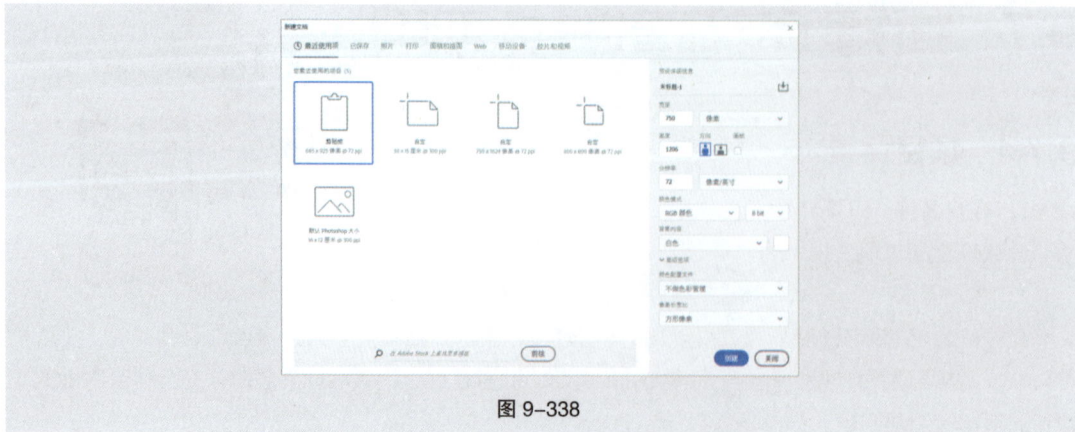

图 9-338

（2）选择"文件 > 置入嵌入对象"命令，弹出"置入嵌入的对象"对话框。选择云盘中的"Ch09 > 制作食品餐饮行业产品营销H5页面 > 素材 > 01"文件，单击"置入"按钮，置入01文件中的图像，将其拖曳到适当的位置，按Enter键确定操作，效果如图9-339所示。在"图层"面板中生成新的图层并将其命名为"底图"，如图9-340所示。

（3）选择"文件 > 置入嵌入对象"命令，弹出"置入嵌入的对象"对话框。选择云盘中的"Ch09 > 制作食品餐饮行业产品营销H5页面 > 素材 > 02"文件，单击"置入"按钮，置入02文件中的图像，将其拖曳到适当的位置，按Enter键确定操作，效果如图9-341所示。在"图层"面板中生成新的图层并将其命名为"新年快乐"，如图9-342所示。

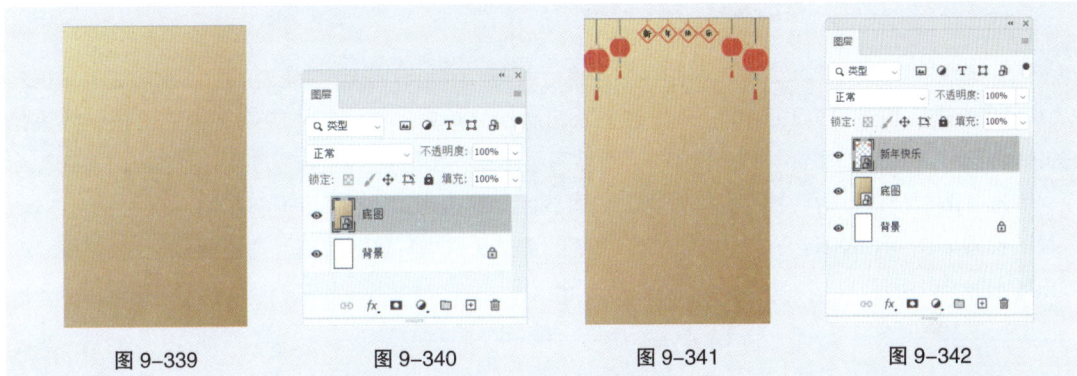

图 9-339　　　　　图 9-340　　　　　图 9-341　　　　　图 9-342

（4）选择"椭圆"工具 ○.，在属性栏中的"选择工具模式"选项中选择"形状"，将"填充"颜色设为黑色，"描边"颜色设为无，按住Shift键的同时，在图像窗口中绘制一个圆，如图9-343所示。选择"移动"工具 ✛.，将其拖曳到适当的位置，如图9-344所示。

（5）单击"图层"面板下方的"添加图层样式"按钮，在弹出的菜单中选择"渐变叠加"命令，弹出"渐变编辑器"对话框。在"位置"选项中分别输入0、69、100这3个位置点，分别设置3个位置点颜色的RGB值为0（255、0、0）、69（124、0、0）、100（78、0、0），如图9-345所示。按Enter键确定操作，效果如图9-346所示。

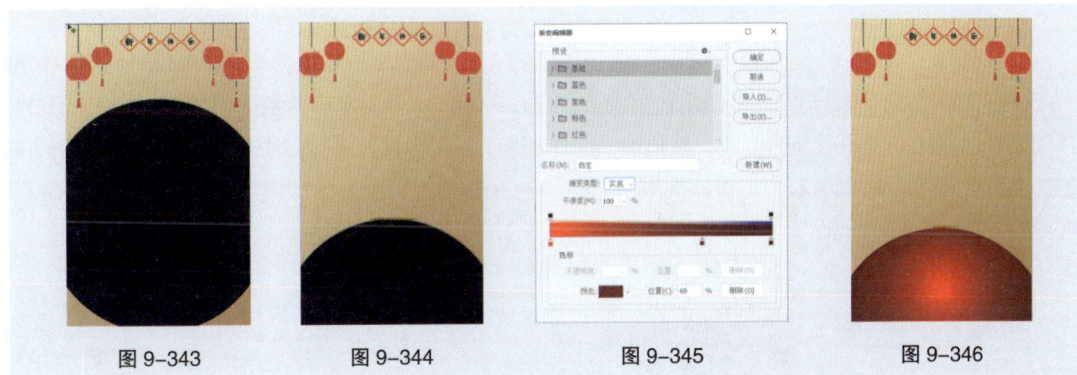

图 9-343　　　　　图 9-344　　　　　图 9-345　　　　　图 9-346

2. 添加标题

（1）选择"矩形"工具 □.，在属性栏中的"选择工具模式"选项中选择"形状"，将"填充"颜色设为黄色（255、207、126），"描边"颜色设为红色（193、5、6），"描边"粗细设为8像素，按住Shift键的同时，在图像窗口中绘制矩形，效果如图9-347所示。将鼠标指针移动到图形周围，鼠标指针变为旋转图标 ↱，按住Shift键的同时，拖曳鼠标将图形旋转到适当的角度，按Enter键确定操作。选择"移动"工具 ⊕，将其拖曳到适当的位置，效果如图9-348所示。

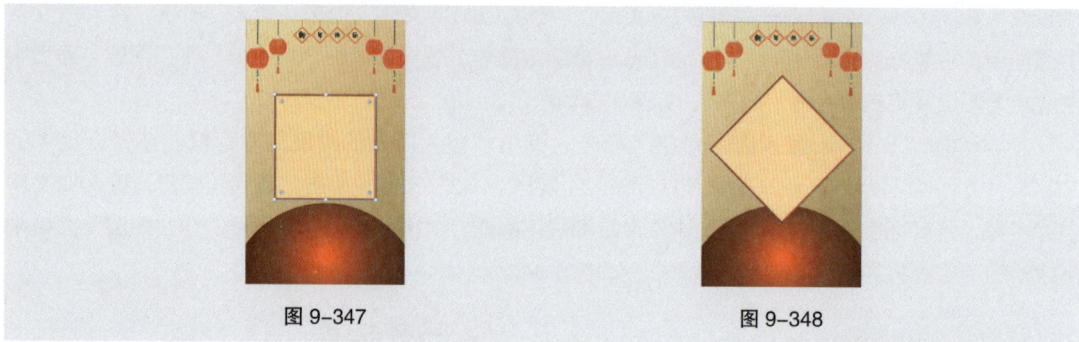

图 9-347

图 9-348

（2）选择"矩形"工具 □，在属性栏中，将"填充"颜色设为无，"描边"颜色设为红色（193、5、6），"描边"粗细设为12像素，用上述方法再次绘制矩形，并将其拖曳到适当的位置，效果如图9-349所示。单击"图层"面板下方的"添加图层样式"按钮 ⨍，在弹出的菜单中选择"投影"命令，弹出"图层样式"对话框。在"投影"设置界面中将投影颜色设为棕色（129、81、12），其他选项的设置如图9-350所示，单击"确定"按钮。按Alt+Ctrl+G组合键，为该图层创建剪贴蒙版，效果如图9-351所示。

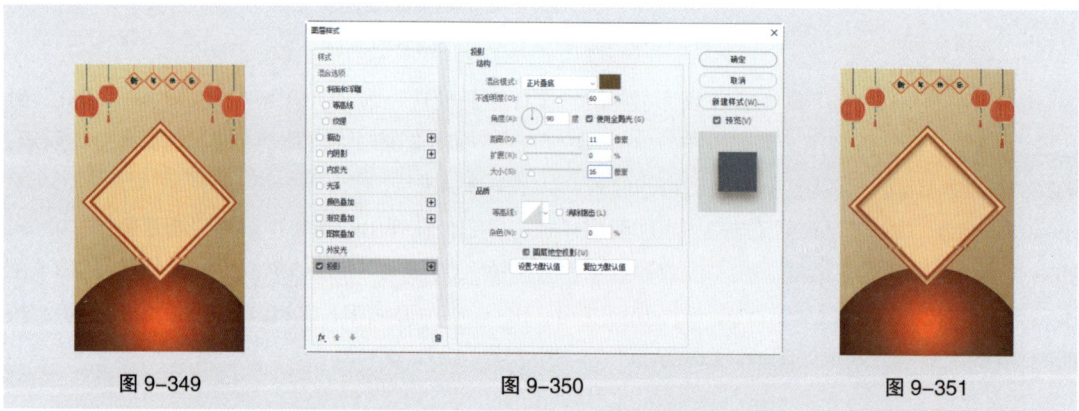

图 9-349

图 9-350

图 9-351

（3）选择"文件 > 置入嵌入对象"命令，弹出"置入嵌入的对象"对话框。选择云盘中的"Ch09 > 制作食品餐饮行业产品营销H5页面 > 素材 > 03"文件，单击"置入"按钮，置入03文件中的图像，将其拖曳到适当的位置，按Enter键确定操作，效果如图9-352所示，在"图层"面板中生成新的图层并将其命名为"年货淘淘淘"。按Alt+Ctrl+G组合键，为该图层创建剪贴蒙版，面板中的效果如图9-353所示。

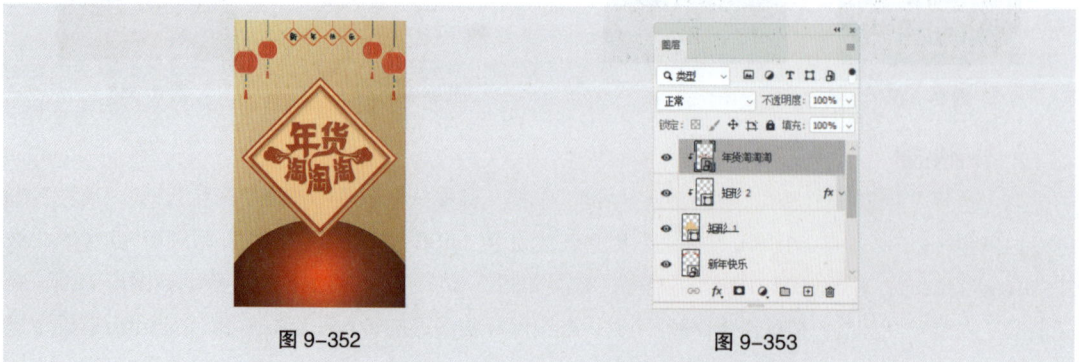

图 9-352

图 9-353

（4）选择"文件 > 置入嵌入对象"命令，弹出"置入嵌入的对象"对话框。选择云盘中的"Ch09 > 制作食品餐饮行业产品营销H5页面 > 素材 > 04"文件，单击"置入"按钮，置入04文件中的图像，将其拖曳到适当的位置，按Enter键确定操作，效果如图9-354所示，在"图层"面板中生成新的图层并将其命名为"松树"，如图9-355所示。按Alt+Ctrl+G组合键，为该图层创建剪贴蒙版，效果如图9-356所示。

| 图 9-354 | 图 9-355 | 图 9-356 |

（5）按Ctrl+J组合键，复制"松树"图层，生成"松树 拷贝"图层。选中"松树 拷贝"图层，如图9-357所示，按Ctrl + T组合键，单击鼠标右键，在弹出的快捷菜单中选择"水平翻转"命令翻转图像，如图9-358所示。按Alt+Ctrl+G组合键，为该图层创建剪贴蒙版，效果如图9-359所示。

| 图 9-357 | 图 9-358 | 图 9-359 |

（6）选择"文件 > 置入嵌入对象"命令，弹出"置入嵌入的对象"对话框。选择云盘中的"Ch09 > 制作食品餐饮行业产品营销H5页面 > 素材 > 05"文件，单击"置入"按钮，将05文件中的图像置入图像窗口中，并将其拖曳到适当的位置，按Enter键确定操作，效果如图9-360所示。在"图层"面板中生成新的图层并将其命名为"灯笼"，如图9-361所示。

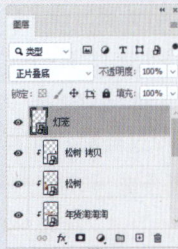

| 图 9-360 | 图 9-361 |

（7）单击鼠标右键，在弹出的快捷菜单中选择"栅格化图层"命令栅格化图层，面板中的效果如图9-362所示。选择"橡皮擦"工具 ，在图像窗口中拖曳鼠标，擦除不需要的部分，效果如图9-363所示。

（8）在"图层"面板中选中图层"矩形1"，按住Shift键的同时，将需要的图层同时选取，按Ctrl＋G组合键进行编组，并将其命名为"标题"，如图9-364所示。

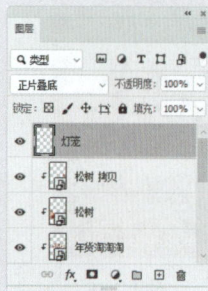

图 9-362   图 9-363   图 9-364

3. 添加装饰

（1）选择"文件 ＞ 置入嵌入对象"命令，弹出"置入嵌入的对象"对话框。选择云盘中的"Ch09 ＞ 制作食品餐饮行业产品营销H5页面 ＞ 素材 ＞ 06"文件，单击"置入"按钮，置入06文件中的图像，将其拖曳到适当的位置，按Enter键确定操作，效果如图9-365所示。在"图层"面板中生成新的图层并将其命名为"祥云"，如图9-366所示。

（2）按Ctrl+J组合键，复制"祥云"图层，在"图层"面板中生成新的图层"祥云 拷贝"，选择"移动"工具，将图像拖曳到适当的位置，效果如图9-367所示。

图 9-365   图 9-366   图 9-367

（3）选择"文件 ＞ 置入嵌入对象"命令，弹出"置入嵌入的对象"对话框。选择云盘中的"Ch09 ＞ 制作食品餐饮行业产品营销H5页面 ＞ 素材 ＞ 07"文件，单击"置入"按钮，将07文件中的图像置入图像窗口中，并将其拖曳到适当的位置，按Enter键确定操作，效果如图9-368所示。在"图层"面板中生成新的图层并将其命名为"祥云2"，如图9-369所示。

（4）按Ctrl+J组合键，复制"祥云2"图层，生成"祥云2 拷贝"图层。选中"祥云2 拷贝"图层，按Ctrl＋T组合键，单击鼠标右键，在弹出的快捷菜单中选择"水平翻转"命令翻转图像，并将图像拖曳到适当的位置，效果如图9-370所示。

（5）在"图层"面板中选中"祥云"图层，按住Shift键的同时，选中"祥云2 拷贝"图层，按

Ctrl＋G组合键进行编组，并将其命名为"装饰"，如图9-371所示。

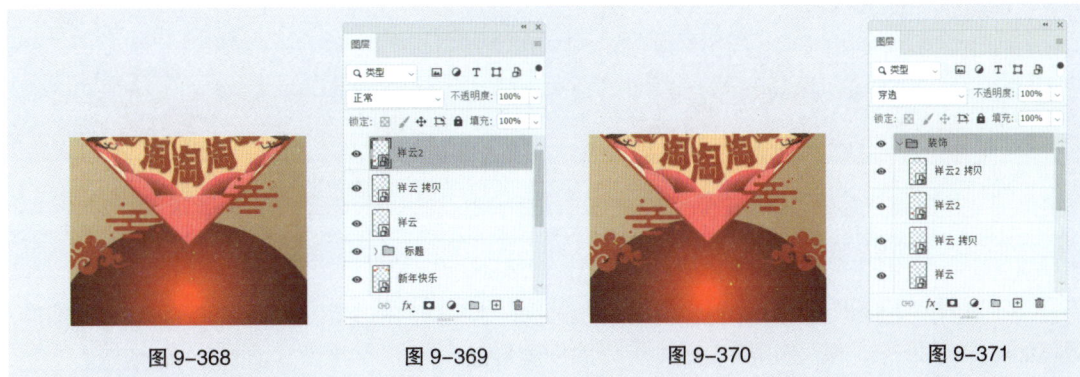

图9-368　　　　　　图9-369　　　　　　图9-370　　　　　　图9-371

（6）选择"文件 > 置入嵌入对象"命令，弹出"置入嵌入的对象"对话框。选择云盘中的"Ch09 > 制作食品餐饮行业产品营销H5页面 > 素材 > 08"文件，单击"置入"按钮，置入08文件中的图像，将其拖曳到适当的位置，按Enter键确定操作，在"图层"面板中生成新的图层并将其命名为"祥云3"，如图9-372所示，效果如图9-373所示。按Ctrl+J组合键，复制"祥云3"图层，在"图层"面板中生成新的图层并将其命名为"祥云3 拷贝"，如图9-374所示。选中"祥云3 拷贝"图层，按Ctrl＋T组合键，单击鼠标右键，在弹出的快捷菜单中选择"水平翻转"命令翻转图像，并将图像拖曳到适当的位置，效果如图9-375所示。

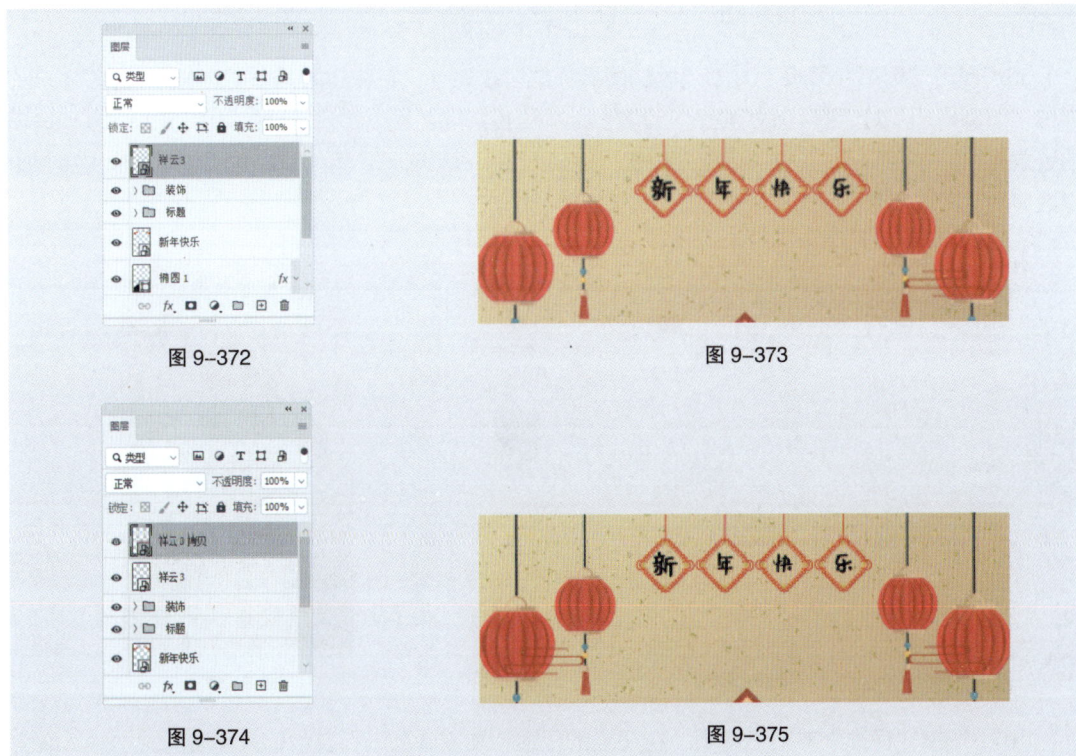

图9-372

图9-373

图9-374

图9-375

（7）选择"矩形"工具▢，在属性栏中，将"填充"颜色设为黄色（255、207、126），"描边"颜色设为红色（193、5、6），"描边"粗细设为4像素，按住Shift键的同时，在图像窗口中绘制矩形，效果如图9-376所示。将鼠标指针移动到图形周围，鼠标指针变为旋转图标↰，按住Shift键的同时，拖曳鼠标将图形旋转到适当的角度,按Enter键确定操作。选择"移动"工具⊹,将其拖曳到适当的位置,效果如图9-377所示。

图 9-376

图 9-377

(8)选取"矩形3",按住Alt+Shift组合键的同时水平向右拖曳形状到适当的位置,复制图形,效果如图9-378所示。在"图层"面板中生成新的形状图层"矩形 3 拷贝",如图9-379所示。

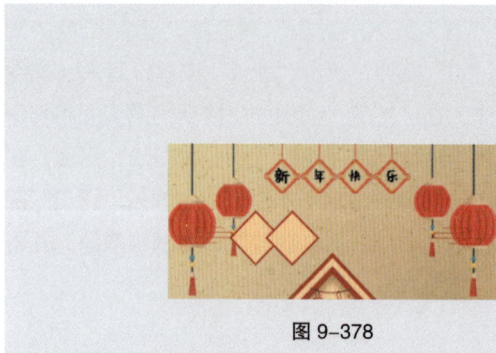
图 9-378

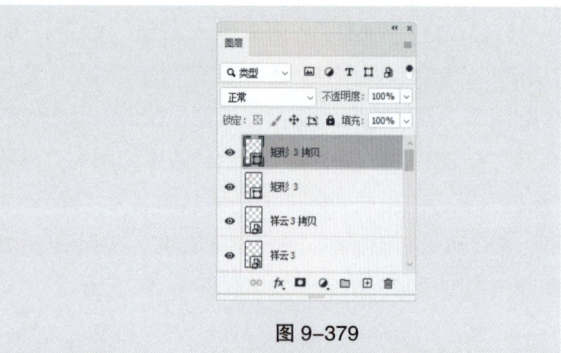
图 9-379

(9)单击"图层"面板下方的"添加图层样式"按钮 *fx*,在弹出的菜单中选择"投影"命令,弹出"图层样式"对话框。在"投影"设置界面中将投影颜色设为棕色(129、81、12),其他选项的设置如图9-380所示。单击"确定"按钮,效果如图9-381所示。用相同的方法复制其他矩形,图像效果与"图层"面板效果分别如图9-382和图9-383所示。

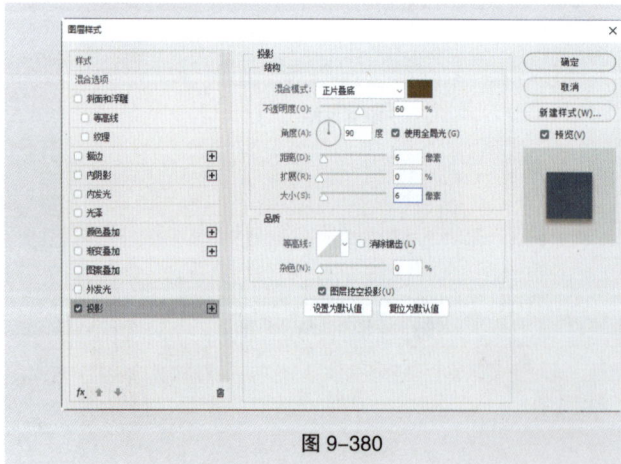
图 9-380

图 9-381

(10)选择"横排文字"工具 T,在适当的位置添加文本框,在其中输入需要的文字并选取文字,在字符面板中设置颜色为红色(193、5、6),其他选项的设置如图9-384所示,效果如图9-385所示。按住Shift键的同时,单击"祥云3"图层,将需要的图层同时选取,按住Ctrl+G组合键群组图层,并将其命名为"年货提前购",效果如图9-386所示。

图 9-382

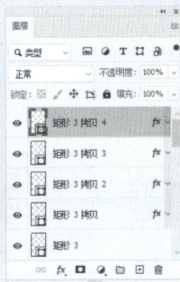

图 9-383

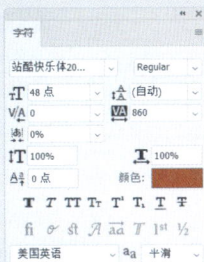

图 9-384

图 9-385

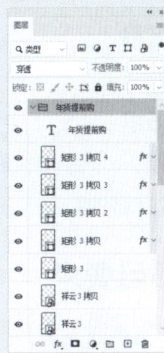

图 9-386

9.8 课堂练习——制作家居杂志介绍 H5 页面

9.8.1 项目背景

1. 客户名称

凯勒斯家居公司。

2. 客户需求

凯勒斯家居公司是一家以出售家居用品为主要业务的公司。本项目是为该公司推出的家居杂志设计制作一个H5页面，要求风格典雅时尚，能够体现公司的主营业务和产品特色。

9.8.2 项目要求

（1）以公司家居产品实物图片为背景图，突出产品的品质与格调。

（2）色彩搭配合理，给人舒适自然的亲切感。

（3）运用主次分明的文字对杂志主要内容进行介绍。

（4）页面规格为750像素（宽）×1206像素（高），分辨率72像素/英寸。

9.8.3 项目设计

本项目设计效果如图9-387所示。

微课

制作家居杂志
介绍H5页面

图 9-387

9.8.4　项目要点

使用"创建新的填充或调整图层"按钮调整图像色调，使用"横排文字"工具添加文字信息，使用"椭圆"工具和"矩形"工具添加装饰图形，使用"置入"命令置入图像。

9.9　课后习题——制作购物型 App 闪屏页

9.9.1　项目背景

1. 客户名称

海鲸商城。

2. 客户需求

海鲸商城是一个综合性线上购物App，销售品类丰富。本项目是为该App设计制作一个闪屏页，要求能突出该商城的特色，风格新颖简洁。

9.9.2　项目要求

（1）以各品类商品照片作为页面主要元素，商城标志作为点睛之笔，突出商城的综合性。

（2）整个页面采用红色色调，通过深浅搭配营造统一感和设计感。

（3）页面规格均为750像素（宽）×1334像素（高），分辨率为72像素/英寸。

9.9.3　项目设计

本项目设计效果如图9-388所示。

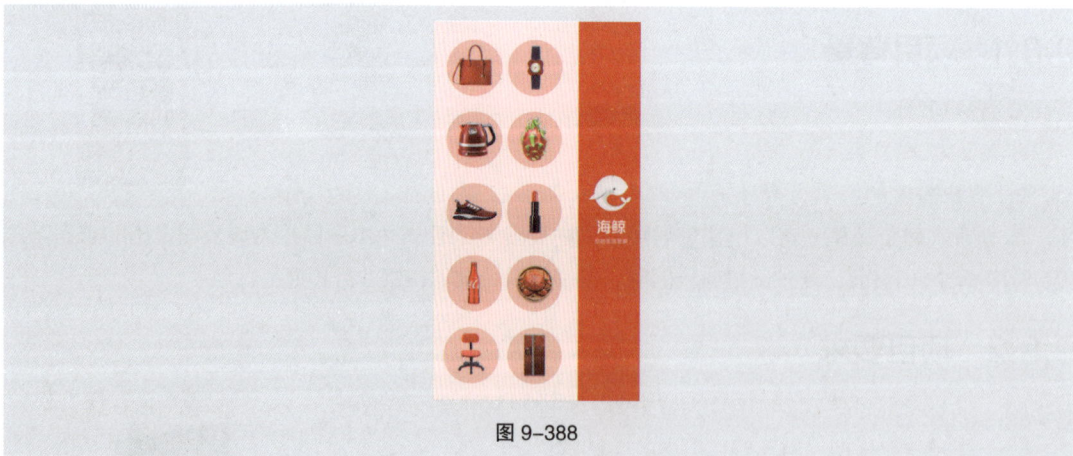

图 9-388

9.9.4　项目要点

使用"椭圆"工具和"矩形"工具绘制图形，使用"置入"命令置入图像，使用"横排文字"工具添加文字信息。